AF402542

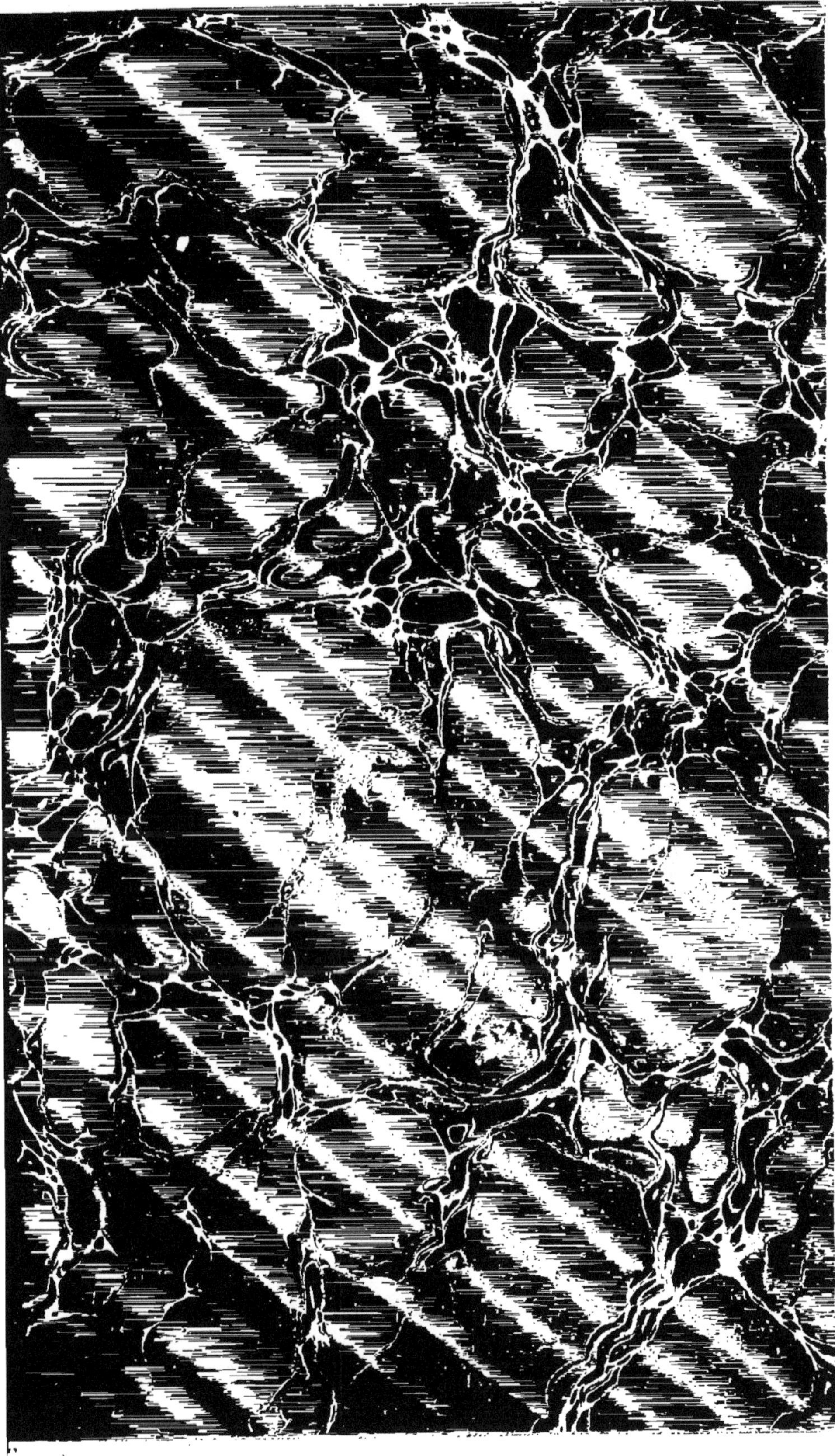

CURIOSITÉS

DE

L'HISTOIRE NATURELLE

LES PLANTES — LES ANIMAUX

L'HOMME — LA TERRE ET LE MONDE

PAR

Henry de VARIGNY

Docteur ès sciences naturelles,
Lauréat de la Faculté de médecine, Membre de la Société de Biologie.

PARIS

ARMAND COLIN ET Cie, ÉDITEURS

5, RUE DE MÉZIÈRES, 5

CURIOSITÉS

DE

L'HISTOIRE NATURELLE

LES PLANTES — LES ANIMAUX

L'HOMME, LA TERRE ET LE MONDE

COULOMMIERS

Imprimerie PAUL BRODARD.

CURIOSITÉS

DE

L'HISTOIRE NATURELLE

LES PLANTES — LES ANIMAUX

L'HOMME, LA TERRE ET LE MONDE

PAR

Henry de VARIGNY

Docteur ès sciences naturelles,
Lauréat de la Faculté de médecine, Membre de la Société de Biologie.

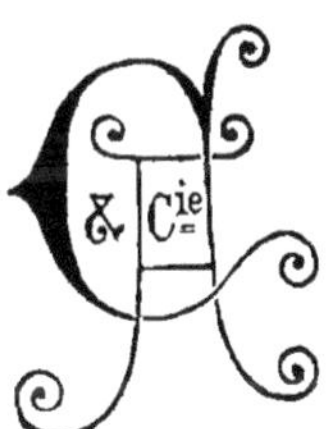

PARIS

ARMAND COLIN ET Cie, ÉDITEURS

5, RUE DE MÉZIÈRES

—

Tous droits réservés.

AVANT-PROPOS

En préparant pour de jeunes lecteurs cet ouvrage composé principalement d'extraits des œuvres de savants autorisés, j'ai bien eu l'intention de leur fournir des lectures récréatives ; mais j'ai voulu qu'elles fussent aussi de nature à les instruire. Il est difficile de trouver des morceaux où les deux éléments, récréatif et instructif, se trouvent toujours mélangés en proportions égales : de là les différences qu'on remarquera souvent entre deux fragments qui se suivent.

Voulant passer en revue les différentes parties du monde de la nature, il m'a fallu demeurer nécessairement très incomplet, et me contenter d'indiquer les points les plus importants, encore que ce soit d'une façon très brève.

Ce volume de lecture pourra toutefois, je l'espère, rendre des services aux jeunes gens désireux d'étendre quelque peu les notions recueillies dans leurs livres classiques, dans l'*Enseignement scientifique* du regretté Paul Bert[1], par exemple, qui se trouve entre tant de mains.

HENRY DE VARIGNY.

1. — L'Année préparatoire d'Enseignement scientifique. » 75
La Première année d'Enseignement scientifique.... » 90
La Deuxième année d'Enseignement scientifique... 1 50

CURIOSITÉS

DE

L'HISTOIRE NATURELLE

LIVRE I

LES PLANTES

Nos plantes utiles.

Chacun sait que la plupart de nos plantes alimentaires sont en quelque sorte l'œuvre de l'homme qui, par ses soins et la culture, a amélioré les espèces sauvages, et les a rendues plus nourrissantes ; le blé, la plupart de nos arbres fruitiers, presque tous nos légumes en sont des exemples bien connus. Aussi comprend-on que Bernardin de Saint-Pierre, l'auteur de *Paul et Virginie*, qui était encore un naturaliste passionné, ait, en songeant aux services rendus par les agriculteurs, eu l'idée du projet auquel sont consacrées les lignes suivantes.

Je me suis souvent étonné de notre indifférence pour la mémoire de ceux de nos ancêtres qui nous ont apporté des arbres utiles, dont les fruits et les ombrages font aujourd'hui nos délices. Les noms de ces bienfaiteurs sont, pour la plupart, totalement inconnus ; cependant leurs bienfaits se perpétuent pour nous, d'âge en âge. Les Romains n'agissaient pas ainsi.

Pline se glorifie de ce que, dans les huit espèces de cerises connues à Rome de son temps, il y en avait une appelée Plinienne, du nom d'un de ses parents, à qui l'Italie en était redevable. Les autres espèces de ce même fruit portaient à Rome les noms des plus illustres familles, et s'appelaient Apioniennes, Actiennes, Cæciliennes, Juliennes. Il est dit que ce fut Lucullus qui, après la défaite de Mithridate, apporta du royaume de Pont les premiers cerisiers en Italie, d'où ils se répandirent, en moins de cent vingt ans, dans toute l'Europe, et jusqu'en Angleterre, qui était alors peuplée de barbares. Ils furent peut-être les premiers moyens de civilisation de cette île; car les premières lois naissent toujours de l'agriculture; et c'est pour cela que les Grecs appelaient Cérès *législatrice*. Pline félicite ailleurs Pompée et Vespasien d'avoir fait paraître à Rome l'arbre d'ébène et celui du Baume de la Judée au milieu de leurs triomphes, comme s'ils n'eussent pas alors triomphé seulement des nations, mais de la nature même de leur pays. Certainement, si j'avais quelque souhait à faire pour perpétuer mon nom, j'aimerais mieux le voir porté par un fruit en France que par une île en Amérique.

Le peuple, dans la saison de ce fruit, se rappellerait ma mémoire; mon nom, dans les paniers des paysans, durerait plus que gravé sur des colonnes de marbre. Je ne connais point dans la maison de Montmorency de monument plus durable et plus cher au peuple que la Cerise qui en porte le nom.

Le Bon-Henri[1], qui croît sans culture au milieu des champs, fera durer plus longtemps la mémoire de Henri IV que la statue de bronze placée sur le Pont-Neuf, malgré sa grille de fer, et son corps de garde.

Si les graines et les génisses que Louis XV a envoyées, par un mouvement naturel d'humanité, dans l'île de Taïti, viennent à s'y multiplier, elles conserveront plus longtemps et plus chèrement sa mémoire

---

1. Variété de Poire.

parmi les peuples de la mer du Sud, que la petite pyramide de brique que des académiciens flatteurs tentèrent de lui élever à Quito, et peut-être que les statues qu'on lui a élevées dans son propre royaume.

Le bienfait d'une plante utile est, à mon gré, un des services les plus importants qu'un citoyen puisse rendre à son pays. Les plantes étrangères nous lient avec les nations d'où elles viennent; elles transportent parmi nous quelque chose de leur bonheur et de leur soleil. Un Olivier me représente l'heureux pays de la Grèce, mieux que le livre de Pausanias, et j'y trouve les dons de Minerve bien mieux exprimés que sur des médaillons. Sous un Marronnier en fleurs, je me repose sous les riches ombrages de l'Amérique. Le parfum d'un Citron me transporte en Arabie, et je suis au voluptueux Pérou en flairant l'héliotrope.

Je commencerais donc à ériger les premiers monuments de la reconnaissance publique à ceux qui ont apporté des plantes utiles; pour cet effet, je choisirais une des îles de la Seine, dans les environs de Paris, afin d'en faire un Élysée. Par exemple, je prendrais celle qui est au-dessous du hardi pont de Neuilly, et qui ne tardera pas, avant quelques années, de se trouver dans les faubourgs de Paris. J'y ajouterais le bras de la Seine qui ne sert point à la navigation, et une grande portion du continent qui l'avoisine. Je planterais autour de ce vaste terrain et le long de ses rivages les arbres, les herbes dont la France a été enrichie depuis plusieurs siècles. On y verrait des Marronniers d'Inde, des Tulipiers, des Mûriers, des Acacias de l'Amérique et de l'Asie, des Pins de la Virginie et de la Sibérie, des Oreilles d'ours des Alpes, des Tulipes de Chalcédoine, etc. Le Sorbier du Canada, avec ses grappes écarlates, le Magnolia à grandes fleurs de l'Amérique, qui produit la plus grande et la plus odorante des fleurs, et le Thuya de la Chine, toujours vert, qui n'en porte point d'apparentes, entrelaceraient leurs rameaux, et formeraient çà et là des bocages enchantés. On placerait sous leurs ombrages, et au milieu des tapis de plantes de différentes verdures, les monuments de ceux qui les ont apportés en France.

On verrait croître autour du magnifique tombeau de Nicot, ambassadeur de France en Portugal, qui est à présent dans l'église Saint-Paul, la fameuse plante du Tabac, appelée d'abord de son nom Nicotiane, parce que ce fut lui qui le premier la fit connaître dans toute l'Europe. Il n'y a point de prince européen qui ne lui doive une statue pour ce service, car il n'y a point de végétal au monde qui ait donné tant d'argent à leurs trésors, et tant d'illusions agréables à leurs sujets : le Népenthès d'Homère n'en approche pas. On pourrait graver dans le voisinage, sur un socle de marbre, le nom du Flamand Auger de Rusbecq, ambassadeur de Ferdinand Ier, roi des Romains, à la Porte, d'ailleurs si recommandable par l'agrément de ses lettres, et placer le petit monument à l'ombre du Lilas qu'il apporta de Constantinople, et dont il fit présent à l'Europe en 1562. La Luzerne de la Médie y entourerait de ses rameaux le monument dédié à la mémoire du laboureur inconnu qui, le premier, la sema sur nos collines caillouteuses, et qui nous fit présent, dans des lieux arides, de pâturages qui se renouvellent jusqu'à quatre fois par an.

A la vue du *Solanum* de l'Amérique qui produit à sa racine la pomme de terre, le petit peuple bénirait le nom de celui qui lui assura un aliment qui ne craint pas, comme le Blé, l'inconstance des éléments et les greniers des monopoleurs. Il n'y verrait pas même sans intérêt l'urne du voyageur ignoré qui orna, à perpétuité, les humbles fenêtres de ses demeures obscures des couleurs brillantes de l'aurore, en lui apportant du Pérou la fleur de Capucine.

BERNARDIN DE SAINT-PIERRE [1].

Le sommeil des graines.

Ce qu'on appelle *sommeil* des graines, c'est leur état d'inaction ; c'est l'état de la graine qui ne germe pas et qui pourtant demeure apte à germer dès que les circonstances extérieures seront favorables. Cet état a une durée très variable : telles graines perdent très vite leur aptitude, telles la conservent de longues années, peut-être même des siècles, a-t-on dit.

Sans croire aux blés de momie, sans croire, non à la possibilité, mais au fait de la germination des graines conservées depuis quarante siècles et plus encore, nous sommes contraints d'admettre que les graines enfoncées dans le sol peuvent, dans certaines conditions, demeurer inactives pendant des périodes très longues, pendant quelques siècles même, sans perdre leur faculté de germer.

Un exemple en est fourni par un fait récent. Il y a en Grèce des mines qui furent exploitées dans l'antiquité ; abandonnées ensuite pendant des siècles elles sont maintenant exploitées de nouveau. Il arrive qu'en remuant les terres et les scories autrefois rejetées par les Grecs on a dû mettre à jour des graines ensevelies par ceux-ci, car une plante qui a été décrite par Pline et Dioscoride, et qui n'avait jamais été vue depuis eux, a subitement fait son apparition dans

---

1. *Études de la Nature*, t. III, Didot. 1792, p. 376.

les déblais. Les graines, recouvertes et protégées, ont germé quand le hasard les a fait mettre à découvert : c'est du moins l'hypothèse qui se présente à l'esprit.

HENRY DE VARIGNY.

Une plante utile.

Le Cocotier. arbre de la noble famille des Palmiers, parvient à une hauteur variant de dix-huit à vingt-cinq mètres; le tronc, parfaitement lisse, ne dépasse pas, chez les sujets les plus forts. 1 m. 30 ou 1 m. 40 de circonférence. Il est couronné d'un faisceau de dix ou douze feuilles longues de trois ou quatre mètres; celle des jeunes Cocotiers de cinq ou six ans ont même quelquefois jusqu'à cinq mètres; leur largeur varie de 1 m. 20 à 1 m. 30; elles sont composées de deux rangs de folioles ensiformes. Le centre des feuilles est occupé par un cône ou bourgeon droit et pointu; c'est ce qu'on nomme Chou-Palmiste. Ce chou. formé de la réunion des feuilles qui ne sont pas encore développées, constitue le légume le plus délicat qu'on puisse manger; il s'accommode à la sauce blanche, en daube, en friture, et en salade : sa saveur sucrée rappelle le goût du cerneau. Mais on en use rarement, et on se fait d'ordinaire très grand scrupule de le retrancher, parce que sa suppression entraîne infailliblement la perte de l'arbre. Le tronc émet, à la base interne des feuilles, un panicule nommé régime, composé de fleurs jaunâtres en grappes qui donnent naissance aux fruits. Chaque Cocotier porte ordinairement quatre régimes, et chaque régime cinq, sept ou neuf cocos. Sur les vieux Cocotiers. les régimes se produisent deux fois par an; ils se produisent trois fois par an sur les jeunes arbres.

Les Cocotiers les plus beaux et les plus productifs croissent, dans les îles de la Sonde, dans tout l'immense archipel Indien, à Célèbes, aux Philippines, dans les archipels des Carolines et des Mariannes, et aussi dans ceux de la mer des Indes, aux îles de l'Amirauté, aux Laquedives et aux Maldives. Dans ces dernières il n'y a ni montagnes ni simples monticules; le sol de la plupart d'entre elles n'est pas élevé de plus de trois ou quatre mètres au-dessus du niveau de la mer; toutes sont couvertes de Cocotiers.

L'innombrable population malabare trouve dans ce seul arbre, non seulement sa nourriture, mais encore une source de richesse.

On estime dans ce pays la fortune d'un homme d'après le nombre de Cocotiers qu'il possède, comme on l'estime, en Europe, d'après le nombre d'hectares de terre dont il est propriétaire.

Prenons un aperçu des divers produits que les Malabars tirent du Cocotier. Lorsque les régimes se montrent, au moment où s'épanouissent leurs premières fleurs, ils coupent le régime au-dessous du panicule en fleurs. Si l'arbre porte quatre panicules, deux sont retranchés; les deux autres sont conservés pour porter fruit.

Au moment même où le régime est coupé, le bout de son support est introduit dans le goulot d'une calebasse solidement assujettie avec une corde mince. Pendant les premiers jours, les calebasses, dont chacune peut contenir cinq ou six litres, se remplissent dans les vingt-quatre heures d'une liqueur claire, blanchâtre, douce et d'un goût agréable. Tous les jours, le Malabar monte sur le Cocotier, portant sur son dos deux calebasses vides; il charge sur ses

épaules, au moyen d'une courroie, les deux calebasses pleines, et les remplace par celles qu'il vient
d'apporter, après avoir eu soin de rafraîchir la coupe
du support du régime. Cela fait, il descend, avec
autant d'aisance que s'il descendait les marches d'un
bon escalier. La même opération se continue jusqu'à
ce que le régime ne donne presque plus de liquide.
Il est curieux et pénible en même temps de voir les
malheureux Malabars escalader les Cocotiers dont la
hauteur varie, comme je l'ai dit, de dix-huit à vingt-
cinq mètres. Pour exécuter ces ascensions ils sont
ordinairement nus; une corde fixée au-dessus de la
cheville, à chaque pied, embrassant à peu près le
tiers de la circonférence du tronc, les aide à monter
et à descendre, ce qu'ils font lestement. A les voir
au milieu des feuilles du Cocotier, occupés à arranger
leurs calebasses, on les prendrait plutôt pour des
singes que pour des hommes.

Au bout de dix ou douze heures, le liquide produit
par le Cocotier acquiert une saveur douce, légèrement acidulée : c'est ce que les Européens nomment
vin de Palmier, il s'en fait une grande consommation.
Après vingt-quatre ou trente heures, sa fermentation est tellement avancée que ce liquide n'est plus
potable; au bout de cinquante ou soixante heures, il
est au point de fermentation convenable pour être
distillé. Presque tous les propriétaires ont un alambic
de la construction la plus simple, c'est une chaudière
plus ou moins grande, en terre cuite, recouverte d'un
chapiteau de même matière. On obtient de la liqueur
du Palmier par ce mode de distillation un alcool
incolore de 20 ou 21 degrés, qu'on nomme arack;
il s'en fait une énorme consommation, on en exporte
aussi des quantités très considérables.

Quand le coco a pris son volume normal, n'étant

pas encore parvenu à maturité, il contient à l'intérieur de son amande un tiers de litre d'une liqueur douce, claire, parfumée, très rafraîchissante, ayant la saveur de l'orgeat; les plus gros en contiennent près d'un demi-litre. L'amande est excellente à manger, elle est douce, huileuse, elle a le goût de la noisette.

Le coco parfaitement mûr ne contient plus qu'une très petite quantité de liquide; mais l'amande, qui remplit toute la coque, est alors très nourrissante et du goût le plus agréable, rappelant la noisette et le cerneau.

L'enveloppe extérieure, ou le brou de la noix de coco, en est enlevée quinze ou vingt jours avant la récolte. C'est ce que les Malabars nomment le *cuir* du coco; ils savent, comme je le dirai plus loin, en tirer un excellent parti. Le brou étant détaché, les plus petits cocos sont cassés pour en extraire l'amande; les plus gros sont sciés en deux parties égales dans le sens de leur largeur. Les parties ainsi séparées, l'amande en étant retirée, servent de gobelets, d'assiettes, de plats et d'écuelles. Les fragments de coques cassées étant imbibés d'huile forment un excellent chauffage pour la cuisson des aliments, car, sur toute la côte de Malabar, le bois est d'une excessive rareté; on n'y voit pour ainsi dire pas d'autre culture que celle du Cocotier.

Les Malabars obtiennent par expression de l'amande de la noix de coco, une huile égale, lorsqu'elle est récente, à nos meilleures huiles de table. Cette huile connue dans l'Inde sous le nom de Mantèque est assez consistante et se prend à la cuiller; son goût est le même que celui de l'amande. Tant qu'elle est fraîche, on l'emploie pour la cuisine; malheureusement, au bout d'un mois, elle devient rance et prend alors une saveur si insupportable qu'il n'est plus possible de s'en servir pour cet usage. En cet état, on l'utilise pour la peinture et l'éclairage; elle brûle avec une lumière aussi pure et aussi brillante que celle du gaz. La consommation de cette huile dans toute l'Inde est très étendue, et l'exportation pour les autres parties de l'Asie, ainsi que pour l'Afrique, est au moins égale aux quantités consommées dans le pays.

Le brou ou cuir du coco est une sorte de bourre très fibreuse, dont les filaments servent à fabriquer des cordes, cordages et câbles à l'usage de la marine; les câbles ont sur ceux de chanvre l'avantage de ne pas s'altérer promptement au contact de l'eau de mer.

Les Malabars utilisent les feuilles du cocotier pour la couverture de leurs habitations; ils en fabriquent aussi des nattes, des paniers et une foule d'ustensiles du même genre.

Le pétiole [1] des feuilles, ordinairement long de trois mètres, sert à la construction des maisons, spécialement à celle des planchers; sa couleur est celle du bois d'acajou; il est excessivement dur; le vernis naturel fort luisant dont il est revêtu lui donne la propriété de se conserver très longtemps sans s'altérer. Le bois du tronc du Cocotier est très solide, on en fait la grosse charpente des maisons dans tout le Malabar, où l'on manque d'autres bois.

Je crois donc ne rien exagérer quand j'affirme que le Cocotier est réellement la providence et la manne des peuples des régions intertropicales, et qu'il nourrit au delà de 200 millions d'hommes [2].

---

1. Partie généralement rétrécie qui supporte la feuille et la rattache à la branche ou au tronc.
2. *Revue Horticole.* 1853, p. 6 et suivantes.

Une explosion végétale.

Il est rare que dans une erreur populaire, il n'y ait pas quelque parcelle de vérité. Qui de nous n'a entendu raconter que l'Agave[1] d'Amérique ne fleurit qu'à l'âge de cent ans, mais qu'alors, comme pour se dédommager du temps perdu, ses fleurs éclatent avec un bruit comparable à celui d'un coup de canon? Tous les horticulteurs savent aujourd'hui que l'Agave est innocent de ce méfait; mais ce qu'ils ne savent peut-être pas, c'est que le phénomène d'une explosion avec bruit existe bien réellement chez d'autres plantes.

Pindare ne faisait pas tout à fait une métaphore en parlant, dans une de ses odes, des bruyantes éruptions de la fleur du Dattier « qui donne, dit-il, le signal de l'arrivée du printemps »; mais, depuis lui, personne, jusqu'au savant Humboldt, n'avait reparlé de ce phénomène. Cet illustre voyageur a été témoin du fait, dans l'Amérique du Sud, et ce fait a été une fois de plus confirmé par M. Schomburgk, l'explorateur de la Guyane anglaise. Voici du reste qui ne laisse aucun doute sur ces explosions végétales : le 14 du mois de juillet 1861, deux jeunes jardiniers de Kew, MM. Gale et Hilary, se trouvant dans la grande serre de l'établissement, vers onze heures du matin, furent mis en émoi par une détonation qui ressemblait beaucoup à celle d'un pistolet. Ayant cherché à en découvrir la cause, ils s'aperçurent que la spathe[2] d'un grand *Seaforthia elegans*[3], encore fermée un

---

1. Souvent appelé à tort Aloès. L'Aloès est une Liliacée, et l'Agave une Amaryllidée.

2. Grande *bractée* ou feuille voisine de la fleur qu'elle entoure et protège. Le Narcisse a une spathe; l'*Arum* ou Gouet en possède aussi une, fort belle, de couleur blanche.

3. Plante de la famille des Palmiers.

instant auparavant, venait de s'ouvrir subitement,
et qu'elle avait détaché du corps de l'arbre la base
engainante d'une vieille feuille dont il ne restait que
le pétiole, long d'à peu près un mètre. Cette curieuse
explosion paraît devoir s'expliquer de la manière suivante : la spathe est encore hermétiquement fermée
au moment où le pollen a atteint tout son développement, et comme elle renferme des milliers d'anthères,
qui dégagent beaucoup de chaleur (absolument
comme celle des Arum, du *Victoria Regia* [1], et probablement de la plupart des plantes), l'air et la vapeur
d'eau qu'elle contient se dilatent, et il vient un
moment où leur tension est telle que cette spathe saute
comme le ferait une chaudière de machine à vapeur
dont la soupape de sûreté serait obturée.

NAUDIN [2].

L'arbre-poison de Java.

Originaire de l'archipel Indien, cette espèce croît
naturellement dans les îles de la Sonde, aux Molu-
ques, aux Philippines, etc., les indigènes lui donnent
les noms de : Antiar, Antschar, Ipo-Antiar, Upas-
Antiar, Bohon, Boom, Pohon-Upas, etc.

Toutes les parties de l'arbre et surtout l'écorce du
tronc contiennent un latex [3] gommo-résineux, jaune
ou blanchâtre, visqueux, dans lequel réside le prin-

1. Le *Victoria Regia* est une superbe plante aquatique de la famille des
Nymphéacées, à feuilles flottantes si larges qu'elles peuvent supporter sur
l'eau le poids d'un enfant; elles ont jusqu'à 2 mètres de diamètre. Cette
plante est très voisine du Nénuphar, et habite les grands fleuves du Brésil.
  2. *Rev. Horticole*, 1861, p. 321.
  3. Le latex est le suc généralement coloré contenu dans une catégorie
spéciale des vaisseaux des plantes. Le latex du Pavot, qui fournit l'*Opium*,
est blanc; celui de la Chélidoine ou Grande Éclaire est jaune, etc.

cipe toxique. Exposé à l'air, ce suc s'épaissit et prend une teinte noirâtre en se desséchant. A Bornéo et à Java les naturels l'extraient facilement en pratiquant une simple incision dans l'écorce, et le conservent dans de petites tiges de bambou pour le soustraire à l'action de l'air qui l'altère assez rapidement et lui fait perdre la plus grande partie de ses qualités vénéneuses.

Il est peu de plantes sur lesquelles l'imagination se soit plus exercée que sur l'Upas-Antiar ; aussi raconte-t-on sur cet arbre les faits les plus merveilleux et les plus extraordinaires. Disons même à ce sujet que le botaniste Thumberg semble s'être fait l'interprète de ces légendes lorsqu'il écrivit ces lignes, évidemment empreintes d'exagération. « L'Upas se reconnaît à une grande distance ; il est toujours vert. La terre est autour de lui stérile et comme brûlée, les émanations de l'arbre produisent des spasmes et de l'engourdissement. Si l'on passe au-dessous, la tête nue, on perd ses cheveux, une goutte de suc qui tombe sur la peau produit une vive inflammation. Les oiseaux volent difficilement au dessus, et si quelqu'un se pose sur ses branches, il tombe mort. Le sol est absolument stérile, alentour, à la distance d'un jet de pierre. Les personnes blessées avec un dard empoisonné éprouvent à l'instant une chaleur ardente suivie de convulsions, et meurent en moins d'un quart d'heure. Après la mort, la peau se couvre de taches, le visage est livide et enflé, et le blanc des yeux devient jaune. »

Passant ensuite à l'extraction de la résine par les indigènes, le botaniste d'Upsal s'exprime avec plus de vraisemblance :

« Le suc est d'un brun foncé, il se liquéfie par la chaleur comme les autres résines ; on le recueille avec beaucoup de précaution. On s'enveloppe la tête, les mains et tout le corps, pour se mettre à l'abri des émanations de l'arbre, et surtout des gouttes de suc qui en tombent. On évite même d'en approcher de trop près ; pour cela, on a des bambous, terminés par une pointe d'acier, creusés en gouttières ; on enfonce une vingtaine de ces bambous dans le tronc de l'arbre ; le suc coule le long de la rainure de l'acier dans le creux des bambous jusqu'au premier nœud. On l'y laisse trois ou quatre jours, pour que le suc puisse les remplir, et se figer : on va les arracher ensuite. On sépare la partie du bambou qui contient le poison, et on l'enveloppe avec grand soin. »

Autrefois, avant l'introduction des armes à feu et les progrès de la civilisation hollandaise, à Java et autres îles voisines, l'Upas-Antiar était exclusivement employé par les naturels de ces parages à empoisonner le fer de leurs armes de chasse et de combat ; c'était au moyen de ce poison que s'exécutaient les sentences juridiques.

Le voyageur Foerch raconte aussi l'exécution de treize femmes, à laquelle il dit avoir assisté pendant son séjour à Soura-Charta : « On les conduisit à onze heures du matin vis-à-vis du palais. Le juge fit passer au-dessus de leur tête la sentence qui les condamnait : on leur présenta ensuite l'Alcoran pour leur faire jurer que cette sentence était juste, ce qu'elles firent en mettant une main sur le livre et l'autre sur la poitrine, en levant les yeux au ciel. Ensuite, le bourreau procéda à l'exécution de la manière suivante : on avait dressé treize poteaux, on y attacha les coupables. Elles restèrent dans cette situation, mêlant leurs prières à celles des assistants, jusqu'à ce que le juge, ayant donné le signal, le bourreau les piqua au sein avec une lancette trempée dans la résine de l'Upas. A l'instant, elles éprouvèrent un tremblement suivi de convulsions et, six minutes après, aucune d'elles n'existait. Je vis sur leur peau des taches livides ; leur visage était enflé, leur teint bleuâtre, leurs yeux jaunes. J'eus l'occasion de voir une autre exécution à Samarang ; on fit mourir sept Malais de la même manière, et j'observai les mêmes effets. » Contrairement à ce qui a été dit, bien des fois, au sujet de l'innocuité de la résine de l'Upas, si elle est introduite dans l'organisme par les voies digestives, on peut affirmer que cette substance n'est pas inoffensive, qu'elle produit même des accidents graves, mais cependant moins redoutables que lorsqu'elle pénètre directement dans le système circulatoire par le fait d'une blessure quelconque. Toutefois, il est hors de doute que la chair des animaux tués peut être mangée impunément, et qu'elle ne contracte aucune propriété délétère [1].

Une plante qui attrape les poissons.

La plante dont il s'agit vit sous l'eau et s'appelle l'*Utriculaire*. Son nom lui vient de ce qu'elle porte une foule de petits organes creux, en forme de vessie ou d'outre, où beaucoup de petits animaux s'introduisent étourdiment. Ce qui leur advient, vous l'allez apprendre.

Je m'amusais beaucoup à voir emprisonner un ours d'eau (*Tardigrade*) [2]. Il parcourait très lentement le

1. *Revue des Sciences Naturelles appliquées*, 1891, juillet, p. 156. Le règne végétal fournit une grande quantité de poisons que les sauvages ont appris à utiliser. Tels sont le *Curare*, fabriqué par les tribus de l'Amérique du Sud avec le suc du *Strychnos toxifera*, et qui tue en paralysant les forces de l'animal ou de l'homme blessé avec une flèche trempée dans ce suc ; l'*Ouabaïo*, fabriqué par les Çomalis d'Obock et des environs avec le suc de plantes encore mal connues, la *Strophantine*, provenant des *Strophantus* (Apocynées) d'Afrique, etc.
2. Petit animal épais, microscopique, de la classe des vers, ayant des sortes de pattes munies de poils raides. Il ne faut pas le confondre avec

tour de la vessie de l'Utriculaire, comme s'il allait en reconnaissance — tenant ainsi de son gros homonyme, — et finalement il s'aventurait aux abords de la place, en ouvrait aisément la porte intérieure et faisait son entrée. La vessie était transparente et tout à fait vide, de façon que je pouvais voir très distinctement les mouvements du petit animal, et il me parut inspecter son nouveau domicile et s'émerveiller de la splendeur de cette chambre élégante ; mais il devint bien vite calme et, le matin suivant, il était tout à fait privé de mouvement, ayant ses petites pattes et griffes étendues comme s'il était raide : la « méchante » plante l'avait tué promptement.

De petits crustacés, tels que des Daphnies, Cyclops et Cypris [1], étaient aussi très souvent capturés. Ces petits animaux sont juste assez gros pour être visibles à l'œil nu, mais, sous le microscope, ils sont très jolis et très intéressants.

Le gai petit Cypris surtout est emboîté dans une coquille bivalve, qu'il ouvre suivant son bon plaisir, et d'où il lance ses pattes et deux paires d'antennes avec des filaments en forme de plume. Quoique très prudent, ce petit animal parvenait souvent à se faire prendre. Lorsqu'il arrivait près de l'entrée d'une vessie, il semblait réfléchir un moment et puis ensuite se sauvait ; d'autres fois, il arrivait tout à fait à l'entrée, et même s'aventurait un peu plus, puis tout d'un coup se reculait comme s'il était effrayé. Un autre, moins prudent mais plus étourdi, forçait la porte et entrait à l'intérieur ; mais à peine entré, il manifestait de l'épouvante, rentrait ses pattes et ses antennes, et fermait sa coquille. Après sa mort, la coquille s'ou-

un groupe de mammifères du même nom dont le *Paresseux* est un représentant.

1. Petits crustacés d'eau douce.

vrait à nouveau, et laissait voir ses pattes et ses antennes. Je n'ai jamais vu même le plus petit animalcule s'échapper, une fois entré dans l'intérieur de la vessie.

Poursuivant mes recherches, j'examinai combien de vessies contenaient des animaux, et je trouvai que presque toutes celles qui étaient bien développées en renfermaient plus ou moins dans divers états de digestion. La petite larve en forme de serpent, dont j'ai parlé plus haut, était la plus grosse et celle que je rencontrais le plus fréquemment. Sur quelques-unes des tiges que j'examinai, sur dix vessies, neuf au moins contenaient cette larve ou ses débris. Lorsqu'elle venait d'être capturée, elle était furieuse, lançant en dehors ses cornes et ses pattes, puis elle les contractait avec violence; mais après elle était en partie paralysée, remuant son corps faiblement; même les petites larves de cette espèce, qui pourtant ne manquaient pas d'espace pour nager à leur aise, étaient bientôt très calmes quoiqu'elles se montrassent animées pendant vingt-quatre ou trente heures après leur emprisonnement. Dans l'espace d'environ douze heures, autant que j'ai pu le remarquer, elles perdaient le pouvoir de mouvoir leurs pattes, et ne pouvaient plus que manœuvrer un peu les appendices en forme de petits pinceaux qui les terminent. Il y avait quelques variations suivant les différentes vessies, relativement au temps où la macération ou digestion commençait à avoir lieu; mais ordinairement, sur un rameau en bonne végétation, en moins de deux jours après qu'une grosse larve était capturée, les liquides contenus dans les vessies commençaient à prendre une apparence nuageuse ou boueuse, et souvent cela devenait si dense que la silhouette de l'animal disparaissait à la vue.

Rien encore dans l'histoire des plantes carnivores n'approche aussi près de l'animal que ceci. Je fus amenée à la conclusion que ces petites vessies sont comme autant d'estomacs digérant et assimilant la nourriture animale.

Mᵐᵉ MARY TREAT [1].

Les arbres géants.

Le jardin Botanique de Dijon possède un de ces arbres majestueux, un de ces géants du règne végétal qui méritent d'être comptés parmi les plus beaux types qu'on ait signalés en ce genre. Cet arbre que les tempêtes assaillent chaque année, que les orages ont enlevé par lambeaux, a conservé pourtant toute sa beauté primitive, et semble depuis de longues années défier les innombrables causes de destruction qui l'entourent. La foudre semble impuissante contre cette énorme masse, et son action ne paraît plus pouvoir être que locale.

L'arbre du jardin de Dijon appartient à l'espèce du Peuplier noir (*Populus nigra*. L.). Cette espèce, indigène dans la Côte-d'Or, aime les sols riches en terre végétale et humides; elle y prend un accroissement rapide, et fournit un bois plus estimé dans les arts

---

1. *Revue Horticole*, 1875, p. 1145, d'après *Gardener's Chronicle*. On sait qu'il existe d'autres plantes carnivores : la Dionée, le Droséra, par exemple. Les feuilles du Droséra — plante qu'on trouve aux environs de Paris. dans les lieux humides — portent une foule de poils allongés terminés par une gouttelette visqueuse sécrétée par une glande spéciale, et quand un insecte vient à se poser sur la feuille, les poils se recourbent sur lui et l'emprisonnent, et la feuille le digère et en absorbe les sucs. Elle fait de même pour des fragments de viande. Les plantes carnivores ont été particulièrement étudiées par C. Darwin.

que celui des autres peupliers. Ce bois, très cassant, d'une couleur claire et d'une texture peu serrée, résiste rarement, quand la branche est horizontale, au poids des feuilles et des petites branches qu'elle supporte, ainsi qu'à l'action des vents. C'est à cette cause qu'il faut attribuer quelques-uns des nombreux désastres qui, plus d'une fois, ont modifié la forme générale de cet arbre. Sa hauteur au-dessus du sol est de 37 mètres et quelques centimètres. La circonférence du tronc au ras du sol est de plus de 15 mètres. Son volume est évalué à 55 mètres cubes.

Si, pour établir une comparaison plus complète entre le gros peuplier de l'Arquebuse et les autres signalés en d'autres localités comme remarquables par leur taille, on recherche la hauteur de la plupart d'entre eux, on trouve qu'il en est un bien petit nombre qui atteignent 30 mètres. Quelques-uns seulement ont de 30 à 35 mètres. Voici une liste des arbres les plus vieux, relevée par l'illustre botaniste de Candolle. Notre gros peuplier figurera avec profit pour la science dans cette liste remarquable.

Il a existé ou il existe sur le globe :

Figuier (à Roscoff)...............	250 ans environ.
Un Ormeau âgé de...............	335 ans.
Cyprès......................	350 ans environ.
Cheirostemon..................	400 ans environ.
Poirier	400 ans.
Lierre.......................	450 ans.
Mélèze......................	576 ans.
Châtaignier...................	500-600 ans.
Oranger.....................	630 ans.
Olivier.	700 ans environ.
Platane d'Orient...............	720 ans et plus.
Cèdre du Liban...............	800 ans environ.
Tilleul......................	1147-1076 ans.
Chêne......................	1500 ans.
Podocarpus..................	1586 ans.

If................................... 2880 ans.
Taxodium .... 4150 à 6000 ans.
Baobab.......................... 5150 ans (en 1757 [1].

La réhabilitation de l'Ortie.

L'ortie peut servir à la nourriture des bestiaux. Elle augmente la production du lait chez les vaches et les chèvres qui la consomment, en donnant une forte proportion de crème et de sucre.

Les jeunes pousses sont arrachées et abandonnées quelque temps à l'air; on les mélange avec trois fois leur poids de foin ou de paille, et les animaux absorbent cette nourriture avec avidité, leur bouche ne souffrant nullement de l'action irritante de l'ortie. Les fermiers recherchent beaucoup le fumier qui résulte de ce mélange, car il est excellent pour la culture.

Mais l'ortie a encore d'autres propriétés. Les volailles s'engraissent rapidement quand on les soumet au régime des graines d'ortie. Ces graines fournissent une huile d'un goût délicat recommandée aux nourrices pour favoriser la sécrétion du lait, et employée en médecine comme dérivatif.

Depuis un temps immémorial, on fabrique en Chine des toiles merveilleuses tissées avec la filasse de l'ortie blanche. Les tissus fournis par l'ortie commune sont supérieurs à ceux que l'on obtient avec le plus beau lin, et la matière textile se rouit complètement après un séjour d'une semaine dans l'eau.

L. FIGUIER [2].

---

1. *Revue Horticole*, 1854, p. 184. Quelques chiffres ont été empruntés à différents auteurs.

2. *L'Année Scientifique*, 13ᵉ année (1887), p. 459, Hachette. On notera en passant que l'ortie est l'amie de l'homme, en ce sens qu'elle ne pousse que là où il est ou a été récemment. Ce n'est pas que l'homme s'amuse à en

La Sensitive.

Les feuilles de plusieurs espèces de Mimeuses [1], et particulièrement de la Sensitive, *Mimosa pudica*, présentent des phénomènes d'irritabilité végétale, ou comme on le dit aussi, de sensibilité, tellement prononcés, tellement curieux, qu'ils font de ces plantes des sortes de merveilles végétales. Aussi ces phénomènes ont-ils depuis longtemps attiré l'attention des observateurs. La plante qui la manifeste à un degré éminent, la Sensitive, a été l'objet d'un très grand nombre d'expériences, et par suite des recherches nombreuses dont elle a été l'objet, la science s'est enrichie successivement d'un nombre assez grand de mémoires pour former la matière de plusieurs volumes. Lorsqu'une cause irritante, telle par exemple qu'un choc, agit avec une assez grande énergie sur une feuille de Sensitive, les folioles de cette feuille se relèvent par un mouvement de charnière sur leur pinnule [2], s'appliquent l'une contre l'autre par leur face supérieure, en se dirigeant vers l'extrémité de la pinnule ; les pinnules, à leur tour, se rapprochent l'une de l'autre dans la direction de l'axe du pétiole commun ; enfin, celui-ci subit un mouvement inverse aux précédents et s'abaisse de manière à devenir pendant ou même parallèle à la tige qui le porte. Si l'irritation a été énergique, les mouvements ne se bornent pas à la feuille sur laquelle elle s'est exercée directement, et ils se propagent jusque dans les feuilles voisines.

disséminer les graines. Mais l'ortie ne se plaît que dans les terrains remués, et ses graines ne germent que dans ces terrains. Par exemple, on ne verra pas une ortie dans une forêt non défrichée : mais vienne un charbonnier qui éclaircisse les arbres, et se fasse une cabane, aussitôt l'ortie apparaîtra.

1. Famille des *Mimosées* originaire des Antilles et de l'Amérique centrale.
2. Pédoncule ou pétiole qui supporte les folioles.

Ainsi contractée, la feuille paraît en quelque sorte flétrie, ou, pour parler plus exactement, sa disposition est identique à ce qu'elle est pendant la nuit ou pendant ce phénomène remarquable qu'on a nommé son sommeil. Après avoir persisté quelque temps dans cet état, elle semble revenir à la vie; son pétiole commun se relève, ses pinnules s'étalent, ses folioles s'abaissent et redeviennent horizontales, en un mot, ses diverses parties reprennent leur situation normale pour reproduire la même suite de mouvements aussitôt qu'une nouvelle irritation agira sur elles.

C'est principalement dans les feuilles que résident les mouvements de la Sensitive; mais les autres parties de la plante manifestent aussi leur irritabilité par des déviations beaucoup moins appréciables il est vrai.

Ainsi, l'on remarque également certains mouvements dans les pédoncules et même dans les branches. Mais ceux-ci ont assez peu d'importance pour qu'il suffise d'en signaler l'existence.

Pour que la Sensitive produise ses mouvements avec toute leur vivacité, il faut que sa végétation soit vigoureuse, et qu'elle soit soumise à une chaleur humide de 24° ou 25° cent.; son irritabilité est alors au maximum. Ainsi dans les parties de l'Amérique où elle croît spontanément, il suffit de l'ébranlement causé par le pas d'un homme, ou encore mieux par ceux d'un cheval, pour déterminer le ploiement de toutes les feuilles des plantes voisines. Ce fait a été constaté et signalé par divers observateurs, notamment par MM. de Martins et Meyen. Sous une température de 18 ou 20° C., la sensibilité de la plante a déjà diminué notablement par l'effet de ce refroidissement de quelques degrés; cependant, quoique affaiblie, elle n'est pas détruite; et elle manifeste de nouveau tous ses effets sous l'influence d'un air convenablement échauffé; seulement, il se passe quelquefois plusieurs heures avant qu'elle ait repris sa première intensité.

A l'égard de l'action d'une température élevée sur la Sensitive, un fait très curieux est celui qui est signalé par Meyen.

Lorsqu'on expose un pied vigoureux de cette plante aux rayons directs du soleil vers le milieu d'une belle journée d'été, on voit de moment à autre certaines de ses feuilles se ployer et s'abaisser subitement, absolument comme si une irritation locale venait d'agir sur elles. Peu après, la feuille se relève, et ses folioles reprennent leur position normale. Quelquefois ce phénomène se reproduit au bout de quelque temps, et même à plusieurs reprises, par le seul fait de la continuation de l'action solaire. La chaleur agit donc dans ce cas comme un irritant dont les effets sont soumis à une sorte d'intermittence.

Les effets deviennent bien plus énergiques lorsqu'on les concentre au moyen d'une lentille, car alors les folioles placées au foyer sont rapidement brûlées et désorganisées, et on conçoit sans peine que le ploiement de la feuille en soit la conséquence.

Un changement brusque dans la température agit également sur la Sensitive comme une cause irritante. Si, par exemple, un pied vigoureux de cette plante est placé dans une serre ou sous un châssis, et qu'en ouvrant rapidement le châssis ou une fermeture de la serre on fasse arriver brusquement sur lui de l'air froid, on voit toutes ses feuilles se ployer comme si une secousse violente venait d'agir sur elle.

P. DUCHARTRE [1].

1. Article MIMEUSE du *Dict. d'Hist. naturelle* de d'Orbigny. Le Vasseur, Paris.

La Coca.

Le Cocayer est une plante de la famille des *Erythroxylées*, qui vit au Pérou. On connaît depuis longtemps les vertus de ses feuilles, et récemment on en a extrait un composé chimique, la *Cocaïne*, qui jouit de la propriété de déterminer l'anesthésie locale, c'est-à-dire de supprimer la sensibilité à la douleur dans les parties où elle a été introduite par injection avec un peu d'eau. Elle s'emploie souvent pour les petites opérations chirurgicales, pour l'extraction des dents, etc., et dans beaucoup de cas où l'on préfère ne pas employer le chloroforme.

Les Indo-Américains font grand usage de la feuille de Coca. C'est Jérôme Benzoni qui le premier, en 1542, signala cet emploi, mais celui-ci remontait déjà à une époque reculée. Les Péruviens regardaient les feuilles de Coca comme chose sacrée, que les Incas seuls pouvaient employer, et qu'ils brûlaient sur les autels en l'honneur de la divinité. Quand les Espagnols envahirent le pays, ils trouvèrent ces feuilles employées comme monnaie courante ; elles représentaient même la seule monnaie usitée. Actuellement, la feuille de Coca a une valeur vénale considérable, et elle fait l'objet d'un trafic important. Il s'en consomme environ 30 millions de livres annuellement, et le nombre des personnes adonnées à l'emploi de ces feuilles comme masticatoire est évalué à 8 millions.

La vertu des feuilles de Coca consiste en ce qu'elles abolissent la faim et la soif et permettent une dépense physique considérable sans fatigue. Un auteur employa un Indien à un travail très fatigant durant quelques jours : cet homme put, pendant cinq nuits. ne dormir que deux heures, sans manger du tout ; il ne prenait que des feuilles de Coca qu'il mâchait. à intervalles de deux ou trois heures. A la fin de sa besogne, il se déclara tout prêt à recommencer, si on lui promettait des feuilles de Coca en quantité suffisante. Les guides sont toujours munis de coca. Chacun porte un petit sac renfermant des feuilles préalablement mâchées et réduites en petites masses, puis desséchées. Chacune de ces masses représente une dose. Pour employer la drogue, l'on place une de ces chiques dans la bouche : on prend un petit bâton pointu, mince, humide, que l'on trempe dans de la cendre de plantes riches en potasse, et que l'on pique plusieurs fois dans les chiques, de façon à y faire pénétrer une certaine quantité de la matière alcaline. C'est cette matière qui développe l'alcaloïde.

On mâche la chique, avalant la salive et le jus seulement. Cette substance permet bien de ne pas ressentir la faim pendant un temps ; mais dès que l'emploi de la feuille a cessé, l'appétit est très vif. Il semble donc que l'on engourdit la sensibilité de la faim, et que la Coca ne tient pas du tout lieu d'aliment. La Coca paraît exercer une action favorable contre la dyspepsie, contre la *puna* des hautes montagnes, mal qui semble causé par les grandes altitudes, et qui ne serait autre que notre mal des montagnes.

L'*Erythroxylon coca* pousse sur les versants orientaux des Andes, dans les parties chaudes et humides. La culture s'en fait de la façon suivante : les graines sont semées en décembre ou janvier. Au bout de dix-huit mois, durant lesquels on arrose avec soin, la première récolte se produit. On fait de deux à quatre récoltes par an. Chaque feuille est cueillie séparément, toutes sont séchées au soleil avec soin et mises ensuite en magasin. Il faut les consommer dans un espace de temps assez restreint, car. au bout de cinq ou six mois, les feuilles semblent avoir perdu leurs propriétés : les Indiens n'en font plus de cas. Il semble que l'alcaloïde soit beaucoup plus abondant dans les feuilles fraîches que dans les feuilles desséchées et conservées.

Comme le thé, le café, le tabac, l'alcool et diverses substances stimulantes ou nutritives, la Coca, prise en excès, produit des effets fâcheux. Il est des exceptions, assurément, et l'on a vu des *coqueros* (mangeurs de coca) vivre fort vieux et en bonne santé ; mais souvent il se produit des désordres sérieux. La démarche est incertaine, l'organisme est apathique, amaigri ; l'esprit est fatigué, inerte.

Nous avons dit que l'on croit, en général, que la Coca n'agit que comme stimulant nerveux et comme agent susceptible d'endormir la sensation de la faim. Ce n'est pourtant pas l'avis de tous ; certains observateurs attribuent une valeur alimentaire réelle à la Coca. L'alcaloïde de la Coca, la Cocaïne, si fort en vogue depuis quelque temps, a été isolé en 1855 par Gaedeckoe, après avoir été indiqué par Wackenroder et Johnson en 1853. Schröff paraît avoir été le premier à signaler, en 1862, son action sur la sensibilité, qu'il endort : on sait qu'injectée dans un point douloureux elle calme et supprime la douleur. Les dentistes en font grand usage pour l'extraction des dents.

HENRY DE VARIGNY [1].

La dispersion des graines.

La perpétuation, et, par suite, l'existence même de chaque espèce de plante à fleurs demandent que

---

1. *Revue Scientifique.*

les graines soient préservées de la destruction, et
dispersées, d'une façon plus efficace, sur un espace
plus considérable. La dispersion s'effectue soit d'une
façon mécanique, soit par l'action des animaux.
La dispersion mécanique s'opère principalement au
moyen de courants d'air, et un grand nombre de
semences sont adaptées à ce genre de transport, en
étant revêtues de duvet ou d'aigrettes, comme le
Chardon et la Dent de lion que nous connaissons
tous; en ayant des ailes ou autres accessoires, comme
chez le Sycomore, le Bouleau et beaucoup d'autres
arbres; en étant projetées à des distances considérables par l'éclatement du péricarpe, ou beaucoup
d'autres curieux expédients. Un grand nombre de
graines, cependant, sont si légères et menues qu'elles
peuvent être portées à des distances énormes par les
ouragans, étant donné surtout qu'elles sont généralement plates ou courbes de façon à présenter une
surface considérable proportionnellement à leur poids.
Celles que transportent les animaux ont leur surface,
ou celle de leur péricarpe, armée de crochets minus-
cules, ou d'un revêtement épineux qui s'attache aux
poils des mammifères ou aux plumes des oiseaux,
comme chez la Bardane, les Gratterons, et beaucoup d'autres espèces. D'autres encore sont gluantes
comme chez le Houx, et beaucoup de plantes exo-
tiques.

Toutes les graines, ou les péricarpes [1] qui sont
adaptés à l'un de ces divers modes de dispersion,
sont de teintes protectrices ternes, de sorte que lorsqu'ils tombent à terre on ne peut presque plus les
distinguer; en outre, ils sont d'ordinaire petits, durs,

---

1. Ensemble des parties qui entourent la graine et forment avec elle le
fruit

et ne sauraient attirer, n'ayant jamais de pulpe tendre, juteuse ; tandis que les graines comestibles sont si petites par rapport à leurs enveloppes et à leurs accessoires durs et secs que peu d'animaux seraient tentés de les manger.

Il existe, pourtant, une autre classe de fruits ou de graines, habituellement appelés noix, dans lesquels se trouve une quantité assez grande de substance comestible, souvent très agréable au goût, et qui est à la fois attrayante et nourrissante pour un grand nombre d'animaux. Mais lorsqu'ils sont mangés, la graine est détruite et l'existence de l'espèce mise en danger. Il est évident, par conséquent, qu'elles ne sont comestibles que par suite d'une sorte d'accident ; et le soin spécial que la nature a pris de les cacher et de les protéger indique bien qu'elle ne les destine pas à être mangés. Toutes nos noix communes sont vertes, pendant qu'elles sont attachées à l'arbre, de telle façon qu'on ne les distingue pas facilement des feuilles ; mais à leur maturité, elles deviennent brunes, et sont également peu faciles à distinguer parmi les feuilles mortes et les rameaux, ou sur la terre brune. De plus, elles sont presque toujours protégées par une enveloppe dure, comme chez les Noisettes, qui sont cachées sous leur involucre [1] de feuilles agrandi, et dans les grandes Noix du Brésil et les Noix de coco par un étui si dur et si résistant qu'elles en sont protégées contre presque tous les animaux [2]. D'autres ont une écorce externe, amère, comme la Noix proprement dite ; tandis que chez la Châtaigne et la Faîne deux ou trois fruits sont renfermés dans un involucre garni de piquants.

---

1. Ensemble de feuilles entourant la base du fruit et de la fleur.

2. On sait pourtant qu'un crabe, le *Birgus latro*, ouvre fort bien la noix de coco pour s'en nourrir. (H. de V.)

En dépit de toutes ces précautions, les noix sont dévorées, en grandes quantités, par les mammifères et les oiseaux; mais comme elles sont, en général. le produit d'arbres ou d'arbrisseaux d'une longévité considérable, qui les produisent en grande profusion, la perpétuation de l'espèce n'est point en péril. En beaucoup de cas, les amateurs de noix contribuent à les disperser, parce que, de temps en temps, il est probable qu'ils les avalent entières, ou sans être assez broyées pour que leur germination en soit empêchée; tandis qu'on a souvent vu des écureuils enterrer des noix, dont beaucoup sont oubliées et germent en des lieux où elles ne seraient point parvenues sans ces circonstances. Les noix, surtout celles des plus grandes espèces, qui sont si bien protégées par leurs étuis durs et presque ronds, sont bien favorisées dans leur dispersion; elles roulent au bas des collines, elles flottent sur les rivières et les lacs, et atteignent ainsi des localités distantes. Pendant les exhaussements. ce procédé de dispersion serait très efficace, la nouvelle terre étant toujours à un niveau inférieur à celui de la terre couverte par la végétation, et par conséquent dans les meilleures conditions pour recevoir de celle-ci sa provision de plantes.

Les autres modes de dispersion des graines sont si clairement adaptés à leurs besoins spéciaux que nous sommes sûrs qu'ils ont dû être acquis par l'action de la variation et de la sélection naturelle [1]. Les graines à crochets ou à épines sont toujours celles

---

1. La *sélection naturelle* est le fait de la disparition des individus ou des espèces moins bien préparés pour la lutte pour l'existence, ou de la survivance de ceux-là seuls qui sont bien pourvus. La *sélection artificielle* est l'élimination, par l'homme, parmi les petits d'un animal ou les descendants d'une plante, des individus peu satisfaisants à son gré, de façon que ceux-là seuls qui le satisfont puissent s'unir entre eux et se reproduire, et avoir plus de chances de fournir des individus semblables à leurs parents.

de plantes herbacées qui doivent, par leurs dimensions, arriver au contact de la laine des moutons ou du poil du bétail; tandis que jamais on ne voit de graines de cette sorte aux arbres des forêts, aux plantes aquatiques, ni même à des plantes grimpantes ou rampantes. Les péricarpes ou graines ailés, d'autre part, sont le propre des arbres et des grands arbrisseaux, ou des grandes plantes grimpantes. Nous avons donc là une adaptation très exacte aux conditions, dans ces modes divers de dispersion.

A.-R. WALLACE [1].

Réflexions philosophiques sur les fruits.

Beaucoup de fruits possèdent des couleurs variées qui servent à attirer les animaux, afin que les fruits en soient mangés, tandis que les graines non digérées traversent leur corps, et se trouvent, par suite, dans la situation la plus favorable à la germination. Ce but a été atteint grâce à tant de procédés divers, et avec tant d'adaptations correspondantes que nul doute ne peut rester dans l'esprit quant à la valeur du résultat. Ces fruits sont d'ordinaire pulpeux ou juteux, et généralement doux, et constituent la nourriture favorite d'innombrables oiseaux et de quelques mammifères. Ils sont toujours colorés de façon à ressortir au milieu de leur feuillage ou de leur entourage, le rouge étant la plus commune comme la plus visible de leurs couleurs, mais le jaune, le violet. le noir ou le blanc n'étant pas rares. La partie comestible des fruits se développe aux dépens des différentes parties des enveloppes florales, ou de

1. *Le Darwinisme.* traduction par H. de Varigny. Lecrosnier-Babé.

l'ovaire, chez les divers ordres et genres. Quelquefois, c'est le calice qui s'accroît et devient charnu, comme chez les pommes et les poires; plus souvent les téguments de l'ovaire lui-même sont accrus comme chez la prune, la pêche, le raisin, etc.; le réceptacle se développe pour former le fruit de la fraise; tandis que les mûres, les ananas et la figue sont des exemples de fruits complexes formés, en différentes manières, d'une masse de fleurs [1].

Dans tous les cas, les graines elles-mêmes sont protégées par divers expédients contre tout dommage. Elles sont petites et dures chez la fraise, la framboise, la groseille, etc., et s'avalent aisément avec la pulpe abondante. Dans le raisin, elles sont dures et amères; dans la rose (cynorrhodon), désagréablement velues; dans la tribu des oranges, très amères; et toutes ont un extérieur lisse, glutineux qui les fait avaler facilement. Lorsque les graines sont plus grandes et comestibles, elles sont renfermées dans une enveloppe extrêmement dure et épaisse, comme dans les espèces variées de fruits « à noyau », les prunes, les pêches, etc., ou dans une peau très coriace, comme chez la pomme. Nous trouvons chez la noix muscade de l'Archipel oriental une curieuse adaptation à un seul groupe d'oiseaux. Le fruit est jaune, quelque peu comme une pêche oblongue, mais ferme et à peine comestible. Ce fruit se fend, et montre la noire enveloppe luisante de la graine, ou noix muscade, sur laquelle s'étend le bel arille [2] rouge vif ou macis, partie adventice qui n'a

1. Le *calice* est l'enveloppe extérieure, généralement verte, des fleurs. L'*ovaire* est la cavité située au centre des fleurs femelles (ou des fleurs à la fois mâles et femelles), où se développe l'*ovule*, qui est le germe de la future graine et de l'embryon.

2. Partie de la graine qui n'existe qu'occasionnellement sous forme d'une mince membrane enveloppante.

d'autre utilité pour la plante que d'attirer l'attention sur elle. Les grands pigeons frugivores cueillent cette graine, et l'avalent tout entière à cause du macis; la muscade traverse leur corps et germe; et c'est ainsi que s'est opérée l'immense distribution des noix muscades sauvages dans toute la Nouvelle-Guinée et les îles qui l'entourent.

Nous voyons les résultats indubitables de la sélection naturelle dans cette limitation des couleurs brillantes aux fruits comestibles qu'il est utile à la plante de voir manger; et ceci est d'autant plus évident que la couleur n'apparaît jamais avant que le fruit ne soit mûr — c'est-à-dire avant que les graines qu'il contient ne soient entièrement mûres, et dans l'état le plus favorable à la germination. Quelques fruits colorés d'une façon brillante sont vénéneux, comme notre Douce-amère (*Solanum dulcamara*), l'Arum tacheté, ou pied de veau, et le Mancenillier des Indes occidentales. Beaucoup de ceux-ci sont mangés, sans inconvénients, par des animaux; et l'on a suggéré que, même dans le cas où quelques animaux en mourraient empoisonnés, la plante en bénéficierait, puisque non seulement la graine est dispersée, mais elle trouve pour germer, dans le corps en décomposition de sa victime, un abondant engrais. Les couleurs particulières des fruits n'ont pas, à notre connaissance, d'autre utilité pour eux que de les faire remarquer; d'où la tendance à conserver et accumuler chez eux une couleur tranchée quelconque, afin que le fruit devienne aisément visible dans son entourage de feuilles ou d'herbes.

A.-R. WALLACE [1].

-----

1. *Le Darwinisme*. trad. H. de Varigny, p. 400. Lecrosnier, 1891.

Une erreur à dissiper.

On a souvent répété que la vitalité des graines est en quelque sorte indéfinie, et on a invoqué, à l'appui de cette assertion, le fait que des grains de blé trouvés dans les sarcophages égyptiens auraient parfaitement germé après des milliers d'années de sommeil. C'est là une erreur qu'il convient de détruire.

Jamais une graine quelconque sortie d'un cercueil de l'ancienne Égypte et semée par des horticulteurs scrupuleux n'a germé. Ce n'est pas que la chose soit impossible, car les graines se conservent d'autant mieux qu'elles sont plus à l'abri de l'air et des variations de température ou d'humidité, et les monuments égyptiens présentent assurément ces conditions; mais, en fait, les essais de semis de ces anciennes graines n'ont jamais réussi.

L'expérience dont on a le plus parlé est celle du comte de Sternberg, à Prague. Il avait reçu des graines de Blé qu'un voyageur, digne de foi, assurait provenir d'un cercueil de momie. Deux de ces graines ont levé, disait-on. Mais je me suis assuré qu'en Allemagne les personnes bien informées croient à quelque supercherie, soit des Arabes, qui glissent quelquefois des graines modernes dans les tombeaux (même du maïs, plante américaine!), soit des employés de l'honorable comte de Sternberg. Les graines répandues dans le commerce sous le nom de *Blé de Momie* n'ont été accompagnées d'aucune preuve quant à l'ancienneté d'origine.

ALPH. DE CANDOLLE [1].

---

[1]. *Origine des Plantes Cultivées*, par A. de Candolle, *Bibl. Scient. Internationale*. 1882, Alcan.

Une pluie de pollen.

Le Pollen est la poussière jaune qui sort des anthères que supportent les étamines des fleurs. Elle consiste en une quantité de petits grains qui jouissent de la propriété de féconder, c'est-à-dire de déterminer le développement en graine et en fruit d'une petite cellule nommée ovule, renfermée dans l'ovaire des fleurs.

Chaque jour, on le sait, des faits surprenants de fécondation et d'hybridation se produisent entre plantes séparées les unes des autres par des distances considérables. Le pollen de certaines espèces est tellement léger qu'il peut être transporté par les vents à des distances immenses.

L'*American Naturalist* cite à ce sujet un exemple curieux.

En avril 1883, un botaniste américain, en récoltant des plantes aquatiques dans un étang de l'Iowa Central, constata que toute la surface de cet étang était recouverte d'une couche de pollen de Pin.

Aucun doute n'était possible, et, cependant, les forêts de Pins les plus rapprochées, et qui seules avaient pu produire une quantité de pollen aussi grande, étaient éloignées d'environ 600 kilomètres du point où l'observation était faite.

Le vent avait donc fait franchir cette énorme distance aux masses de pollen s'échappant des fleurs des Pins [1].

---

1. *Rev. Horticole*, 1883, p. 362. — Ces pluies de pollen, soit dit en passant, ont été souvent prises, il n'y a pas bien longtemps encore, pour des pluies de soufre absolument inexplicables, et auxquelles la croyance populaire, peu éclairée, attachait une signification redoutable.

Les Forêts sous-marines.

Les côtes des Continents et des Iles présentent souvent
de très lents mouvements d'affaissement ou d'exhausse-
ment; le rivage s'élève ou s'abaisse, la mer gagne sur la
terre, ou au contraire se retire. Un mouvement marqué
d'affaissement s'est produit depuis quelques siècles sur les
côtes de Bretagne et de Normandie (Mont Saint-Michel), et
par suite des forêts étendues du rivage ont été peu à peu
submergées et détruites. C'est d'une de ces forêts qu'il
s'agit ici.

Lorsqu'on parcourt les rivages du cap Fréhel au
Bec de Ver, on rencontre parfois de larges taches
brunes qui tranchent sur la couleur des sables dorés.
Ces taches sont formées par des croûtes tourbeuses,
en quantité et en dimensions variables, d'une épaisseur de quelques centimètres. Elles se laissent facilement couper à la bêche, et sont formées d'un détritus
végétal presque arrivé à l'état d'humus. Au-dessous
de cette première couche, on trouve des feuilles, des
brindilles, des fragments d'écorce, des graines, dans
un état de conservation qui permet de reconnaître
facilement les espèces auxquelles ces débris ont
appartenu. Nous y avons fréquemment trouvé de la
graine d'If, des glands, des faînes, et surtout des noisettes. Ces restes légers de la forêt paraissent avoir
surnagé au moment de l'envahissement des eaux;
ils ne sont pas usés, brisés comme ils ne pourraient
manquer de l'être s'ils avaient été roulés un certain
temps. Au-dessous de cette deuxième couche de peu
d'épaisseur, on trouve des arbres entiers, renversés
perpendiculairement au flot, et adhérant encore au
sol par leurs racines. Souvent ces arbres accusent de
forts diamètres et une hauteur considérable : ainsi

nous avons mesuré un Châtaignier portant plus de
6 mètres de bille. Les jeunes plants ont été parfois
soulevés par le flot et roulés sur les grosses pièces;
ce sont généralement des Sapins et des Bouleaux. Les
essences à fibres dures, les Ifs, les Chênes, sont les
mieux conservées; il est même souvent possible de
reconnaître leur âge aux couches du tronc. Rien
n'annonce dans cet abatis une plantation régulière;
on dirait plutôt une luxuriante mais toute naturelle
végétation. Malgré leur état apparent de conservation, ces bois sont très friables quand on les dégage
de la vase dans laquelle ils sont fixés. Les précautions
les plus minutieuses n'ont jamais pu m'obtenir jusqu'ici des fragments de plus de deux mètres de longueur. Par des mers calmes, j'ai fait moi-même dégager, à marée basse, de beaux arbres très intacts :
la marée montante les soulevait doucement, mais ils
ne tardaient pas à se briser sous leur propre poids.
Ces bois, soumis à l'action atmosphérique, se raffer-
missent peu à peu, et finissent par présenter des
fibres dures, tantôt noires, tantôt rougeâtres, tantôt
d'un gris foncé. On dit qu'il en a été fait des outils,
des meubles, des barrières. Des espaces assez étendus
ont été occupés par des arbustes légers, que je crois
de l'Ajonc épineux ou du Genêt. Les racines, semblables à des piquets tordus, sont encore en place.
mais les arbustes ont disparu, enlevés sans doute
par le flot.

DE GESLIN DE BOURGOGNE [1].

1. Cité par A. Chèvremont : *les Mouvements du sol sur les côtes occidentales de la France*, 1882. d'après le *Congrès Scientifique de France*, 1872.
t. XIII.

Une mort singulière.

Un voyageur égaré dans une des profondes forêts vierges de l'Amérique du Sud et souffrant de la soif, eut l'idée de couper, pour se désaltérer, une de ces branches d'arbre qu'on trouve fréquemment dans la zone intertropicale, et qui fournissent une sève rafraîchissante. Après avoir absorbé le liquide séveux, il eut la malencontreuse idée de l' « appuyer » par une gorgée de rhum. Peu d'instants après, il se tordait dans d'affreuses convulsions, et mourait après une agonie atroce. Son corps fut rapporté à l'hôpital, et l'autopsie fit découvrir qu'il avait les intestins littéralement « scellés » par du caoutchouc. Le malheureux avait absorbé la sève liquide du *Mimusops Balata*, qui présente la propriété de se coaguler et de se durcir dans l'alcool. Avis aux voyageurs explorateurs des contrées lointaines; ils ne devront s'aventurer à consommer les produits végétaux naturels qu'après avoir suivi l'expérience des indigènes du pays [1].

Le poison des pommes de terre.

La Pomme de terre renferme un principe toxique appelé *solanine*, dont la production semble liée à la présence de la chlorophylle [2]. On le trouve assez abondamment dans les germes que donnent au printemps

1. *Revue Horticole*, 1883, p. 28. Nul n'ignore que le caoutchouc est le suc, qui se durcit une fois sorti de ses vaisseaux, du *Siphonia elastica* et de quelques autres végétaux d'Afrique et d'Amérique.

2. La *Chlorophylle* est la substance qui donne aux plantes leur couleur verte.

ou en hiver les pommes de terre enfermées en caves,
dans les épluchures des vieux et des très jeunes tubercules, dans la tige encore peu développée, en mai ou
en juin. Quand un tubercule, insuffisamment enfoui
en terre, a reçu les rayons solaires et que son enveloppe a verdi, celle-ci est dangereuse. Les pommes
de terre sont des *tubercules* d'une nature spéciale.
Ce ne sont pas des racines comme on pourrait le
croire. Ce ne sont pas non plus des appendices ou
des renflements des racines : ce sont des renflements
de branches qui au lieu de se diriger à la surface et
à l'air, plongent sous terre.

Le tubercule proprement dit est la partie qui en
renferme le moins, mais elle n'en est pas complètement dépourvue.

Lorsqu'on soumet la Pomme de terre à la cuisson,
la solanine n'est point détruite, elle passe dans l'eau
de cuisson.

Bien qu'il ne soit ni extrêmement actif, ni très
abondant, le principe vénéneux de la Pomme de terre
occasionne néanmoins des accidents, car il s'accumule dans l'organisme, ou plus exactement, il s'élimine lentement.

Pourtant, il n'est point à ma connaissance que
des intoxications se soient produites dans l'espèce
humaine. Cette immunité tient à plusieurs causes :
l'homme ne consomme que le tubercule, c'est-à-dire la
partie la plus pauvre en solanine ; il l'épluche et jette
l'écorce qui en contient le plus, il le fait toujours cuire,
et enfin il est rare qu'il en fasse sa nourriture *exclusive* pendant un laps de temps bien considérable : il
l'associe à d'autres aliments, ne fussent-ce que des
galettes ou du pain. On s'explique donc sans difficulté que les accidents qu'on prédisait à Parmentier
comme devant résulter de la consommation de la

pomme de terre, ne se soient point réalisés sur notre espèce.

CH. CORNEVIN [1].

Pour les enfants gourmands qui mangent les fruits rouges...

La *Belladone* est une plante assez répandue dont les petits fruits rouges ressemblent à la cerise, et possèdent un goût assez doux. Ces fruits sont un poison violent, comme d'ailleurs *toutes* les parties de la plante. Il ne faut donc pas en manger; du reste il faut éviter tous les fruits sauvages que l'on ne connaît pas de façon certaine pour inoffensifs.

L'homme est exposé à s'empoisonner, et en raison de sa sensibilité particulière les symptômes ont toujours un caractère très grave chez lui. Les enfants peuvent être séduits par le fruit, et les accidents sont communs parmi eux. Ils ne sont pas rares non plus chez les adultes; l'ignorance des propriétés vénéneuses de la Belladone ou sa confusion avec quelque inoffensif végétal à baies les explique. On a vu une jeune paysanne cueillir les baies de cette plante pour celles de l'airelle (*Vaccinium myrtillus*), les vendre pour ces dernières, et empoisonner toutes les personnes, ignorantes comme elle, qui les achetèrent et les mangèrent (Roques). Quand on compulse les publications médicales, on y trouve de nombreuses relations d'intoxications de cette sorte, qu'il n'y a d'ailleurs aucun motif de résumer ici, car les circonstances en sont toujours les mêmes.

Le plus connu et aussi le plus frappant de ces récits est celui de Gaultier de Claubry; ce médecin fut

1. *Des Plantes Vénéneuses et des Empoisonnements qu'elles déterminent* (*Bibl. de l'Enseignement agricole*). 1887, Firmin-Didot.

témoin, en 1813, de l'empoisonnement de 160 soldats qui, trouvant des baies de Belladone dans leur campement, les mangèrent sans se douter de ce qui allait en résulter pour eux.

CH. CORNEVIN [1].

La force de la végétation.

La puissance des végétaux a été l'objet de nombreuses expériences, parmi lesquelles celles de Hales sont bien connues de tous les botanistes. Mais le sujet est si étendu, et les faits qui s'y rapportent sont parfois si surprenants, qu'on nous permettra d'appeler l'attention de nos lecteurs sur de nouvelles observations.

D'expériences faites en Angleterre à ce sujet, il résulte que la Citrouille peut, en se développant, soulever un poids de 2,050 kilos, et supporter, sans souffrir, un poids de 2,500 kilos pendant dix jours.

Le déplacement et le soulèvement de pavés et de roches, qui s'accomplissent fréquemment sous l'effort de certaines racines, prouvent qu'elles possèdent une puissance mécanique considérable.

Les racines annuelles peuvent de même produire

1. *Des Plantes Vénéneuses et des Empoisonnements qu'elles déterminent*, 1887, Firmin-Didot. — Le poison que renferme la Belladone porte le nom d'*atropine*. C'est un produit des plus toxiques, et qu'on emploie en médecine surtout en raison d'une particularité de son action qui est de dilater la pupille, ce qui facilite beaucoup l'examen de l'œil. Même à dose très faible, l'atropine détermine une sorte de folie avec hallucinations, anesthésie, vertiges, faiblesse, désordre des mouvements, ralentissement du cœur ; la mort survient après des convulsions ou durant un *coma*, une prostration profonde. Il est intéressant de noter que l'atropine, si dangereuse pour l'homme, le chien et chat, par exemple, n'est presque pas nuisible pour le lapin, qui peut manger sans danger la racine de Belladone.

une force surprenante; ainsi, une Betterave rouge, introduite dans un drain en terre cuite de deux centimètres et demi de diamètre, l'a facilement fendu dans le sens de la longueur, pour continuer son développement.

Les Champignons, dont le tissu est cependant bien spongieux, ont aussi cette propriété développée à un très haut degré. En 1883 on a constaté en Angleterre, à Braintree (Essex), qu'un *Agaricus arvensis* [1] avait, pour se développer, soulevé une pierre mesurant 75 centimètres de longueur, sur 55 de hauteur, ce qui représente un poids considérable.

CARRIÈRE ET ANDRÉ [2].

La flore des pièces de monnaie et des billets de banque.

Qui n'a remarqué les petites masses noirâtres qui s'incrustent, à la surface des monnaies, dans les dépressions entre les images et les lettres, par suite d'une circulation prolongée?

M. Reinsch d'Erlangen les a étudiées, et ses investigations ont porté sur les monnaies de tous les États européens, récentes et anciennes, sur les pièces de cuivre, d'or et d'argent. Partout il a trouvé des micro-organismes, des algues, et des bactéries.

En grattant avec une pointe d'aiguille l'incrustation crasseuse qui s'est amassée dans les interstices du relief de la monnaie, et en la portant sous le microscope avec une goutte d'eau distillée, M. Reinsch y constata déjà, à un grossissement de 250 ou 300 dia-

---

1. Espèce de Champignon voisine du champignon de couche cultivé dans les caves.
2. *Revue Horticole*. 1883. p. 532.

mètres, la présence des corps suivants : fragments de fibres textiles, nombreux granules d'amidon, surtout d'amidon de blé, globules de graisse, quelques algues unicellulaires, etc.

Mais, en augmentant le grossissement, on aperçoit, au milieu de tous ces détritus, des *Bactéries* [1] animées de leur mouvement caractéristique.

Parfois différentes formes sont réunies sur une seule et même pièce de monnaie, mais, le plus souvent, on rencontre une forme ou l'autre isolément.

Les bactéries globulaires sont les plus fréquentes ; les *Spirillum* se rencontrent beaucoup plus rarement. Quant aux *Bacilles*, on les trouve presque toujours sur les monnaies de cuivre, d'or et d'argent, sous forme de bâtonnets, ayant de 4 à 12 articles, longs de 0,0055 à 0,0077 de millimètre ; les articles passés aux deux bouts de ces bâtonnets présentent un renflement sphérique.

Toutes ces bactéries cessent leurs mouvements dès qu'on introduit une goutte d'iode ou de glycérine dans la préparation.

Parmi les *Algues*, on en rencontre le plus souvent sur les pièces de monnaie deux espèces.

Les algues ne se rencontrent que sur les pièces anciennes ; les nouvelles ne renferment que des bactéries.

En outre des algues et des bactéries, les incrustations des pièces de monnaie renferment encore des

---

1. Les Bactéries constituent un groupe de *microbes*, c'est-à-dire de ces plantes microscopiques récemment découvertes, qui sont la cause de tant de maladies. Les microbes consistent simplement en une cellule, c'est-à-dire en un petit corps arrondi ou allongé, sans organes : une vessie microscopique remplie d'une substance demi-solide. Les Spirilles et Bacilles sont aussi des microbes, de forme légèrement différente.

spores [1] de champignons analogues à celles qu'on trouve dans les moisissures [2].

Le fait établi par M. Reinsch présente une grande importance au point de vue de l'hygiène publique. On sait jusqu'à quel point les différentes bactéries sont les propagateurs des maladies contagieuses, et certainement elles ne pouvaient choisir un meilleur véhicule pour leur dissémination que le numéraire, cet « objet de circulation » par excellence. Il serait peut-être prudent, par les temps d'épidémie, de laver dans une solution alcaline bouillante les pièces de monnaie devenues crasseuses par suite d'une circulation trop prolongée.

M. Jules Schaarschmidt, professeur de botanique cryptogamique à l'Université Hongroise de Kolasva, a entrepris une étude analogue sur les billets de banque.

En examinant soigneusement les bords, les plis, etc., des billets de banque de n'importe quel État, on y remarque facilement un dépôt de poussière et de crasse. En grattant un peu la surface du billet dans ces endroits, à l'aide d'une aiguille ou d'un scalpel. et en transportant ensuite la matière ainsi contenue sur un verre porte-objet, dans une goutte d'eau distillée, on y aperçoit très bien, en se servant d'un fort grossissement, des Schizomycètes [3], des Algues, etc. M. Schaarschmidt a examiné plus particulièrement les billets de banque austro-hongrois, aussi bien les anciens (de 1848-49) que les nouveaux, et les billets de banque russes de un rouble. Sur tous ces billets, même sur les plus neufs et les plus propres en apparence, il a constaté une végétation cryptogamique

1. Les Spores sont les *graines* des Champignons.
2. Les Moisissures sont des Champignons.
3. Groupe de Champignons.

3.

abondante, de même que la présence de plusieurs microbes.

La bactérie de la putréfaction a été trouvée sur tous les billets examinés, et sur n'importe quelle partie de leur surface.

Dans les incrustations que l'on voit sur les bords et dans les plis, on peut aisément constater des grains d'amidon, surtout d'amidon de blé, des fibres de coton et de lin, des fragments de cheveux, etc. Sur les billets austro-hongrois de un florin (2 fr. 50), on trouve en outre beaucoup de Saccharomycètes et surtout la levure de bière [1]. Différentes espèces d'Algues des genres *Micrococcus*, *Leptothrix* (genre d'algue auquel appartient le *Leptothrix buccalis*, parasite de la langue et des interstices des dents de l'homme), et *Bacillus* sont aussi des organismes qu'on rencontre habituellement dans ces dépôts.

Les deux nouvelles espèces d'algue décrites par M. Reinsch et dont nous avons parlé plus haut sont très rares sur les billets de banque. Il paraît qu'elles se plaisent mieux sur les pièces de vingt francs que sur les billets de un florin; cependant ces derniers abritent de temps en temps de petites colonies de cellules vertes de *Pleurococcus*. Il en est de même des billets de cinq florins qui présentent parfois à leur surface de petits *Chroococcus* d'un beau vert bleuâtre.

Il est évident qu'au point de vue hygiénique l'étude microscopique de différents objets d'un usage journalier présente un grand intérêt. Aussi, M. Schaarschmidt se propose t-il d'examiner à ce point de vue les objets les plus divers; surtout les livres scolaires, qui passent de main en main, et ne brillent pas

---

1. Le champignon microscopique qui détermine la fermentation du *malt* ou orge germée et concassée, et la production de la bière.

souvent par leur propreté, de même que les livres prêtés par les bibliothèques populaires, etc. Il est à présumer que l'on y trouvera une flore cryptogamique beaucoup plus riche que celle des billets de banque.

J. DENIKER [1].

Le Figuier géant.

L'histoire des conquêtes d'Alexandre fait mention d'un Figuier banyan, *Ficus Indica*, vivant sur les bords de la Nerbuddah, qui prêta l'abri de sa ramure au conquérant et à 7,000 hommes de son armée. Ce patriarche des forêts couvre encore aujourd'hui un cercle de 670 mètres de tour, et fait supporter sa ramure par 2,000 troncs. Un autre arbre ne peut encore rivaliser avec ce célèbre congénère, mais il constitue cependant une intéressante curiosité végétale. C'est l'unique survivant d'un grand nombre de figuiers semblables qui végétaient autrefois dans le jardin botanique de Calcutta, sur la rive de l'Hoogly, en aval de cette ville. Son âge ne dépasserait guère un siècle, et il aurait pour origine une graine échappée du bec d'un oiseau, et tombée sur le bouquet de feuilles d'un dattier. Les graines du Banyan peuvent en effet végéter sur d'autres arbres, et émettre des racines, qui, se multipliant, après avoir atteint le sol, étouffent le végétal protecteur. Ce faisceau de racines constitue ensuite le tronc du futur géant. Le tronc principal du figuier de Calcutta a aujourd'hui 14 mètres de tour; il est renforcé par 232 troncs secon-

1. *Science et Nature*. 1884 et 1885.

daires, racines adventices [1] descendues des branches jusqu'à terre, et dont un certain nombre ont trois et quatre mètres de circonférence. Les branches couvrent d'une ombre épaisse, impénétrable aux rayons du soleil, une surface de 290 mètres de tour. Cet arbre est l'objet de soins spéciaux et, à mesure que ses branches s'allongent à trois ou quatre mètres seulement au-dessus du sol, on provoque la formation de nouvelles racines en les entourant de terre et de mousse maintenues par une ligature, et plongeant en partie dans un vase plein d'eau. Les racines sont ensuite enfermées dans des tubes en bambou chargés de les conduire jusqu'au sol qu'elles atteignent ayant seulement le diamètre d'une corde de violon [2].

Les microbes de l'air.

On peut diviser les organismes de l'air en *moisissures* et en *bactéries*. Il est pour nous d'un intérêt capital de connaître les résultats approchés des recherches statistiques ainsi que l'importance que l'on doit donner à la connaissance de ces milliers d'organismes microscopiques.

Une longue suite d'observations a permis de constater que nous absorbons par jour en moyenne 150,000 germes [3], lorsque nous restons dans l'intérieur

1. Racines qui naissent non point de la base de la tige, mais de n'importe quel point du tronc ou des branches d'où elles descendent vers le sol dans lequel elles se fixent.

2. D'après *Garden and Forest*.

3. On appelle germes les microbes. spores (œufs ou graines des Fougères, Champignons, etc.) et beaucoup d'autres corps très menus, d'origine animale ou végétale, que l'air renferme et transporte. On comprend, étant donnée la légèreté de ces germes, que le vent contribue beaucoup à répandre les épidémies quand l'air renferme les microbes qui sont la cause d'une maladie quelconque.

des maisons ou que nous sortons dans les rues de la ville.

Ces résultats sont basés sur une moyenne de quinze organismes absorbés par litre d'air, ce qui ne donne qu'une vague idée de la réalité.

Le nombre de ces êtres varie sensiblement pour chaque saison. Pour les moisissures, il est minimum en hiver, monte rapidement au printemps, et après avoir atteint le maximum en été, baisse considérablement en automne.

	Moyenne des moisissures pour 1 litre d'air.
Hiver	6,6
Printemps	16,6
Été	22,8
Automne	10,8

On voit ainsi que la chaleur développe les spores de la moisissure : on a remarqué aussi que l'humidité leur est favorable, et on trouve parfois moins de germes pendant un mois sec et chaud que pendant un même laps de temps froid et humide.

Par un temps chaud et humide, on recueille beaucoup plus de germes. Cette augmentation est due à l'envahissement de l'air par des microbes fort jeunes et généralement sans couleur.

Les bactéries augmentent bien aussi en été et diminuent en hiver, mais il semble que la pluie s'oppose à leur développement.

	Moyenne de bactéries pour 1 m. c. d'air.
Hiver	633
Printemps	433
Été	825
Automne	1,083

A Paris, à mesure que l'on s'avance dans le centre de la ville, la proportion des bactéries augmente d'une manière notable. En effet, un gramme de la poussière recueillie sur les tentures et les papiers qui couvrent nos murs se compose de spores, de microbes de toute espèce.

Voici dans quelle proportion :

	Nombre de bactéries par gramme de poussière.
A l'observatoire de Montsouris....	750,000
Rue de Rennes...	1,200,000
Rue Monge....................	2,100.000 [1]

Ces chiffres ont été donnés par M. Arm. Gautier et se trouvent confirmés par les nombres suivants publiés en 1885, par l'observatoire de Montsouris :

	Bactéries par m. c. d'air.
Air de l'océan Atlantique (Miquel et Moreau) pris à plus de 100 kilomètres des côtes...............	0.6
Air pris à moins de 100 kilom. des côtes (moyenne).	1.8
Air des hautes montagnes.......................	1 à 3
Air de Paris au sommet du Panthéon.............	200
Air du parc de Montsouris (moyenne de 5 ans)....	480
Air de la rue de Rivoli (moyenne de 4 ans).......	3,480
Air des maisons neuves à Paris, 1883.............	4,500
Air des égouts de Paris, 1880....................	6,000
Air des vieilles maisons de Paris.................	36,000
Air du nouvel Hôtel-Dieu, Paris, 1880............	40,000
Air de l'hôpital de la Pitié, intérieur.............	79,000

Quoique ces valeurs ne soient que des moyennes, elles indiquent suffisamment les proportions observées dans la propagation des microbes.

Dans toutes les maladies épidémiques, on retrouve leur influence néfaste; il est absolument prouvé aujourd'hui qu'elles sont liées aux variations des bactéries.

---

1. M. L. Manfredi a trouvé jusqu'à *5000 millions de microbes par gramme* de poussière dans certaines rues de Naples. (H. de V.)

Heureusement pour nous, une grande partie de ces microbes disparaît par suite des pratiques d'hygiène et de propreté de nos maisons; heureusement, aussi une grande partie de ces individus sont inoffensifs.

D'autres microbes, au contraire, nous sont utiles; ils constituent les différentes qualités de notre pain, préparent nos boissons, nous donnent le vinaigre, et transforment les végétaux ou facilitent leur développement.

Enfin, grâce aux magnifiques découvertes de M. Pasteur, ces mêmes microbes deviennent par la culture des vaccins [1], préservatifs contre les maladies qu'ils engendrent.

Nous pouvons ainsi nous rendre compte de la nature des microbes et des moyens employés par la science pour étudier ces ennemis innombrables qui nous menacent sans cesse.

G. DALLET [2].

1. Microbes ou virus qui par des procédés artificiels variés ont été affaiblis, et dont l'inoculation protège l'organisme contre les atteintes du microbe non affaibli. La *vaccine* protège contre la petite vérole ou variole ; la *culture atténuée de charbon*, contre le charbon ; le *virus atténué de la rage*, contre la rage. On est en droit d'espérer découvrir beaucoup de vaccins qui nous protégeront contre différentes maladies dues à des microbes. En dehors de ces germes ou poussières vivantes, l'air contient beaucoup de poussières minérales et inorganiques. Dans une chambre habitée, on en rencontre *de un à cinq millions* (selon qu'on étudie l'air du bas ou du haut de la chambre) *par centimètre cube d'air*. L'air des rues de Glasgow en renferme 7.500,000 par cent. cube ; l'air qui s'échappe d'un bec de gaz à courant d'air (brûleur de Bunsen) en contient jusqu'à 30 millions par cent. cube. Voir : Henry de Varigny, *Les poussières de l'air* (*Revue scientifique*, 13 Oct. 1888).

2. *Le Monde vu par les Savants du XIX* siècle. J.-B. Baillière. Paris.

LIVRE II

LES ANIMAUX

SECTION I [1]

LES ANIMAUX INFÉRIEURS

Un animal accommodant.

Les *Hydres* sont des polypes réduits à un sac mince muni de *bras creux* vers son orifice. Ce sont des animaux qui vivent en colonies, et organisés de telle façon qu'on peut les retourner comme un gant, la peau devenant la paroi interne, et les parois de l'estomac devenant la peau extérieure. Abraham Trembley (1700-1784) est le premier qui ait noté ce fait, et voici ce qu'il en dit :

J'ai vu, dit cet excellent observateur, un Polype retourné qui a mangé un petit ver deux jours après l'opération. Les autres n'ont pas mangé si tôt. Ils ont été quatre ou cinq jours, plus ou moins sans vouloir manger. Ensuite ils ont tout autant mangé que les Polypes qui n'ont pas été retournés. J'ai nourri

---

1. Les animaux dont il s'agira dans ce livre sont des *Invertébrés* : ils appartiennent aux groupes des Cœlentérés, Spongiaires, Vers, Echinodermes, Mollusques, et Crustacés.

un Polype retourné pendant plus de deux années. Il a beaucoup multiplié. Dès que j'eus retourné des Polypes avec succès, je m'empressai de faire cette expérience en présence de bons juges, afin de pouvoir citer d'autres témoignages que le mien, pour prouver la vérité d'un fait aussi étrange. Je témoignai aussi souhaiter que d'autres entreprissent de retourner des Polypes. M. Allamand, que j'en priai, mit d'abord la main à l'œuvre et avec le même succès que moi. Il a retourné plusieurs Polypes, il a fait en sorte qu'ils restassent retournés, et ils ont continué à vivre; il a fait plus : il a retourné des Polypes qu'il avait déjà retournés quelque temps auparavant. Il a attendu, pour faire sur eux cette expérience pour la seconde fois, qu'ils eussent mangé après la première.

M. Allamand les a aussi vus manger après la seconde opération. Enfin, il en a même retourné un pour la troisième fois, qui a vécu quelques jours et a ensuite péri, sans avoir mangé; mais peut-être sa mort n'est-elle point la suite de cette opération.

TREMBLEY [1].

La chirurgie chez les Crustacés.

Chacun connaît un certain nombre de Crustacés : ce sont tous des animaux vivant dans la mer ou l'eau douce, ayant cinq paires de pattes, *articulés*, ou formés de segments, et recouverts d'une carapace calcaire, segmentée elle aussi, qui est sécrétée par la peau de l'animal. Le Crabe, le Homard, l'Écrevisse sont des Crustacés familiers à tous.

Des Crustacés chirurgiens, voilà qui peut paraître bizarre : mais il faut se rendre à l'observation, et

1. Il convient d'ajouter que le retournement n'est pas absolument du goût des Hydres : elles font tout ce qu'elles peuvent pour remettre les choses en état.

reconnaître que ces animaux ont une certaine chirurgie qui leur est d'ailleurs très profitable.

Saisissez un Crabe vigoureux et bien vivant par une
patte — sans vous laisser pincer, bien entendu, à
moins que vous n'y teniez particulièrement, — et le
voilà tout à coup qui tombe à terre, et pourtant la
patte est toujours entre vos doigts. Le crabe, lui,
détale à toute vitesse, vous laissant une patte, et employant les neuf autres à fuir au plus vite, ou à s'enfouir dans le sable, montrant par là combien votre
société lui est désagréable. Vous insistez pour le
garder auprès de vous, et vous le rattrapez; la scène
recommence, et généreusement il vous abandonne
une seconde patte. Si vous voulez voir le phénomène
dans toute sa netteté et d'une façon constante,
au lieu de prendre le crabe par une patte, déter-
minez dans celle-ci une douleur quelconque, par
une coupure, une piqûre, une brûlure, ou l'électri-
sation : du moment où l'une ou l'autre de ces exci-
tations porte sur un point quelconque de l'une des
pattes — sauf le dernier segment ou article, celui
qui sert de griffe, et la moitié de l'avant-dernier
— la patte se détache immédiatement, et il m'est
arrivé — rarement, car l'expérience est cruelle,
bien qu'instructive, et je n'ai pas voulu la répéter
inutilement — de faire couper successivement à un
crabe chacune de ses dix pattes, l'animal ne réfléchis-
sant pas que dans ces conditions la vie lui devient
à peu près impossible. Que peut-il faire en effet,
sans un seul membre; comment se nourrir ou se
défendre?

Mais me direz-vous, où est la chirurgie dans tout
cela; je vois bien une fracture; mais je ne vois ni
chirurgien ni opération..... Le chirurgien, c'est le
crabe lui-même, et l'opération c'est la fracture. Cette

fracture est produite par le crabe lui-même, plus ou moins volontairement, et elle a une utilité très grande. En effet, tandis que la fracture de patte que vous pourrez déterminer vous-même avec un couteau ou des ciseaux, saigne abondamment, celle que le crabe lui-même se fait aussitôt, ne saigne pas du tout : la vôtre lui serait mortelle, la sienne lui sauve la vie. Et si sa fracture, ou amputation, ne saigne pas, c'est qu'elle se fait dans un point où les conditions anatomiques [1] rendent l'écoulement de sang très difficile ou impossible. L'amputation spontanée est donc indispensable dans les cas où la patte est lésée d'une façon quelconque ; et dans les cas où l'animal, sans être blessé, se sent retenu par une patte et en danger d'être fait prisonnier, il se dit sans doute que mieux vaut perdre une patte ou deux, ou plus encore, mais garder sa liberté. Le raisonnement est d'autant plus juste que le crabe en renonçant à une patte n'y renonce point pour toujours, comme cela serait le cas chez un oiseau, un mammifère, ou l'homme : à la première mue — ou changement de carapace — la patte perdue repousse.

Cette amputation spontanée, ou *autotomie* — qui veut dire : se couper soi-même — s'opère au moyen d'efforts vigoureux faits par l'animal : il agite la patte à briser en tous sens comme chacun peut le voir, il l'appuie contre sa carapace, et généralement, parfois en un clin d'œil, il la brise presque au ras de celle-ci. Voilà de la chirurgie bien entendue et utile. Elle s'observe chez la plus grande partie des Crustacés, et beaucoup des animaux appartenant à d'autres

1. L'anatomie est l'étude des tissus et des organes d'un corps, et cette étude se fait surtout par la dissection. Ce mot vient d'un terme grec qui signifie *disséquer* ou séparer : disséquer, c'est en effet séparer les unes des autres les différentes parties.

groupes agissent à peu près de même, toujours en vue de leur salut et de leur existence.

HENRY DE VARIGNY.

Un Crabe à paletot.

Les Crustacés à paletot ne sont nullement rares..... On connaît plusieurs espèces, qui, pour se protéger, et se cacher, ont l'habitude constante de se mettre sur le dos des morceaux d'Algues, des Éponges vivantes (l'éponge est un *animal* vivant) et même parfois des Anémones de mer. Il y a un Pagure ou Bernard-l'Ermite qui se loge toujours dans une coquille sur laquelle est posée une certaine anémone, comme nous le verrons plus loin. L'habitude est invétérée. La *Dromia vulgaris*, crabe qui se trouve abondamment dans la Méditerranée, et que j'ai souvent observé à Banyuls-sur-Mer, est un de ces crustacés à paletot.

Ces Crabes ont une habitude toute particulière qui consiste à entraîner à l'aide de leurs pattes dorsales un corps étranger sous lequel ils s'abritent. Ils emploient pour cela presque exclusivement des Éponges, le plus souvent le *Sarcotragus spinosulus* ou le *Suberites domuncula* [1]. L'éponge est appliquée étroitement par sa face inférieure au dos du crabe, et atteint parfois de telles dimensions qu'elle cache entièrement le crustacé, sans gêner néanmoins ses mouvements d'ailleurs peu vifs. On ne sait pas encore d'une manière certaine si l'éponge s'installe incidemment sur le dos de la Dromie, comme le font certains *Suberites* sur les coquilles habitées par les

---

1. Ce sont des éponges assez compactes, vivant à de petites profondeurs, mais différentes, de celles dont le squelette fibreux nous fournit l'objet de toilette que chacun connaît.

Pagures, ou si le crabe s'approprie un fragment d'éponge déjà assez grand pour le fixer sur son dos. La seconde hypothèse n'a rien d'invraisemblable, car l'éponge n'est retenue que par les griffes des pattes dorsales, et je l'ai vue parfois se séparer du crabe sous l'influence du flot ou d'un choc un peu brusque. Du reste, le besoin qu'éprouvent ces crabes de se couvrir ou de se vêtir est tellement vif que dans les aquariums, lorsqu'on leur enlève leur éponge, ils accrochent sur leur dos un fragment de varech qui leur donne un aspect comique. Au laboratoire de Concarneau, ces années passées, il existait une Dromie qui était la joie de tous. On lui avait fabriqué un petit manteau blanc aux armes de Bretagne, et rien n'était plus amusant que de la voir endosser son paletot « quand elle n'avait rien à se mettre sur le dos ».

J. KUNCKEL D'HERCULAÏS [1].

Court chapitre de l'existence d'un Poulpe.

Le Poulpe est la *Pieuvre* que l'on rencontre souvent sur les côtes de Bretagne par exemple. Le Poulpe est un Mollusque de l'ordre des Céphalopodes : il consiste en un sac charnu pourvu d'yeux véritablement extraordinaires, se terminant à une extrémité par une bouche garnie de deux dents cornées redoutables qui rappellent absolument le bec du perroquet : autour de la bouche naissent dix bras charnus, allongés, pourvus d'un grand nombre de petits organes formant ventouse, au moyen desquels l'animal se meut et enlace sa proie. Il y a de grands poulpes parfaitement capables de paralyser et de tuer l'homme le plus robuste.

1. *Les Crustacés*, édition française de Brehm, p. 737-8. J.-B. Baillière. Paris.

Un Poulpe s'était construit, à l'aide des pierres éparses dans les bassins, une cachette qui ressemblait à un nid, et dont l'ouverture était tournée en haut. Ce tertre pierreux se trouvait adjacent à la fenêtre du bassin. Le volume des pierres variait de celui d'une pomme à celui d'un pavé dont la diagonale aurait 15 centimètres environ. La plus grande partie du corps était tout à fait cachée dans ce nid; la tête seule en émergeait, et les bras gisaient au-dessus de l'orifice, semblables à une couronne de serpents. Cette attitude paraissait tout à fait familière à l'animal. Je ne l'ai vu abandonner cette position qu'une fois, alors qu'on avait enlevé une partie des pierres. Le poulpe sortit furieux, et se mit à les rassembler de nouveau. On avait pratiqué cette démolition partielle, précisément pour voir comment ce mollusque, dénué de cartilages et flasque, pouvait entraîner de lourdes pierres, et on avait rejeté notamment quelques-unes des grosses pierres au milieu du bassin, c'est-à-dire à une assez grande distance. Aussitôt les démolisseurs écartés, l'animal se mit à l'ouvrage, il enlaça chaque pierre, comme s'il eût voulu l'engloutir, et la pressa fortement contre lui de telle sorte qu'elle disparut presque entièrement entre ses bras. Lorsque sa charge lui parut suffisante, il relâcha une paire de bras qui vinrent prendre un point d'appui sur le sol et qui poussèrent le corps entier avec son fardeau, en arrière : des pierres de la grosseur du poing furent ainsi transportées rapidement et sans grand effort. Les plus grandes exigèrent un autre procédé. Saisies par leur angle le plus étroit, elles furent pressées contre l'orifice buccal. En même temps, le corps s'engagea au-dessous de sa charge afin de ramener dans l'alignement du point d'appui ce véritable bloc de rocher qui pût être ainsi soulevé et balancé. Quand l'équilibre fut enfin établi, une paire de bras se relâcha de nouveau et repoussa plus loin la masse informe, composée de l'animal et de la pierre. . .

. . . .

Je citerai ici un fait auquel j'ai assisté et qui s'est passé dans les bassins de l'aquarium. On avait adjoint aux poulpes un grand Homard qui provenait d'un autre bassin. Il fut aussitôt fasciné. Il vivait précédemment dans le plus grand bassin de l'aquarium, mais il y avait commis un meurtre horrible, poussé sans doute par la nécessité, et s'était attiré ainsi la colère de ses juges. Dans ce grand bassin se trouvaient parmi des Raies, des Torpilles, et d'autres animaux encore, quatre spécimens magnifiques de Tortues de mer. Les tortues ont pour les huîtres et le homard un goût très prononcé; l'une d'elles, de la dimension d'une assiette, témoigna de son appétit à l'égard du homard; elle n'avait pas apprécié exactement, faute d'expérience probablement, les armes de ce crustacé. Elle paya cette témérité de sa tête qui fut saisie et littéralement broyée entre les pinces du homard. Or chacun sait que le crâne d'une tortue possède une pièce osseuse très résistante : on peut conclure de là à la puissance de ces pinces.

Le homard en question était aussi sans doute un spécimen colossal, mais le danger dont il s'était ainsi tiré avec succès n'en fournit pas moins une preuve remarquable de la vigueur de ses pinces.

Le homard fut transporté au milieu des poulpes: l'intrus fut observé avec une attention très vive, puis circonscrit dans un cercle très large. Les poulpes manifestèrent dans tout leur être quelque chose de provoquant, ils s'approchèrent avec circonspection, comme s'ils voulaient surprendre leur ennemi, ils firent cingler leur bras au-dessus de lui, mais chaque fois qu'ils rencontrèrent son thorax chitineux [1] ou ses pinces vigoureuses, ils se retirèrent en arrière.

Peu à peu cette excitation se calma, mais l'un des poulpes cherchait à s'approcher toujours davantage. Il parut enfin, lui aussi, songer à quelque autre chose, et témoigner d'une indifférence parfaite. Le homard se retira un peu en arrière et s'abandonna à une contemplation paisible mais prématurée : en un clin d'œil, il fut saisi et entouré par le poulpe qui le maintenait serré dans l'impossibilité de se défendre. A ce moment le gardien accourut, saisit cette masse pelotonnée qui ressemblait à un reptile furieux et rendit la liberté au homard.

.   .   .   .

Une seconde fois, les bras du poulpe enlacèrent le homard dans des contorsions convulsives : l'un d'eux se relâchait en un point pour venir porter aide aux autres. Le tout semblait faire partie du poulpe ; du homard, on n'apercevait que de petites portions. Les combattants roulaient sur le sol en bouleversant le gravier ; soudain cette masse pelotonnée se dénoua et le poulpe fendit l'eau obliquement, entraînant le homard à sa suite, mais ce n'était pas en vainqueur. Le Crustacé avait saisi profondément l'un des bras du Poulpe à son insertion et s'y cramponnait fortement. Je craignais une véritable amputation, car le homard serrait sa pince si fort que le bras me paraissait déjà séparé. A ma grande surprise, la substance grossière du poulpe, élastique comme du caoutchouc, supporta cette pression terrible. Pendant ce temps, le poulpe nageait de-ci de-là, tourmenté par la douleur, et cher-

1. La *Chitine* est une substance animale voisine de la corne et qui contribue à former la carapace de plusieurs espèces.

chait à se débarrasser de son adversaire. Les contorsions brusques du mollusque lancèrent deux fois le homard contre les pierres qui composent la paroi rocailleuse du bassin et le contraignirent à ouvrir finalement ses pinces. Là-dessus, les deux ennemis se retirèrent chacun dans un coin différent.

. . . .

Pour mettre fin à cette lutte incessante, on transporta le homard dans le bassin adjacent. Un mur en ciment très solide, qui s'élève de 2 centimètres environ au-dessus de l'eau sépare ce compartiment des deux précédents entre lesquels une échancrure de la paroi laissait une communication ouverte. On eut en vain l'espoir de mettre ainsi le homard à l'abri de ces poulpes belliqueux. Dans le cours même de la journée, l'un d'eux passa par-dessus la cloison, attaqua à l'improviste le homard qui reposait là, et, après une courte lutte, le coupa littéralement en deux. Le coup de main avait réussi, et en moins de quarante secondes le vainqueur, non seulement avait mis fin au combat, mais s'était mis déjà en demeure de dévorer son adversaire.

. . . .

Les poulpes prennent en haine tous ceux qui veulent partager leur espace. Ce n'est pas la faim qui les pousse. car ils sont nourris largement, mais la haine qui surgit en tous lieux dans la lutte pour l'existence. La haine et le meurtre ne constituent pas, néanmoins, le trait principal de leur caractère, ainsi qu'en témoigne suffisamment un autre côté de leur nature. Non seulement, ils connaissent leur gardien, par exemple, et le distinguent des autres personnes, mais ils lui témoignent même de l'affection. Ils enlacent son bras nu et sa main avec des mouvements doux et caressants et cherchent à attraper lentement les friandises qu'il tient sournoisement au-devant d'eux en prolongeant leur attente.

.   .   .   .

L'animal a la faculté de passer du gris le plus pâle au brun le plus foncé; la coloration peut changer rapidement ou se fixer dans une nuance quelconque : elle peut en outre se manifester seulement sur le corps ou sur le bras : bref le poulpe semble être absolument maître de son coloris. La peau tout entière était foncée pendant les agressions contre le homard dont nous venons de parler, et notamment pendant le combat. Quand les poulpes éprouvent à l'égard d'un ennemi des sentiments belliqueux, quand ils cherchent à enlever un crustacé des mains du gardien, quand ils se poursuivent en jouant, les rapides changements de leur coloration mettent en lumière leur puissance absolue à cet égard. Ces changements de couleur [1] constituent pour l'animal un moyen de défense très précieux qui lui permet de tromper l'ennemi. Si les poulpes se trouvent sur des pierres grisâtres, ils prennent eux-mêmes une teinte grise; il serait difficile de dire si c'est là un phénomène volontaire ou soumis à un acte réflexe. L'animal ressemble alors, avec ses bras rétractés et son dos incurvé, à une pierre usée par le temps. Par ce moyen les poulpes échappent aisément à l'ennemi.

Colmann [2].

---

1. Ils sont dus aux *chromatophores*, c'est-à-dire à de petites cellules colorées qui peuvent rester sphériques, ou s'étaler en disque plus large : quand elles restent sphériques la peau est incolore : dès qu'elles s'étalent la couleur se montre, la surface sur laquelle celle-ci existe étant plus large. La sole et d'autres poissons, le caméléon, la grenouille, sont pourvus de chromatophores.

2. *Vie des Animaux*, de Brehm. J.-B. Baillière, Paris.

D'où viennent les Perles.

Les *perles* sont produites par un certain nombre de coquilles marines et particulièrement par l'*Avicule mère perle* et la *Meleagrina margaritifera* ou huître perlière. Les huîtres perlières se pêchent surtout à Ceylan, au sud de l'Inde, à Madagascar, en Chine. La perle est probablement le résultat d'une maladie ou d'un accident arrivé à l'animal ; c'est une concrétion de *nacre*, c'est-à-dire du carbonate de chaux ou calcaire qui forme la coquille des mollusques. Aussi les perles se fondent-elles comme la nacre, comme le marbre, comme le calcaire, dans les acides.

Pour que les plongeurs puissent atteindre plus facilement le fond de la mer, où les coquillages perliers reposent à une profondeur de 10 ou 12 toises, on enroule une longue corde sur une poutre que l'on suspend à une perche horizontale s'avançant au-dessus du bord, et à cette corde on assujettit une pierre qui pèse 200 ou 300 livres. On descend cette pierre à côté du bateau ; le plongeur portant un panier relié également au bateau à l'aide d'une corde s'installe sur cette pierre.

La pierre l'entraîne rapidement jusqu'au fond, puis on remonte la pierre pendant que le plongeur, se cramponnant de la main gauche aux rochers et aux plantes marines, se sert de la main droite pour ramasser dans son panier le plus de coquillages possible. Dès qu'il lâche prise, il remonte spontanément à la surface ; un des aides l'attire aussitôt dans le bateau, pendant qu'un autre relève le panier de coquillages.

Les efforts, dit Percival, que pendant cette opération font les plongeurs, sont si violents, que rentrés dans la barque, ils rendent l'eau et quelquefois même le sang par la bouche, par les oreilles et par les narines; mais cela ne les empêche pas de redescendre lorsque leur tour revient. Souvent ils plongent de quarante à cinquante fois en un jour, et à chaque fois, ils rapportent une centaine d'huîtres.

Quand la pêche de la journée est terminée, le plongeur qui est demeuré le plus longtemps sous l'eau reçoit une récompense. Le temps de ce séjour varie habituellement de 35 à 57 secondes; un plongeur resta une fois une minute et 58 secondes sous l'eau; quand il remonta, il était tellement épuisé qu'il lui fallut un repos très long.

. . . .

Une fois les coquillages perliers rendus à terre, on les dispose en petits tas et on les met à l'enchère. C'est là une sorte de loterie fort amusante; on peut aisément dépenser une couple de livres sterling[1] pour acheter un gros tas de coquillages sans y rencontrer une seule perle; en revanche quelque pauvre soldat qui a donné quelques pièces de cuivre pour payer une demi-douzaine de ces coquillages peut y découvrir une perle assez précieuse, non seulement pour lui permettre de se racheter, mais pour lui assurer le reste de ses jours.

Les coquillages non vendus sont déposés dans des bassins, et dès que leurs valves s'ouvrent sous l'effet de la putréfaction, les perles s'en échappent, et l'eau les entraîne dans des gouttières où elles sont retenues par des cloisons en gaze très fine, et où on les recueille en grande masse.

Lorsque le temps de la pêche est à moitié écoulé, une véritable calamité commence à sévir; les coquillages, exposés à une putréfaction rapide sous les

---

1. La livre sterling vaut 25 francs.

rayons brûlants du soleil, répandent dans le magasin une puanteur pestilentielle indescriptible ; de cette décomposition résultent la fièvre, la diarrhée et la dysenterie, compagnes obligées des miasmes, de la malpropreté et de la chaleur. Le vent transporte une odeur horrible à plusieurs milles de distance ; et l'air, surtout pendant la nuit, devient presque irrespirable.

Les perles extraites des coquilles, parfaitement lavées et nettoyées, sont encore travaillées avec de la poudre de nacre rendue presque impalpable, qui polit et arrondit celles qui peuvent gagner quelque apparence par cette main-d'œuvre.

VON HERZLING.

Une paire d'amis.

Certains crustacés ont l'habitude de recouvrir leur carapace de débris divers, ou même d'êtres vivants, pour se mieux dissimuler ou se protéger, sans doute, car il est à remarquer que les animaux sous lesquels ils se cachent ne sont point de ceux qui sont communément recherchés comme proie. Le *Pagurus Prideauxii*, un Bernard-l'Ermite commun dans la Méditerranée, a un goût tout particulier pour une anémone de mer, ou Actinie, appelée *Adamsia palliata* : il est rare qu'on ne trouve point cette dernière sur les coquilles où le premier a élu domicile — pour protéger son abdomen nu et désarmé — comme les autres Bernards. Ces deux animaux vivent en très bons termes.

Le 16 janvier 1859 je pris dans mon filet une *Adamsia palliata* arrivée environ à moitié de sa croissance, et reposant sur une petite coquille de Natice [1] habitée par un Bernard-l'Ermite qui paraissait déjà un peu à l'étroit dans son logis. J'installai cette cap-

---

1. Espèce de Mollusque marin.

ture dans un vaste aquarium, et j'eus la satisfaction de voir, pour la première fois, le crustacé et l'Adamsie s'acclimater tous deux dans l'aquarium.

Tout alla bien pendant un temps, mais à la fin, le Bernard, gagnant en dimensions, dut changer de coquille, en abandonnant son amie. Toutefois, une heure plus tard, l'observateur revenant voir comment allaient les animaux, remarqua avec surprise que l'Adamsie se trouvait maintenant sur la nouvelle coquille à l'intérieur de laquelle le Pagure paraissait fort satisfait. Comment y était-elle venue? Le problème fut bientôt résolu.....

En soulevant avec précaution la coquille à l'aide de la pince à aquarium jusqu'au niveau de l'eau, je fis lâcher prise à l'Adamsie qui retomba au fond. Je replaçai ensuite la coquille avec son habitant auprès de l'anémone. A peine le crustacé eut-il touché l'Adamsie qu'il la saisit d'abord avec une de ses pinces, puis avec les deux, et je compris immédiatement le but qu'il se proposait. Avec beaucoup d'adresse il se mit en devoir de reporter l'anémone sur la coquille. Il la trouva gisant, renversée : son premier soin fut de la retourner entièrement. En la saisissant avec ses deux pinces à tour de rôle, et en la pinçant assez fortement dans les chairs, il la souleva de façon à appliquer son pied contre la portion convenable de la coquille, c'est-à-dire contre la lèvre interne. Il demeura alors absolument immobile pendant une dizaine de minutes en la pressant avec force. Ensuite il retira avec précaution l'une de ses pinces, puis l'autre, et tandis qu'il se mettait en mouvement j'eus la satisfaction de voir que l'Adamsie adhérait à sa véritable place, et plus fort qu'auparavant.

GOSSE.

La vie des vers de terre.

Ce sont des animaux qui habitent la terre humide, craignant en général un séjour prolongé dans l'eau aussi bien que les terres sèches et sableuses. Ils apprécient au contraire les terres labourées, ce qui explique leur abondance dans les jardins cultivés.

Ainsi que chacun l'a pu constater, les vers vivent dans des galeries souterraines à l'orifice desquelles ils accumulent leurs déjections sous forme de petits tas de terre contournés. C'est principalement de nuit qu'on les voit en sortir pour errer de-ci de-là, ou bien ils laissent leur queue dans le trou, et n'exposent au dehors que la partie antérieure et moyenne de leur corps. Ils circulent peu de jour, à moins qu'on ne les chasse de leurs galeries au moyen d'un liquide quelconque susceptible de les impressionner désagréablement (eau acidulée, eau de savon); on peut encore les faire sortir, en enfonçant un bâton dans la terre et en agitant celui-ci pendant quelques minutes, de manière à ébranler le sol; on voit alors sortir tous les vers, les plus gros en tête.

Les vers ne s'astreignent pas à habiter toujours la même galerie; ils changent souvent, soit qu'ils s'approprient une galerie abandonnée, soit qu'ils s'en creusent une nouvelle.

Au point de vue de l'alimentation ils sont peu difficiles, bien qu'ils aient des préférences marquées pour certains aliments. Ils avalent beaucoup de terre dont ils extrayent les matières digestibles, et mangent des feuilles, vertes ou demi-gâtées; ils consomment même leurs pareils quand ils en trouvent les cadavres. Ils apprécient beaucoup la viande et la graisse crues. Mais, chose singulière, leur nourriture est soumise à l'action de leur suc digestif avant d'arriver dans l'organisme. Ils traînent dans leurs galeries les feuilles dont ils veulent se nourrir, et les humectent d'un liquide sécrété par leur bouche. Ce liquide agit comme le suc pancréatique [1] de l'homme et des animaux supérieurs : il en résulte que les feuilles ensuite avalées sont dans les meilleures conditions pour céder leurs principes nutritifs. A proprement parler, une moitié de la digestion s'exerce en dehors de l'animal : l'absorption seule se fait dans le tube digestif.

Un instinct très puissant pousse les vers à porter des feuilles dans leurs galeries pour s'en nourrir, mais ils utilisent encore celles-ci d'une autre façon. Les portions les plus dures sont, de même que beaucoup d'objets de toute sorte, accumulés par eux à l'orifice des galeries pour fermer et dissimuler celles-ci. On trouve souvent à l'intérieur des galeries d'importantes quantités de feuilles, mises en réserve pour les besoins de l'animal, et servant encore à tapisser la paroi de sa demeure.

Quant à la manière dont ils creusent leurs galeries, voici comment ces animaux s'y prennent. Ils choisissent une petite crevasse ou dépression dans le sol, dans laquelle ils enfoncent autant que possible leur extrémité antérieure, puis ils renflent celle-ci de façon à écarter les parcelles de terre; ils avancent ainsi peu à peu, se servant de leur tête comme d'un coin. D'autres fois, ils y joignent l'opération suivante : ils avalent la terre qui se trouve devant leur bouche et la rejettent par l'extrémité opposée : de là, les déjections terreuses ou sableuses qu'on voit si souvent

---

1. Suc produit par le *pancréas*, une glande annexée à l'intestin, et qui sert à digérer, c'est-à-dire à rendre absorbables et assimilables par l'organisme, d'autres aliments.

à l'orifice des galeries et qui contribuent à les faire reconnaître. La rapidité avec laquelle un ver peut s'enfouir sous terre, varie de quelques minutes à plusieurs heures. Malgré l'opinion émise par certains auteurs, que le plus souvent le ver n'avale de terre que pour creuser sa galerie, Darwin pense que ce but n'est pas le seul que se propose celui-ci. Il pense que le ver se nourrit beaucoup au moyen des matières alimentaires renfermées dans la terre, et il s'appuie, pour l'affirmer, sur ce que les vers peuvent y trouver de quoi se nourrir abondamment, et sur ce que, même la galerie une fois creusée et devenue suffisante pour les besoins de l'habitant, ce dernier continue à absorber de la terre, comme le prouve la quantité de ses déjections, accumulées à l'orifice de la galerie. En outre, les déjections terreuses sont d'autant plus nombreuses que les feuilles sont plus rares dans les galeries. Dans les caves, par exemple, où les feuilles ne pénètrent pas, on observe beaucoup de ces déjections : elles peuvent devenir très considérables. Darwin en figure une qui a dix centimètres de hauteur sur quatre centimètres de diamètre. Les déjections se trouvent accumulées autour d'une cheminée centrale par où le ver expulse à mesure les résidus de la digestion. Si donc il est certain que les vers avalent de la terre pour s'en débarrasser et pour ouvrir leur galerie, il est également avéré que cette terre sert encore à apaiser leur faim.

La profondeur des galeries est plus grande en hiver et dans les climats froids : le ver cherche à fuir la gelée; dans ces cas, elles peuvent avoir plus de deux mètres de profondeur. Leur direction est oblique, quelquefois perpendiculaire à la surface du sol. Rarement, elles sont ramifiées : leur paroi est lisse, tapissée par une terre fine, rejetée par les vers; ce sont de petits tunnels revêtus d'une sorte de ciment lisse et doux. Souvent ces galeries se terminent par une petite chambre où un ou plusieurs vers passent l'hiver enroulés en pelote : on y trouve généralement de petites pierres, des graines, etc., apportées par les vers, ayant peut-être pour but d'empêcher le contact direct du corps avec les parois de la chambre, et de permettre, par conséquent, le libre exercice de la respiration qui s'effectue par toute la peau.

HENRY DE VARIGNY.

Le labourage par les vers de terre.

Nous savons que les vers ramènent à la surface du sol de la terre avalée par eux pour se nourrir ou pour creuser leurs galeries. Ces déjections, pour peu qu'elles soient nombreuses, recouvrent donc le sol d'une couche de terre fine, ramenée des profondeurs sous-jacentes. Bien que ce résultat paraisse insignifiant, il n'en a pas moins son importance dans les contrées où les vers sont abondants, et où leur action s'exerce depuis longtemps. Il y a deux méthodes pour évaluer la quantité de terre ainsi ramenée ; on peut l'estimer par la rapidité avec laquelle les objets laissés à la surface sont enfouis, ou par le pesage de la quantité de terre ramenée à la surface en un temps donné.

Darwin donne de nombreux exemples de l'une et l'autre de ces méthodes et des résultats obtenus.

En 1827 une couche épaisse de chaux vive avait été répandue sur un champ. Peu d'années après, on ne voyait plus trace de la chaux ; elle était cachée par du gazon et une couche de terre végétale. Cette dernière avait une épaisseur de deux pouces et demi en

1837; elle différait entièrement de la couche sous-jacente à la chaux par sa finesse et sa couleur claire. D'autres champs montrèrent une progression plus rapide dans le recouvrement du sol, d'autres une progression moindre; mais tous les champs, offrant, comme le premier, des points de repère certains, montrèrent que le sol est peu à peu recouvert par les déjections des vers qui forment une couche de terre végétale fine et très propre à la culture. Ainsi un champ qui était en 1841 recouvert d'une quantité de cailloux siliceux [1], rendant la végétation extrêmement chétive, se trouva en 1871 recouvert d'une épaisseur de terre végétale rapportée par les vers telle qu'un cheval pouvait galoper dans tout le champ sans qu'on entendît une seule fois le bruit de ses fers sur les pierres. D'ailleurs tout fermier a remarqué que les objets abandonnés à la surface des champs se trouvent peu à peu enfouis sous terre, quel que soit leur poids spécifique, soit-il faible, soit-il lourd.

Combien peut-il y avoir de vers dans un espace donné de terrain? Hensen évalue le nombre des vers vivant dans un hectare de jardin à 133,000. Darwin pense que le nombre de ceux que l'on rencontre dans un hectare de champ est environ la moitié de ce chiffre.

Il y a donc une grande quantité de vers inaperçus; mais on peut la rendre évidente en obligeant ceux-ci à quitter leurs galeries.

Quelques barriques de mauvais vinaigre furent, un certain jour, au dire de Darwin, renversées dans un champ; le lendemain, on trouva, à la surface, des tas

---

1. La *Silice* est un corps chimique qui forme beaucoup de pierres : elle constitue la pierre à fusil, le grès. le quartz, ou cristal de roche, l'agate, le sable enfin qui, fondu au feu rouge. produit le verre. Le verre est donc principalement composé de silice.

prodigieux de vers chassés par le liquide et tués par lui.

Le nombre des vers est considérable ; il y a donc quelque chance pour que leur action soit importante.

On estime en effet que les vers ramènent plusieurs milliers de kilogrammes de terre par an et par hectare, à la surface du sol.

Si l'on suppose leurs déjections étendues uniformément sur le sol — c'est à quoi travaillent le vent et la pluie, — Darwin estime l'épaisseur de la couche de terre ainsi rapportée en dix ans à trois ou quatre centimètres, d'après ses propres calculs et expériences. Ces chiffres se rapprochent très sensiblement de ceux que fournit l'examen des points de repère dans les champs déjà cités.

Les archéologues doivent beaucoup aux vers. En effet, si l'on se rappelle les faits mis en lumière plus haut, savoir l'enfouissement graduel des objets abandonnés à la surface du sol, on comprendra aisément que les monnaies, les armes abandonnées sur le champ de bataille, les outils, etc., sont peu à peu recouverts d'une couche de terre qui les protège tant qu'on ne laboure pas, mais les abandonnera à quiconque viendra fouiller. On a ainsi découvert sur un ancien champ de bataille (combat de Shrewsbury, en 1403) un nombre considérable de pointes de flèches enterrées par les vers et déterrées par la charrue.

Ailleurs on a trouvé mieux encore : les vers avaient enterré des pavages de villas romaines, avec de nombreuses poteries, monnaies, et armes latines antérieures à l'ère chrétienne : l'épaisseur de terre accumulée sur le dallage atteignait jusqu'à 57 centimètres. Les vers étaient très abondants ; cinq jours après le déblayement du pavage, on vit dans les interstices du béton et du pavage quarante orifices de galeries.

Le simple fait que les vers se trouvent encore à l'œuvre, et qu'en peu de jours leurs déjections peuvent s'accumuler entre les pavés des carrelages en assez grande abondance pour obliger à un entretien constant et minutieux montre assez combien importante a dû être leur intervention dans cet enfouissement graduel des vieux monuments.

Mais, objectera-t-on, si les vers prennent de la terre au-dessous d'un carrelage pour la reporter au dessus, celui-ci devrait s'abaisser peu à peu. Assurément, c'est bien ce qui se passe; c'est bien aussi une preuve de plus à l'appui de la théorie, surtout dans certains cas où les vers sortent à la surface une terre crayeuse ou sablonneuse, entièrement différente de celle sur laquelle repose le monument. Dans ces cas, en effet, on ne peut invoquer un transport des poussières par le vent; il faut que les vers aient été chercher cette craie ou ce sable et lui aient fait traverser la couche sus-jacente pour l'amener à la surface sous forme de déjections.

Darwin évalue, d'après ses propres observations et expériences, le poids de terre rapportée à la surface par acre carré (1/2 hectare environ) et par an, grâce aux vers, à 10,500 kilogrammes environ. En peu d'années, par conséquent, la terre qui forme le sol végétal utile aux plantes, a passé plusieurs fois par leur corps, et a été remuée en tous sens, mêlée de toutes les manières, venant de la profondeur à la surface, d'où elle est peu à peu repoussée de nouveau vers la profondeur, par celle que les vers lui superposent sans cesse.

Les vers de terre sont donc de véritables laboureurs, les auxiliaires naturels et peu coûteux de la charrue.

HENRY DE VARIGNY.

Le crabe enragé.

Pourquoi le nomme-t-on « enragé »? Je n'en sais rien, mais le nom ne fait rien à l'affaire. Ce crabe — le *Carcinus mœnas* — est familier à tous : c'est celui qui se trouve en abondance sur tous les rivages des côtes de France, sous les pierres, et qui, à marée basse, court dans toutes les mares abandonnées par la mer. C'est un personnage très actif, assez mauvais coucheur, et qui a la passion des crevettes. Si vous avez jamais pêché celles-ci, vous en avez certainement vu dévorer beaucoup par les crabes qui se prenaient dans le filet. Il est agile, et sait trotter avec rapidité, — de travers toujours — quand on le poursuit. Cette agilité a même donné lieu à l'idée de la course aux crabes, pratiquée par tous les enfants au bord de la mer, et pratiquée encore par de grands enfants qui s'amusent à parier des sommes importantes sur ce jeu inintelligent. Le crabe vit presque autant à l'air que dans l'eau, et à la vérité, il semble que le séjour prolongé dans l'eau, à l'abri total de l'air, lui serait fatal. Il se nourrit de toutes sortes de débris malpropres, qu'il trouve sur la plage, et aussi de mollusques, de crevettes, etc. Ce n'est pas un mets délicat, et quand on connaît ses mœurs on préfère... autre chose.

Étant très belliqueux, il lui arrive souvent de perdre quelque patte dans la bataille. Mais ceci ne l'incommode pas autrement.

Quatre petits crabes communs se trouvaient dans un même réservoir : l'un d'eux devint bientôt la proie d'un de ses frères affamés. Peu d'instants après, un second fut saisi par les pinces du plus gros. On l'en arracha très difficilement : l'infortuné y laissa plusieurs de ses membres. On le transporta par pitié dans un autre aquarium. A peine en sûreté il se mit à manger quelque morceau de viande avec autant de plaisir et de sang-froid que s'il lui était rien arrivé, et cependant il avait subi une effroyable mutilation puisque de ses dix pattes il en avait perdu sept. Il ne lui restait que les deux pinces et la patte droite de derrière. Eh bien, vingt-quatre jours après ce désagrément, le crabe changea de carapace, et alors les dix pattes se trouvaient au complet. Toutefois nous devons avouer que les sept nouvelles se trouvaient plus petites que les précédentes, quoique d'ailleurs aussi complètes.

DALYELL [1].

Une Anémone de mer historique.

En août 1828, le zoologiste anglais Dalyell retira une *Actinia mesembryanthemum* (sorte d'Anémone) de la mer, et la transporta dans un aquarium. Déjà à ce moment elle était fort belle, quoique ce ne fût pas un des plus grands exemplaires, et elle devait avoir, d'après la comparaison faite avec d'autres individus élevés de l'œuf, au moins sept ans. En 1848, elle était âgée de trente ans à peu près, et avait produit pendant les vingt années de sa captivité 334 jeunes. Cette Actinie est encore en vie, comme me l'a dit le professeur Dohrn à Naples, et on la montre comme une curiosité aux visiteurs, dans le jardin botanique d'Edimbourg. Elle a donc atteint à l'heure qu'il est l'âge de soixante et un ans au moins.

A. WEISMANN [2].

1. Cité par A. Frédol : *Le Monde de la Mer*. Ce phénomène de la *régénération* des membres perdus se présente chez tous les crustacés (et quelques autres animaux), mais elle n'a lieu qu'à l'époque de la mue, ou du renouvellement de la carapace.

2. *Essais sur l'Hérédité*, traduction Henry de Varigny, 1892, Paris. Reinwald. Cette Actinie est morte depuis le moment où ces lignes ont été écrites; elle est morte en 1887, âgée de 66 ans au moins, après avoir passé 59 ans dans le même bocal. (H. de V.)

Ce que boivent les sangsues.

Les Sangsues sont des vers, parfois de couleurs fort jolies, qui vivent dans les ruisseaux. Elles nagent, en ondulant avec beaucoup de grâce. Elles se nourrissent volontiers de sang animal ou humain : de là l'emploi qu'on en fait dans le cas de maladie où l'on veut opérer une saignée sans inciser de veines. Les sangsues ont un appareil très particulier dans la bouche qui leur permet de couper la peau, si dure soit-elle.

Il est intéressant de rechercher quelle quantité de sang peut prendre une sangsue. La question a été résolue par les expériences d'Alphonse Sanson, puis de Moquin-Tandon. Voici le résultat obtenu par Sanson :

10 sangsues grosses pesant 30 gr. absorbent 160 gr. de sang, soit 5,33 fois leur poids.
10 sangsues grosses moyennes, de 12 gr. 50, absorbent 83 gr. 50 de sang, soit 6,96 fois leur poids.
10 sangsues petites moyennes, de 7 grammes, absorbent 33 gr. de sang, soit 4,70 fois leur poids.
10 sangsues petites, pesant 5 gr., absorbent 19 gr. de sang, soit 3,80 fois de leur poids.

Moquin-Tandon est arrivé à des résultats assez analogues.

La quantité moyenne de sang tirée par une grosse sangsue est de 16 grammes, d'après Sanson, de 15 gr. 75 d'après Moquin-Tandon. Si l'on admet que la quantité de sang qui s'écoule après l'application est à peu près égale à celle du sang absorbé, chaque sangsue ferait donc subir au malade une perte de 31 grammes de sang.

Quand la sangsue s'est gorgée de sang, elle reste immobile et dans une sorte de torpeur : la digestion est un labeur pénible, dont la durée varie de six mois à un an, suivant la quantité de sang absorbée, et suivant l'âge et la vigueur de l'annélide[1]. Le sang garde pendant plusieurs mois sa fluidité et sa couleur accoutumées, et certains observateurs ont même pensé qu'il reste complètement intact.

R. BLANCHARD [2].

La pêche du trépang en Malaisie.

Le Trépang, ou Holothurie[3] de la baie Raffles, a à peu près cinq ou six pouces de long sur deux pouces de diamètre. C'est une grosse masse charnue affectant la forme d'un cylindre, et dans laquelle on ne distingue à l'extérieur aucun organe.

Cet animal se colle au fond de la mer, et comme il n'est susceptible de prendre qu'un mouvement très lent les Malais le saisissent facilement; le premier mérite du bon pêcheur est de savoir parfaitement plonger, et d'avoir un œil exercé pour distinguer sur le fond de l'eau.

Il paraît que plus le soleil est élevé au-dessus de l'horizon, mieux les plongeurs peuvent distinguer leur proie et la saisir facilement[4]. Les plongeurs paraissaient à peine à la surface pour rejeter dans le canot les trépangs qu'ils avaient saisis et ils replongeaient immédiatement. Lorsque ces embarcations étaient

---

1. Les *Annélides* sont un groupe de Vers dont fait partie la Sangsue.
2. *Traité de Zoologie Médicale.* 1890, t. II, p. 127. J.-B. Baillière.
3. Les Holothuries ont la forme d'un sac allongé dont l'extrémité buccale porte des tentacules assez courts. On en trouve dans la Méditerranée près de la côte.
4. Cela tient à ce que les rayons lumineux pénètrent mieux dans la mer le matin et le soir, quand le soleil est plus bas sur l'horizon, les rayons subissent une *réflexion* par suite de laquelle il en pénètre moins sous l'eau, alors qu'à l'air la lumière n'a pas sensiblement diminué. (H. de V.)

suffisamment chargées, elles étaient remplacées par des canots vides et conduites à la plage de l'Ile. Je suivis l'une d'elles pour assister à la cuisson du trépang qu'elle apportait.

Pour le conserver, les pêcheurs le jettent encore vivant dans une chaudière d'eau de mer bouillante, où ils le remuent constamment au moyen d'une longue perche de bois qu'ils appuient sur une fourche fichée en terre afin de faire levier.

Le Trépang rend en abondance l'eau qu'il contient. Au bout de deux minutes environ, on le retire de la chaudière.

Un homme armé d'un long couteau l'ouvre pour en extraire les intestins, puis il le rejette dans une seconde chaudière, où on le chauffe de nouveau avec une très petite quantité d'eau et de l'écorce de mimosa. Il se forme dans la deuxième chaudière de la fumée en abondance produite par l'écorce qui se consume. Le but de cette dernière opération semble devoir être de fumer l'animal afin d'assurer sa conservation. Enfin, en sortant de là, le trépang est placé sur des claies et exposé au soleil afin de se sécher.

. . . .

Le capitaine m'offrit ensuite un Trépang préparé en m'engageant à y goûter. Je trouvai à cet animal préparé un goût se rapprochant beaucoup de celui du homard : mes hommes le trouvèrent fort bon, et ils acceptèrent avec reconnaissance l'offre du capitaine. Pour moi, j'éprouvai une répugnance invincible même à le goûter.

Le Trépang se vend sur les marchés de Chine; d'après les renseignements qu'a pu nous donner notre capitaine malais, le prix de cette denrée serait quinze roupies (trente-deux francs environ) le pikoul ou les cent vingt-cinq livres. Il estimait son chargement à environ trois mille francs; il lui suffit de trois mois pour le faire.

Naturellement le résultat de leur spéculation dépend, en partie, du prix de l'offre dans ces parages, mais il varie, en partie aussi, suivant la qualité de l'espèce et son mode de préparation.

. . . .

Le mode de préparation semble aussi différer suivant les localités. Dans les îles Palau, les plus occidentales des Carolines, j'ai pu étudier pendant des mois la capture et la préparation de ces animaux. La plupart des espèces du genre *Holothuria* sont entassées dans des jattes en fer dont le diamètre atteint jusqu'à 3 pieds, et dans lesquelles ces animaux sont agglomérés en masses légèrement proéminentes. On recouvre les Holothuries de feuilles très larges du *Caladium esculentum* [1]. On les soumet à une véritable coction, puis on les fait cuire à l'étuvée en y ajoutant constamment de très petites quantités d'eau douce. Elles se recroquevillent alors, et une Holothurie qui mesurait un pied de long, au moment où on l'a capturée, se raccourcit au point de mesurer seulement quelques pouces de long. Après la première cuisson on les sèche au soleil sur des cadres en bois exposés à l'air libre; ensuite, on les soumet deux ou trois fois alternativement à l'étuvée et au séchage. C'est alors que les marchands la vendent au poids. Souvent, il faut les soumettre encore à une coction et à un séchage au soleil. Lorsqu'elles sont enfin suffisamment desséchées et débarrassées du sel marin, on les étale en couches minces dans des canots, sur des claies construites spécialement dans

---

1. Plante de la famille des Aroïdées.

ce but, et on leur fait subir, pendant des mois, l'influence de la fumée et de la chaleur du feu. C'est seulement très peu de temps avant de se mettre en route qu'on les emballe dans des sacs et qu'on les porte à bord, de façon à les exposer le moins possible à l'influence de l'atmosphère humide qui règne dans les diverses pièces des bateaux. C'est au moment même de l'achat qu'on opère le triage des différentes sortes; mélangées, elles ne se payent jamais aussi cher que les diverses sortes triées. Les espèces du genre *Stichopus*[1] doivent être maniées avec un soin spécial. Leur première cuisson s'opère dans l'eau de mer, car, au contact de l'air, elles tomberaient immédiatement en déliquescence.

A la cuisson dans l'eau de mer succède une cuisson dans l'eau douce, puis les étuvées et les séchages alternatifs.

Lorsqu'on veut les manger, on commence par dépouiller la superficie des impuretés qui y adhèrent; on gratte la couche supérieure qui renferme des matières calcaires, et on ramollit l'animal en le plongeant dans l'eau douce, pendant l'espace de vingt-quatre à quarante-huit heures. Ces Holothuries se gonflent alors et prennent une teinte gris sale. Après qu'on les a lavées plusieurs fois et qu'on a rejeté avec soin les viscères[2] et toutes les molécules de sable qui les souillaient, on découpe leur peau gonflée en petits morceaux qu'on avale dans des soupes fortement épicées ou avec divers autres mets. Pas plus que les nids d'hirondelles ces préparations n'ont une saveur spéciale : ce sont des masses gélatineuses, molles et

---

1. Espèce d'Holothuries allongées, aplaties, et de couleurs assez vives : par exemple le *Stichopus regalis* des côtes méditerranéennes.

2. Les *viscères* sont tous les organes intérieurs du corps : en particulier ceux de la cavité abdominale, ceux du tronc (poitrine et ventre).

d'apparence laiteuse, dont les Européens font usage uniquement parce qu'elles se digèrent aisément.

DUMONT D'URVILLE.

Le danger des moules.

Il est assez fréquent de voir se produire, à la suite de l'ingestion de la moule, des empoisonnements fort graves, qui ont été signalés par une foule d'auteurs et sur la nature desquels on est resté longtemps indécis. Les accidents peuvent se présenter sous trois aspects : dans la forme la plus légère, l'individu est pris rapidement d'une irritation siégeant sur tout le corps, mais principalement à la face ; la seconde forme, qui est plus rare, est caractérisée par de la gastro-entérite ; les phénomènes se montrent dix ou douze heures après le repas, et rappellent le choléra. Ils peuvent avoir une issue fatale. Enfin, la troisième forme, la plus grave, consiste en paralysies apparaissant une ou deux heures après l'ingestion des aliments et se terminant le plus souvent par la mort ; elle rappelle exactement les symptômes occasionnés par les poissons toxiques des pays chauds. On a émis à l'égard de ces accidents les opinions les plus diverses ; il serait trop long de les rapporter ici, d'autant plus qu'aujourd'hui la question peut être considérée comme résolue.

A la fin de 1884, un grand nombre d'ouvriers tombèrent malades après avoir mangé des moules pêchées dans le port de Wilhemshaven ; plusieurs moururent au bout d'un temps variant d'une demi-heure à cinq heures. Des poules et des chats furent malades, et succombèrent même, après s'être nourris de moules jetées sur des fumiers.

A quelle cause devait-on rattacher les intoxications ?
Toutes les moules toxiques provenaient d'un
certain bassin, dont l'eau est stagnante, et où se
déversent les égouts de la ville. Schmidtmann
démontra que leur toxicité tenait à la nature de
l'eau. Des moules fraîches et inoffensives sont apportées dans ce bassin : au bout de quatorze jours, elles
sont profondément toxiques. Elles perdent leur toxicité, si on les remet dans l'eau courante. Virchow
voit aussi la toxicité disparaître chez des moules
empoisonnées, conservées depuis quatre semaines
dans un aquarium. Si la présence du poison dans les
organes de la moule tient réellement à la nature des
eaux, ce poison doit se rencontrer aussi chez des
animaux d'espèces différentes, mais vivant dans les
mêmes conditions? Pour résoudre la question, Max
Wolff capture quatre espèces de poissons, un crustacé (*Crangon vulgaris*) [1] et un échinoderme (*Asterias
rubens*) en divers endroits du port; il prépare des
extraits aqueux et alcooliques de chacun de ces
animaux et les injecte sous la peau d'un cobaye et d'un
lapin. Il reconnaît ainsi que, non seulement les
moules, mais encore les Astéries, présentent en
certains points du port de Wilhelmshaven une
toxicité plus ou moins marquée, et que la toxicité des
Astéries marche toujours parallèlement à celle des
moules ; l'empoisonnement expérimental provoque
les mêmes symptômes dans l'un et l'autre cas. Quant
aux poissons et aux crevettes, ils sont sans doute
trop nomades pour être influencés par leur passage
dans la zone toxique. Les moules sont donc nuisibles
ou non, suivant la localité; il en est de même suivant

---

1. Le *Crangon* est une crevette ; l'*Asterias* est une Étoile de mer, et les
Étoiles de Mer en général portent le nom d'Astéries.

la saison, et les variations sont d'ordre plus général, puisqu'elles s'observent également chez les poissons vénéneux.

R. Blanchard [1].

Quelques faits concernant l'écrevisse.

L'Écrevisse est un Crustacé des ruisseaux qui tend malheureusement à disparaitre, en raison de la pêche excessive qu'on en fait, et en raison aussi d'épidémies qui en certaines localités ont totalement détruit l'espèce.

Les écrevisses n'habitent pas toutes les rivières et, même dans les endroits où l'on sait qu'elles abondent, il n'est pas facile de les trouver à toutes les époques de l'année. Dans les districts granitiques [2] et autres, où le sol n'abandonne que peu ou point de matière calcaire aux eaux courantes, l'écrevisse ne se rencontre pas. Comme elle craint le soleil et la grande chaleur, le moment de sa plus grande activité est vers le soir, tandis qu'elle s'abrite pendant le jour, à l'ombre des pierres ou des rives; et on a observé qu'elle fréquente plutôt les parties des rivières orientées est-ouest, que celles qui ont la direction nord-sud, et qui, par conséquent, offrent moins d'ombre à midi.

Au fort de l'hiver, il est rare de voir des écrevisses dans les ruisseaux; mais on peut les trouver en abondance dans les crevasses naturelles que présentent les rives, ou dans des terriers qu'elles se creusent

---

1. *Traité de Zoologie Médicale*, 1890, t. II, p. 166. J.-B. Baillière.

2. Les roches granitiques sont formées du mélange de différents éléments (mica, quartz et feldspath) qui ont été réunis par une pâte. Ce sont des roches d'origine *ignée*, dans la formation desquelles la chaleur inférieure du globe a joué un rôle. On pense qu'elles ont fait éruption un peu comme les laves volcaniques, mais la question est encore en discussion.

elles-mêmes. Ces terriers peuvent avoir de quelques pouces à plus d'un mètre de long, et on a remarqué qu'ils sont plus profonds et plus éloignés de la surface si les eaux sont sujettes à geler. Quand un ruisseau peuplé d'écrevisses traverse un sol mou et tourbeux, ces animaux se creusent des passages dans toutes les directions ; et on peut en déterrer des milliers, de toutes tailles. à une très grande distance des rives.

Il ne semble pas que l'écrevisse tombe, en hiver, dans un état de torpeur, et *hiverne* ainsi dans le sens strict du mot. En tout cas, aussi longtemps que le temps est beau, elle se tient à l'orifice de son terrier, barrant l'entrée avec ses grandes pinces, et inspectant soigneusement les passants avec ses antennes déployées.

Larves[1] d'insectes, mollusques aquatiques, têtards ou grenouilles, tout ce qui s'approche un peu trop, est bientôt pris et dévoré. Il est même prouvé que le rat d'eau peut subir le même sort. S'il passe trop près de l'antre fatal, peut-être à la recherche lui-même de quelque écrevisse égarée, car il apprécie beaucoup leur saveur, le brigand est à son tour saisi, maintenu sous l'eau jusqu'à ce que mort s'ensuive, et le gibier qu'il convoitait intervertit alors aisément les rôles.

En fait de nourriture, il est peu de choses que dédaigne l'écrevisse ; animaux ou végétaux, vivants

---

1. On donne le nom de larve à la forme jeune de différents animaux qui n'ont pas durant leur jeunesse la forme ou l'aspect qu'ils présentent quand ils sont devenus adultes et en état de se reproduire. Le têtard est la larve des grenouilles et crapauds ; le ver blanc est la larve du hanneton ; la chenille est une des formes larvaires du papillon, etc. La plupart des insectes ont des larves très différentes de l'adulte, et ces larves ont souvent un genre d'existence très différent de celui de l'adulte : la larve du Cousin ou Moustique, et celle de la Libellule, par exemple, vivent dans l'eau.

ou morts, frais ou pourris, c'est tout un. Les plantes calcaires aussi bien que les racines succulentes, comme les carottes, sont parfaitement acceptables, et l'on dit même que l'écrevisse fait de petites excursions sur terre pour chercher des aliments végétaux. Les escargots sont dévorés, coquilles et tout; les dépouilles qu'ont rejetées les autres écrevisses sont mises à contribution pour la matière calcaire qu'elles renferment; les membres les plus faibles de la famille ne sont point même épargnés. En fait, l'écrevisse est coupable de cannibalisme dans sa pure forme; un observateur français fait pathétiquement remarquer que, dans certaines circonstances, les mâles *méconnaissent les plus saints devoirs* et, non contents de mutiler ou de tuer leurs épouses, à la façon d'animaux qui ont de plus hautes prétentions morales, descendent au plus profond de la turpitude utilitaire, et finissent par les manger. Au fort de l'hiver, toutefois, même les plus alertes ne peuvent guère trouver de nourriture; aussi, lorsqu'elles sortent de leurs retraites aux premiers jours chauds du printemps, ordinairement en mars, les écrevisses sont-elles en assez triste condition.

A cette époque, on trouve les femelles chargées d'œufs attachés sous la queue au nombre de 100 à 200, et semblables à une masse de petites baies. En mai ou juin, ces œufs éclosent et donnent naissance à des animaux fort petits, que l'on trouve parfois attachés sous la queue de leur mère, car ils passent sous cet abri les premiers jours de leur existence.

Paris seul, avec ses deux millions d'habitants, consomme annuellement 5 ou 6 millions d'écrevisses et paye pour cela 400 000 francs. La production naturelle des rivières de France a depuis longtemps cessé de pouvoir fournir à la demande; aussi, non seulement de grandes quantités sont-elles importées d'Allemagne et d'ailleurs, mais encore la culture artificielle des écrevisses a-t-elle été tentée avec succès.

L'écrevisse croît rapidement pendant la jeunesse, mais grossit ensuite de plus en plus lentement à mesure qu'elle avance en âge. Le jeune animal, en sortant de l'œuf, est d'une teinte grisâtre, et d'environ 8 millimètres de long. A la fin de l'année, il peut avoir atteint près de 4 centimètres de longueur. Les écrevisses d'un an ont en moyenne 5 centimètres et demi de long; à deux ans elles ont 7 centimètres et demi, à trois ans 9 centimètres et demi; à quatre ans, près de 12 centimètres et à cinq ans, 13 centimètres et demi. Elles continuent à croître jusqu'à ce que, dans des cas exceptionnels, elles aient atteint de 19 à 21 centimètres de long; mais on ne sait guère à quel âge elles peuvent arriver à ces dimensions insolites.

La vie de ces animaux semble pouvoir se prolonger jusqu'à quinze ou vingt ans.

Pendant quelque temps après l'éclosion, les jeunes écrevisses se cramponnent aux pattes natatoires de leur mère, et sont transportées à l'abri de son abdomen comme dans une sorte de chambre d'incubation.

Rœsel von Rosenhof, ce naturaliste si soigneux, dit des jeunes à peine éclos :

A ce moment, ils sont tout à fait transparents, et lorsqu'une écrevisse en cet état (une femelle chargée de ses petits) est apportée sur la table, elle semble tout à fait dégoûtante à ceux qui ne savent point ce que sont les jeunes ; mais en les examinant avec plus de soin et surtout à l'aide d'une loupe, on voit avec plaisir que la petite écrevisse est déjà parfaite et ressemble à la grosse sous tous les rapports. Lorsque ces petits animaux ont commencé à se mouvoir avec une certaine activité, si leur mère vient à rester tranquille un moment, ils l'abandonnent pour se traîner çà et là à une petite distance; mais au moindre danger qu'ils soupçonnent, au moindre mouvement inusité qui agite l'eau, il semble que la mère les rappelle par un signal, car tous reviennent promptement sous sa queue et se réunissent en grappe, et la mère se retire en lieu de sûreté aussi vite qu'elle le peut. Quelques jours plus tard, cependant, les jeunes l'abandonnent peu à peu.

Th.-H. Huxley [1].

Un parasite du Homard.

On sait que les homards portent, comme les écrevisses et la plupart des crustacés, leurs œufs sous le ventre, et que ces œufs restent appendus sous l'abdomen jusqu'après l'éclosion des embryons. Au milieu d'eux vit un animal d'une agilité extraordinaire et qui est bien l'être le plus extraordinaire qui soit encore tombé sous les yeux d'un zoologiste. On peut dire sans exagération que c'est un ver bipède ou même quadrupède. Que l'on se figure un clown de cirque le plus complètement disloqué possible, nous devrions dire entièrement désossé, faisant des tours de force et d'équilibre sur une montagne de boulets monstre qu'il s'évertue à escalader, posant un pied, sous forme de ventouse, sur un boulet, l'autre pied sur un autre boulet, balançant le corps ou le raidissant, se tordant sur lui-même ou se courbant comme une chenille arpenteuse, et on n'aura encore qu'une idée

1. *L'Écrevisse, Introduction à l'étude de la Zoologie*, 1880. *Bibl. Scient Internationale.* Alcan, Paris.

fort incomplète de toutes les attitudes qu'il prend et fait varier sans cesse. Son rang et ses affinités auraient pu être l'objet de longues discussions si nous n'avions fait connaître en même temps son évolution et sa structure anatomique. Ce n'est ni un parasite [1], ni un commensal : il ne vit pas aux dépens des homards, mais aux dépens d'un produit de ces crustacés. Le homard lui donne une place, et le passager se nourrit aux dépens du chargement ; c'est-à-dire qu'il mange les œufs et les embryons qui meurent et dont la décomposition pourrait devenir fatale à l'hôte et à la progéniture. Ces Histriobdelles [2] ont la même charge que les vautours et les chacals, qui débarrassent la plaine des cadavres. Ce qui nous fait penser que c'est là leur véritable rôle, c'est qu'ils ont un appareil pour sucer l'œuf, et que nous n'avons trouvé dans leur canal digestif aucun reste qui ressemble à un organisme véritable.

P.-J. VAN BENEDEN [3].

1. Le parasite vit totalement aux dépens de son hôte : le gui par exemple, ou le ver solitaire. Ce commensal vit *avec* lui, mais non à ses dépens, ou du moins, pas aux dépens de son corps : il ramasse des miettes de la nourriture de celui-ci : l'Adamsie est le commensal du Bernard-l'Hermite.

2. Noms des parasites en question qui appartiennent au groupe des Vers. Il y a beaucoup de formes parasitaires chez les vers : le ver solitaire est une des plus familières.

3. *Les Commensaux et les Parasites dans le Règne Animal* (*Bibl. Scient. Internationale*), p. 78. Alcan, Paris.

SECTION II

LES INSECTES

Un insecte assassin.

.... A vrai dire, si l'insecte dont il s'agit n'était qu'assassin, je ne vous en parlerais pas d'une façon spéciale. L'assassinat, il faut bien le reconnaître, est le procédé grâce auquel vivent une quantité d'animaux, et si, parmi les insectes, il en est beaucoup. comme les chenilles et les papillons, entre autres. qui vivent de feuilles et du suc des fleurs, il en est tout autant qui ne peuvent exister qu'à la condition de tuer des animaux plus faibles dont ils se nourrissent, comme nous nous nourrissons de bœuf, de volaille, et de poissons que nous tuons chaque jour. Certains animaux mangent des feuilles et des plantes : d'autres animaux qui sont carnivores se nourrissent des premiers, et les derniers servent souvent d'aliment à l'homme. Vous le voyez, on se mange beaucoup, réciproquement, sur notre terre ; et la vie des uns est faite de la mort des autres.

Si donc je veux parler du Cerceris tuberculé, car tel est le nom de l'assassin dont il s'agit, ce n'est pas simplement parce qu'il tue certains animaux pour s'en nourrir : c'est là un fait vulgaire, commun, qui ne peut nous étonner ; mais ce qui est surprenant, c'est la manière dont il s'y prend, c'est son procédé qui est véritablement extraordinaire. Ce procédé a été découvert par un homme qui est un naturaliste éminent, par M. J.-H. Fabre, d'Avignon.

Mais voyons comment procède maître Cercéris, qui, soit dit en passant, est un insecte hyménoptère, à ailes transparentes, assez abondant dans le sud de la France. Ce personnage vit dans des terriers qu'il creuse dans le sol vers la fin de septembre. Ce n'est pas tant pour lui-même qu'il les creuse : c'est surtout pour y déposer ses œufs qui, à la belle saison prochaine, deviendront des larves, puis des adultes. Mais ces œufs, il ne les verra pas éclore : il mourra bientôt, et cet assassin se préoccupe de ce que deviendront ses enfants. Comment, petits et faibles, arriveront-ils à se nourrir, comment pourront-ils aller chercher leur proie au dehors où, sans défense, ils seront bien vite gibier au lieu de chasseur? Cette question a sans doute préoccupé notre animal, il l'a résolue au moyen d'un instinct admirable. Ses petits se nourrissent d'animaux, et encore leur faut-il des animaux frais, vivants, et non des cadavres. Il faut donc leur procurer un petit troupeau qu'ils pourront croquer à loisir; il faut leur préparer une bonne provision de viande fraîche dont ils se nourriront en attendant d'avoir acquis une force suffisante pour pourvoir eux-mêmes à leurs besoins, et pour aller en chasse avec chances de succès. Mais comment préparer ce gibier? Peut-on l'enfermer vivant dans les petites chambres souterraines où sont déposées les larves? Mais il pourrait peut-être s'échapper; peut-être encore pourrait-il nuire aux œufs et les dévorer pour son compte; et enfin, il pourrait mourir et ne servir de rien à ces larves qui comme l'Ogre du Petit Poucet n'aiment que la viande fraîche. Évidemment il faut s'y prendre d'une autre façon, et c'est cette façon de faire qui est merveilleuse! Le Cercéris sait par sa propre expérience quelle est la nourriture qui convient à ses enfants : ce sont aussi des insectes, du genre nommé Bupreste. Il faut croire que les Buprestes constituent pour les larves de Cercéris un régal particulier. Eh bien, notre Cercéris va chercher des Buprestes, et d'autres insectes dont il apprécie la chair, et s'attaque courageusement à eux. Chose curieuse, ces insectes succombent rapidement : ils se débattent d'abord avec vigueur, puis tout à coup, sans qu'on sache pourquoi, on voit le malheureux gibier cesser de s'agiter; il se laisse faire et le Cercéris l'enlace dans ses pattes, et l'emporte avec lui malgré son poids parfois double de celui du chasseur. Le gibier ne bouge plus... il est mort?

Mort? Pas du tout. Ne vous ai-je pas dit que les jeunes Cercéris ne mangent que de la viande fraîche et se refusent à se nourrir de cadavres? Non, le Bupreste n'est pas mort. Le Bupreste est emporté dans le terrier du Cercéris, qui place sa victime auprès des œufs, puis ressort pour chercher d'autres proies, dix, vingt, trente, jusqu'à ce qu'il y en ait assez à son avis, pour nourrir sa petite famille pendant les premiers temps de sa vie. Cet assassin est bien prévoyant... Je viens de vous dire que les Buprestes ne sont pas morts. Pourtant ils ne remuent ni pied ni aile : ils sont absolument immobiles. C'est vrai, et il est certain que ces Buprestes ne sauraient faire le moindre effort pour fuir, ou pour nuire aux œufs ou aux larves. Mais il faut remarquer qu'ils doivent certainement être vivants : leurs membres restent souples, les couleurs ne changent pas; le corps ne se pourrit pas. C'est à croire qu'ils ont été endormis par le Cercéris, comme on endort les personnes qui vont subir une opération, au moyen du chloroforme ou de l'éther, afin d'empêcher la douleur et l'agitation qu'elle provoquerait. Mais le Cercéris n'a ni chloroforme ni éther. Alors qu'a-t-il bien pu faire au Bupreste pour le paralyser de la sorte, sans le tuer? C'est ici qu'est la singularité de l'opération. Le Cercéris procède comme le ferait le physiologiste le plus habile, et qui connaîtrait le mieux les fonctions du système nerveux. Vous savez tous que c'est par les nerfs et la moelle épinière que le cerveau commande à nos membres de se remuer, de marcher, de voler. Or, on sait que si l'on coupe ou pique tel nerf, on en abolit la fonction : il ne remplit plus son rôle, et les muscles auxquels il se rend sont paralysés. On sait aussi qu'il y a différents points dans la moelle où il suffit de faire une petite coupure, pour paralyser une grande partie, ou la totalité du corps. Ce corps cesse de remuer, mais il n'est pas mort pour cela : il est engourdi, et peut vivre assez longtemps dans cet état, sans manger; vous comprenez bien que ce corps qui ne travaille plus n'a presque plus besoin de nourriture : ce qu'il y a de graisse dans l'insecte suffit à le nourrir et à entretenir la vie. Eh bien, le Cercéris a fait ce que font les physiologistes dans leurs expériences : il a piqué et coupé une certaine partie du système nerveux; il a paralysé pour toujours sa proie qui reste vivante bien que ne remuant plus, et chez qui la respiration et la circulation continuent à s'effectuer. Comment a-t-il réalisé cette paralysie? A-t-il des scalpels pour couper les nerfs? Non certes, mais il a son aiguillon, un aiguillon comme celui que portent les guêpes et les abeilles au bout de leur corps, un aiguillon piquant et tranchant qui perce les tissus et va couper les nerfs avec une grande facilité.

L'assassin connaît l'anatomie de ses victimes. Il sait parfaitement bien en quel point il faut piquer pour atteindre les nerfs, et c'est cette piqûre qu'il a faite au Bupreste qu'il tenait tout à l'heure, et dès que la piqûre a été faite le Bupreste est demeuré immobile, paralysé. Il sait même qu'il faut piquer trois endroits différents, mais voisins, pour produire une paralysie complète, et il sait que les Buprestes sont plus commodes à paralyser que beaucoup d'autres insectes. La preuve que la paralysie est bien due à l'aiguillon est fournie par ce fait qu'on peut, en piquant avec une aiguille l'endroit voulu, déterminer le même phénomène.

N'est-ce pas merveilleux, et quel étrange instinct!

Le Cercéris assassin, vous le voyez, est un assassin des plus intelligents. Il sait à quel endroit ces insectes sont le plus vulnérables, il sait comment s'y prendre pour les paralyser sans les tuer, et pour assurer à ses petits une bonne provision de viande fraîche. Plus tard, en effet, les petits dévoreront aisément et sans danger ces malheureux buprestes sans défense, accumulés par la prévoyance maternelle.

Henry de Varigny.

Le venin des araignées.

Le nombre des Araignées véritablement venimeuses est restreint; mais enfin, il y en a. Le venin est produit par une glande spéciale voisine de la bouche.

Quelque subit, quelque violent que soit l'effet du venin que l'Aranéide verse dans la piqûre qu'elle fait à l'insecte saisi, ce venin, dans les espèces les plus grosses du nord de la France, ne produit aucun effet sur l'homme. Je me suis fait piquer par les espèces d'araignées les plus grandes des environs de Paris sans qu'il en résultât ni douleur, ni enflure, ni rougeur. Ces légères piqûres ne m'ont fait éprouver d'autre sensation que celle qu'aurait produite une aiguille fine dont j'aurais enfoncé la pointe dans mon doigt. Ainsi, le venin des araignées n'a pas, sur l'homme, des effets aussi fâcheux que celui de la guêpe, de l'abeille, du cousin, de la punaise, de la puce, et autres insectes encore beaucoup plus petits.

WALCKENAER.

L'utilisation des criquets.

Les Criquets, qui ressemblent aux Grillons et aux Sauterelles, sont des insectes que l'on rencontre surtout dans les régions chaudes où, certaines années, en raison de leur abondance, ils produisent des dégâts énormes. Les invasions de Criquets sont malheureusement fréquentes en Algérie.

Les habitants des contrées ravagées par ces insectes trouvent du moins en ceux-ci une nourriture abondante, sinon délicate. L'usage de manger les Criquets est fort ancien, et déjà Moïse le recommandait aux Hébreux. Les Grecs, en temps de disette, les Parthes, les Éthiopiens, se nourrissaient également de ces insectes, comme Aristophane, Strabon, Pline et Diodore de Sicile en font foi. Cette coutume s'est maintenue jusqu'à notre époque : vers le milieu du siècle dernier, Hasselquist voyait fabriquer à la Mecque une sorte de pain de criquets. Jackson assure que les Marocains préfèrent les Criquets au pigeon. D'après Lucas, les Arabes et les Kabyles coupent la tête, les ailes et les grandes pattes de ces insectes, puis salent le corps et le mangent au bout de quelque temps : on les vend par charretées aux marchés de Fez et du Maroc. La même coutume s'observe à Bagdad où Olivier a vu vendre des plats tout préparés d'*Acridium peregrinum* (Criquet pèlerin). Les Malgaches, d'après le P. Camboué, recherchent également les criquets, et aux États-Unis, après s'être assuré que les *Caloptenus spretus*, l'espèce la plus répandue, ne contenait aucun principe toxique, on a songé sérieusement à le faire entrer dans l'alimentation de l'homme et à en préparer des conserves; on a proposé encore de l'utiliser dans l'industrie, pour l'extraction de l'acide formique [1] et d'une huile particulière. Ces deux tentatives ne semblent pas avoir abouti.

Si des peuples plus ou moins civilisés sont encore acridophages [2], il sera moins surprenant de constater de semblables coutumes chez des peuplades inférieures. Sparrmann et Anderson rapportent que les Hottentots se nourrissent de criquets; ils utilisent même les œufs pour préparer une sorte de potage. Sur le passage des nuées, les Boschimans allument de grands feux : ils ramassent les insectes qui s'y sont brûlé les ailes, les dessèchent et les conservent. Les Batékés, qui habitent les rives de l'Ogooué, font la chasse à ces animaux et les prennent au piège, au dire de Guiral. Enfin, les Indiens qui vivent sur les bords du Rio Uruguay mangent aussi ceux de leur contrée et les font cuire comme des crevettes, d'après le comte d'Ursel.

R. Blanchard [3].

---

1. Acide à odeur piquante qui est assez abondant dans le corps des fourmis — d'où son nom — et qu'on sent très facilement en tracassant quelque peu une fourmilière et en tenant ensuite la tête au-dessus de celle-ci.

2. Mangeurs de criquets.

3. *Traité de Zoologie Médicale*, t. II, p. 424. 1890. J.-B. Baillière.

La piqûre du scorpion.

Le Scorpion est un habitant des régions chaudes : on le trouve déjà dans le midi de la France, dans le Gard où Maupertuis le vit il y a cent ans, à Souvignargues, où je l'ai maintes fois rencontré, et aux environs de Banyuls par exemple. Il a la forme d'un crabe fort petit, et pourvu d'un abdomen allongé en forme de queue, très mobile, segmenté, flexible, que l'animal redresse en l'air, au-dessus de sa tête, quand il craint un danger. Cet abdomen est terminé par un long aiguillon creux par l'extrémité duquel le scorpion fait sortir à volonté une ou plusieurs gouttes d'un liquide clair qui est son venin, et qui est fabriqué dans une glande spéciale renfermée à l'extrémité de l'abdomen.

Le Scorpion pique toujours en avant de lui : il lance des coups d'aiguillon de deux manières distinctes. Veut-il se défendre quand on l'attaque ou l'excite, il se contente, pour ainsi dire, de chercher à effrayer : son abdomen relevé en arc au-dessus de lui, il décoche brusquement un coup d'aiguillon et revient aussitôt à sa position première ; le venin apparait alors rarement à l'extrémité de l'aiguillon. Lui présente-t-on, au contraire, un animal dont il fasse habituellement sa nourriture, une araignée par exemple, il se précipite sur sa proie, la saisit fortement entre les pinces de ses pattes-mâchoires, puis relève son abdomen, et la tâte avec la pointe de son aiguillon, comme pour chercher le point vulnérable ; souvent alors on voit sourdre une gouttelette de venin. Dès qu'il a trouvé l'endroit propice à la piqûre, le Scorpion imprime à son appareil à venin un mouvement de bascule grâce auquel la pointe perce le tégument et s'enfonce dans le corps de la victime. Elle y séjourne un certain temps, pendant lequel les glandes à venin se vident par une série de contractions soumises à la volonté de l'animal; quand l'aiguillon ressort, la victime est déjà inerte et paralysée.

L'inoculation [1] du venin est toujours douloureuse et arrache souvent des cris au patient. Cette douleur, qui dure un certain temps, doit être attribuée à une action directe du venin sur les nerfs voisins, et non au fait même de la pénétration de l'aiguillon; une épingle est plus grosse et cause pourtant une douleur insignifiante.

Il s'écoule toujours quelques instants entre le moment de l'inoculation du venin et celui de l'apparition des premiers symptômes de l'envenimation; pendant cette première période qui est d'autant plus courte que l'animal est plus sensible au venin, celui-ci passe dans le sang, puis se répand dans l'organisme. Quand il se trouve dans le sang en quantité suffisante la période d'excitation éclate brusquement.

Elle est marquée de convulsions violentes, qui ressemblent beaucoup à celles que produit la strychnine : comme celles-ci un choc frappé sur la table suffit à les réveiller; elles s'accompagnent de vives douleurs qui arrachent souvent des cris; la sensibilité est intacte.

La période de paralysie fait toujours suite à la précédente. Elle débute par un engourdissement des membres, que l'animal a de la peine à ramener dans leur position première. L'engourdissement s'accentue de plus en plus, et l'animal perd la faculté d'exécuter le moindre mouvement. Le cœur continue à battre, mais les mouvements respiratoires sont suspendus, et la mort arrive par asphyxie, par impuissance du diaphragme et des autres muscles inspirateurs.

Le venin du Scorpion est donc essentiellement un

1. *Inoculer*, c'est introduire une parcelle ou une goutte de substance sous la peau, en la piquant légèrement. La vaccination est un exemple familier d'inoculation.

poison du système nerveux : il n'agit ni sur les muscles, ni sur le cœur, ni sur le sang.

La période de paralysie est seule mortelle ; elle n'apparaît jamais d'emblée, sans avoir été précédée par une période d'excitation. Tant que celle-ci ne s'est pas manifestée, rien n'indique si l'envenimation doit ou non éclater.

Les auteurs apprécient d'une façon très inégale le danger de la piqûre du Scorpion. Ehrenberg, piqué cinq fois par le *Buthus quinquestriatus* [1], n'éprouva aucun accident sérieux. Mais les douleurs qu'il ressentit furent assez vives pour lui faire admettre que les femmes et les enfants pourraient y succomber. Lucas, piqué maintes fois en Algérie, assure que la douleur est moins vive et moins irritante que celle qui résulte d'une piqûre d'abeille. Guyon a vu la piqûre de deux espèces algériennes, *Buthus europaeus* et *B. anthalis*, donner promptement la mort à de petits animaux (oiseaux et rongeurs) ; il cite encore deux cas de mort chez de jeunes Arabes âgés de trois et neuf ans ; mais il ne connaît aucun cas mortel chez les adultes, bien que ceux-ci soient fréquemment piqués. Perdalle, qui a fait un séjour prolongé dans la région de Biskra, rapporte que les indigènes parlent souvent de piqûres mortelles, mais il n'en a observé lui-même aucun cas ; sans douter de la possibilité du fait, il croit donc à sa grande rareté.

R. BLANCHARD [2].

Ce qu'indiquent les couleurs des chenilles.

Les Chenilles sont, chacun le sait, des larves de papillons. Les *papillons* produisent des œufs d'où naissent de petites

1. Espèce de Scorpion.
2. *Traité de Zoologie Médicale*. t. II, p. 378. 1890. J.-B. Baillière.

chenilles : celles-ci grossissent, et mangent beaucoup : un beau jour elles se cachent dans un coin d'écorce ou de mur et se font un cocon de soie dans lequel elles se modifient lentement : c'est la phase de *chrysalide* ; et au printemps suivant le plus souvent, la chrysalide s'ouvre et le *papillon* en sort. Il est à noter que la vie du papillon est très courte, comparée à celle de la chenille et de la chrysalide.

Un grand nombre de chenilles sont douées de couleurs assez brillantes pour frapper les yeux, même à grande distance, et on a observé que ces animaux se cachent rarement. D'autres espèces cependant sont vertes ou brunes, très semblables aux substances dont elles se nourrissent ; il en est aussi qui imitent le bois, et se tiennent immobiles, attachées à l'extrémité d'une branche, paraissant ainsi en être un rejeton. Or les chenilles constituent une grande partie de la nourriture des oiseaux ; il n'était donc pas facile de comprendre pourquoi certaines d'entre elles avaient des couleurs et des marques propres à les rendre particulièrement visibles.

Raisonnant par analogie avec d'autres insectes, je conclus que, puisque certaines chenilles sont évidemment protégées par leurs couleurs imitatives, et beaucoup par les épines ou les poils qui recouvrent leur corps, les nuances vives des autres devaient aussi leur être utiles de quelque manière ; me rappelant en outre que certains papillons sont l'aliment le plus recherché des oiseaux, tandis que d'autres leur répugnent, et que ces derniers sont pour la plupart brillamment colorés, je pensai qu'il en était probablement de même pour les chenilles, c'est-à-dire que celles qui ont des couleurs voyantes ont un goût désagréable aux oiseaux et sont par conséquent rejetées par eux. Ce dernier caractère serait cependant par lui-même un faible avantage pour la chenille ; car son corps est si mou et si délicat qu'une fois saisie et rejetée par un oiseau, elle serait presque certainement tuée. Il fallait donc qu'un autre caractère constant et évident fît toujours discerner aux oiseaux les espèces non comestibles.C'est précisément à cela que servent des couleurs très éclatantes, jointes à l'habitude de l'animal de s'exposer à tous les regards; ces deux traits font en effet un contraste absolu avec les teintes vertes ou brunes et la vie cachée des autres espèces. J'écrivis au journal *Field* une lettre dans laquelle, expliquant d'ailleurs le grand intérêt et l'importance scientifique du problème, je demandais que quelques-uns des abonnés voulussent bien contribuer à sa solution, en recherchant quels insectes sont rejetés par les oiseaux. Je ne reçus qu'une seule réponse. Elle venait d'un propriétaire du Cumberland qui me faisait part de quelques observations intéressantes sur la répulsion et le dégoût qu'inspire à tous les oiseaux la Chenille du groseillier : c'est probablement celle du Phalène du groseillier (*Abraxas grossulariata*). Ni les jeunes faisans, ni les perdrix ou les canards sauvages ne consentaient à la manger; les moineaux et les pinsons ne la touchaient jamais, et tous les oiseaux auxquels elle était présentée la rejetaient avec une horreur évidente.

En mars 1869, M. Jenner Weir communiqua une série d'observations précieuses faites pendant plusieurs années dans sa volière, qui renfermait les oiseaux suivants, tous plus ou moins insectivores : le Rouge-gorge, le Bruant jaune, le Bruant des roseaux, le Bouvreuil, le Pinson, le Bec croisé, le Merle, la Grive, le Pipit des arbres, le Tarin d'Europe, le Sizerin boréal. M. Weir observa que ces oiseaux rejetaient toutes les chenilles velues; ils négligeaient absolument cinq espèces distinctes, et les laissaient ramper impunément durant plusieurs jours dans la volière. Ils refusaient aussi les chenilles épineuses de la Petite Tortue et du Paon de jour; mais, dans ces deux derniers cas, c'est à cause de leur goût, à ce que pense M. Weir, non à cause des poils ou des épines; en effet quelques chenilles très jeunes d'une espèce velue étaient rejetées, bien que les poils ne fussent pas encore développés, et les chrysalides lisses des papillons ci-dessus nommés l'étaient avec la même persistance que les larves épineuses. Ici, par conséquent, les poils et les épines semblent n'être que des signes indiquant que l'animal n'est pas mangeable.

M. Weir fit ensuite des expériences avec ces chenilles lisses et brillantes, qui ne se cachent jamais, mais paraissent plutôt chercher à attirer les regards. Telles sont, par exemple, celle de l'*Abraxas grossulariata* (tachetée de blanc et de noir), celle de la *Diloba cœruleocephala* (d'un jaune pâle avec une large bande latérale bleue ou verte), celle de la *Cucullia verbasci* (d'un blanc verdâtre avec des raies jaunes et des taches noires) et celle de l'*Anthrocera filipendula* (jaune avec des taches noires). Données aux oiseaux à différentes reprises, et parfois mélangées avec d'autres chenilles qui étaient avidement dévorées, elles furent toujours rejetées, négligées même absolument : elles continuaient à ramper librement dans la volière jusqu'à leur mort.

M. Weir porta ensuite ses observations sur les larves que leur couleur terne semble protéger, et il résume ainsi les résultats obtenus : « Les oiseaux mangent avec avidité toutes les chenilles qui ont des habitudes nocturnes, des couleurs ternes, avec un corps charnu et une peau lisse, ils goûtent beaucoup aussi toute espèce de chenille verte, et ne refusent jamais les Géomètres (Chenilles arpenteuses), qui, attachées à une plante par leurs pattes ovales, ressemblent à de petites branches. »

Ces observations confirment donc d'une manière remarquable l'hypothèse que j'avais proposée deux ans auparavant pour la solution de la difficulté.

A.-R. WALLACE [1].

Une araignée aquatique.

L'Argyronète aquatique fut observée pour la première fois en 1744 dans une petite rivière des environs du Mans par le P. de Lignac. Le Père de l'Oratoire nous dit, dans un mémoire spécial, que, se baignant un jour dans une petite rivière, il fut frappé d'étonnement en voyant dans l'eau des bulles qui semblaient se diriger à leur gré, et qu'il eut grand peur lorsqu'il s'aperçut que ces bulles étaient des araignées enveloppées d'air. Il sortit de là au plus vite, et, deux ans après, il avait oublié ces araignées, lorsque, se trouvant à Nantes, une personne de sa connaissance lui demanda si déjà il avait remarqué de grosses araignées aquatiques très abondantes dans la petite rivière d'Erdre. Le P. de Lignac ne se souvenait qu'imparfaitement de cette espèce d'araignée; mais son ami lui en procura plusieurs individus, et les ayant mis dans une carafe remplie d'eau il les observa avec le plus grand soin pendant dix-huit mois.

L'Argyronète, très peu remarquable par ses formes et ses couleurs, est d'un gris brunâtre sombre, et revêtue de poils assez longs. Elle vit dans les eaux dormantes ou peu courantes, dans les lieux où des

1. *La Sélection Naturelle*, p. 118. Reinwald.

plantes aquatiques croissent en grand nombre : c'est là qu'elle fixe sa demeure. Cette araignée sécrète une matière soyeuse qui s'étale et prend facilement la forme qu'on lui donne. Cette matière lui sert à construire sa cloche.

Elle vient à la surface de l'eau, se courbe alors un peu en arc, replie ses pattes, et, rentrant précipitamment dans l'eau, emporte avec elle une grosse bulle d'air qui la fait paraître toute argentée; elle va aussitôt placer cette bulle d'air sous quelque feuille de plante aquatique, en s'en débarrassant à l'aide de ses pattes. L'Argyronète alors entoure sa bulle de matière soyeuse et transparente de façon qu'elle lui sert de moule pour commencer sa cloche, qu'elle fixe, au moyen de quelques fils, aux plantes qui l'entourent. L'araignée revient bientôt chercher une nouvelle provision d'air qu'elle ajoute à la première et, en même temps, agrandit sa cloche en étendant avec ses pattes la matière soyeuse qui sort de ses filières. Répétant le même manège une dizaine de fois, sa cloche se trouve au bout de quelques heures entièrement achevée, et elle atteint alors presque la grosseur d'une petite noix. Ordinairement la forme en est parfaitement régulière, et le sommet très bien arrondi, mais quelquefois elle est un peu réniforme ou légèrement irrégulière. Elle est toujours fermée en dessous, et n'offre qu'une ouverture étroite pour l'entrée de son habitant.

Les Argyronètes vivent d'animaux qu'elles saisissent dans l'eau à l'aide de fils tendus aux alentours de la cloche. Quand on jette une mouche ou quelque autre insecte à la surface de l'eau, elles vont bientôt s'en emparer; l'attachant par un fil, elles l'entraînent ainsi dans leur retraite pour s'en nourrir. Elles se dévorent même entre elles; aussi, généralement, on les ren-

contre à une assez grande distance les unes des
autres. Quand on en place plusieurs dans un vase,
la plupart sont tuées, et quelquefois il n'en reste
plus qu'une seule.

L'Argyronète femelle forme un petit cocon de la
soie la plus fine, la plus blanche, la plus éclatante ;
elle place ses œufs dans ce cocon, qu'elle fixe dans sa
loge avec quelques fils. Au bout de peu de jours, les
petites araignées aquatiques éclosent, et à peine ont-
elles vu le jour, que toutes s'agitent dans l'eau, vont
s'approvisionner d'air et commencent à se construire
une cloche.

Quoique les Argyronètes ne sortent jamais de l'eau,
elles peuvent vivre encore plusieurs jours à l'air libre ;
mais elles dépérissent promptement, et ne tardent
pas à mourir.

L'Argyronète aquatique se trouve quelquefois en
grande abondance dans certaines localités. Mais on
la rencontre aujourd'hui assez difficilement. Autrefois
on la trouvait communément à la Glacière près de
Paris, dans les environs de Charenton. Mais depuis
un grand nombre d'années elle semble en avoir entièrement disparu. On la trouve encore dans quelques
parties de la France, mais plus particulièrement dans
le nord de l'Europe, jusqu'en Suède et en Laponie.

E. BLANCHARD [1].

Quarante mille hannetons valent un cheval.

Un savant qui porte un nom aujourd'hui doublement
illustre, Plateau, a mesuré, il y a quelques années, la

---

1. Article ARGYRONÈTE du *Dictionnaire d'histoire naturelle* de d'Orbigny,
Le Vasseur, Paris.

force musculaire des Insectes. Il a expérimenté sur des Carabes, des Hannetons, des Nécrophores, des Donacies. Ses travaux eurent un retentissement mérité. Rien de plus ingénieux que ses procédés. Il confectionna pour ces petits animaux de petits harnais et s'assura, par des expériences préalables, de la manière la plus avantageuse de leur attacher le trait qui les unissait à leur charge. Il les déposait ensuite sur un chemin qui leur était préparé d'avance et qui ne leur permettait aucun écart. Là, sous l'aiguillon de leur conducteur, ils cheminaient, élevant par l'intermédiaire d'une poulie, un léger plateau de balance. Ce plateau était par lui chargé progressivement de sable, jusqu'à ce que la résistance fût égale à leur maximum d'effort.

Il a résumé le résultat de ses expériences dans les deux lois suivantes :

1° A part le cas du vol, les Insectes ont, par rapport à leur poids, une force énorme comparativement aux Vertébrés.

2° Dans un même groupe d'Insectes, la force varie d'une espèce à une autre en sens inverse du poids. En d'autres termes, les plus petits sont les plus forts.

On est véritablement surpris des résultats mis au jour. C'est à peine si la force d'un cheval pesant 600 kilogrammes, mesurée au dynamomètre Régnier, est des deux tiers de son poids, soit 400 kilogrammes. Or il y a des hannetons pesant un sixième de gramme qui font équilibre à 66 fois leur propre poids, soit plus de 10 grammes. Voilà donc un humble et lourd scarabée 100 fois plus fort proportionnellement que le fier et robuste animal dont nous nous sommes asservi le courage et la vigueur. Avec 40.000 de ces hannetons, on aurait la valeur d'un solide cheval de gros trait. Quelle perspective! Un petit Ontophage, qui pèse un demi-déci-gramme, va jusqu'à pousser près de 100 fois son poids. A ce compte, nous devrions jongler avec des poids de 6000 kilogrammes et l'Éléphant devrait remuer des montagnes.

Tenez un Géotrupe [1] dans votre main fermée, vous serez frappé des efforts qu'il fera pour l'ouvrir. Qui n'a vu des fourmis traîner des objets deux, trois et quatre fois aussi gros qu'elles.

M. Plateau a déterminé, au moyen d'un dispositif fort simple, l'effort de traction nécessaire pour pro-voquer l'ouverture des valves des mollusques, c'est-à-dire pour vaincre la contraction des muscles adduc-teurs qui les maintiennent fermées. Les expériences ont porté sur un assez grand nombre de mollusques lamellibranches; la façon de procéder est des plus simples. Deux crochets en métal sont introduits entre les bords des valves : l'un de ceux-ci sert à suspendre le mollusque, l'autre soutient un plateau de balance que l'on charge graduellement de poids, jusqu'à ce que les valves commencent à bâiller et s'écartent nettement d'un millimètre. Comme on devait s'y attendre, les valeurs que l'on obtient par ce moyen sont énormes. Ainsi, c'est un spectacle des plus curieux de voir une *Huître pied de cheval (Ostræa hippopus)* soutenir sans s'ouvrir une masse de poids de cuivre et de fonte de plus de 17 kilogrammes! La *Venus verrucosa*, la *Clovisse* du Marseillais, porte au delà de 5 kilogrammes, et la moule peut résister à des efforts de traction de 3 kilogrammes; ces mol-lusques supportent ainsi plusieurs centaines de fois leur propre poids. Le rapport le plus élevé a été fourni

1. Genre d'Insectes Coléoptères qui vit dans la fiente des bestiaux des pâturages.

par le *Pectunculus glycimeris* et par la *Tellina solidula*[1]. Les exemplaires de la première espèce supportèrent en moyenne 492 fois leur propre poids, tandis que la seconde fit équilibre à 346 fois son poids, coquille comprise.

M. Plateau a fait sur la pince des Crabes une série de recherches physiologiques du plus haut intérêt, et dont nous allons rapporter les résultats. Il a constaté que la force de contraction de la pince pouvait, chez le *Carcinus mœnas*, dépasser 2 kilogrammes. Il a trouvé 2322 grammes comme poids moyen auquel la contraction des muscles fléchisseurs de la pince gauche fait équilibre, et 1959 grammes pour la pince droite. Si nous rapportons ces valeurs au poids de l'animal nous trouvons que la pince droite du Crabe (la plus faible) est capable de soutenir près de 30 fois le poids du corps tout entier, tandis qu'un homme adulte (du poids de 70 kilog.) serrant le dynamomètre avec la main droite ne développe qu'une force de 50 kilogrammes environ, c'est-à-dire d'un peu plus des deux tiers de son propre corps.

L. Frédéricq [2].

Le Poison des Fourmis.

Au cours de son dernier voyage d'exploration en Afrique, M. H. Stanley a rencontré des sauvages qui empoisonnent leurs armes. Voici comment ils prépareraient le poison, qui a l'aspect et la consistance de la poix.

Si l'on peut s'en rapporter au dire des femmes indigènes, il proviendrait d'un arum, plante à larges

1. Deux mollusques marins.
2. *La Lutte pour l'Existence chez les animaux marins*, p. 122-seq. J.-B. Baillière

feuilles, très commune et très abondante entre le fort
Bodo et Inde-Souma. L'odeur du poison encore frais
rappelle celle du vésicatoire dont on se servait en
notre jeune temps. Nul doute que ce toxique ne soit
mortel. Il tue les éléphants aussi infailliblement
qu'une balle explosible. Les vastes approvisionne-
ments d'ivoire d'Ougarrououé, de Kilonga Longa et
de Tippou Tib témoignent que la chasse aux éléphants et autre sauvagine est la principale occupation
de ces chasseurs. Pour plus de prudence, la mixture
mortelle ne se cuisine pas dans le village même.
C'est au milieu des halliers qu'on la prépare, qu'on
l'étend en couches épaisses sur la flèche de fer ou de
bois dur dont la moindre aspérité est enduite soigneusement. A Avissibba, nous découvrîmes, sous les pieux
qui soutenaient le faîtage, quelques paniers pleins
de fourmis rouges desséchées, dont l'aspect me remit
en mémoire celui d'un autre poison mortel, couleur
mastic, que j'avais vu sur d'autres flèches. Il y a tout
lieu de croire que les Avissibba l'obtiennent en pul-
vérisant ces insectes, qu'ils mêlent ensuite à l'huile
de palme. Une seule de ces fourmis vous gratifie
d'une ampoule du même diamètre qu'un liard : que
ne peut effectuer, introduite dans une blessure, l'essence concentrée d'une multitude de ces venimeuses
bestioles! Si ce pâle poison a l'origine susdite, certes
les ingrédients ne manquent pas aux nabots [1] : les
longues fourmis noires, par exemple, qui infestent
l'arbre à couleuvre, et dont la morsure équivaut à
l'application d'un fer rouge.

Quand ces poisons sont à l'état frais, les effets en
sont rapides. Faiblesse excessive, palpitations de

1. Il s'agit ici des pygmées ou populations naines dont les anciens his-
toriens nous ont laissé des récits, et que M. Stanley a retrouvés dans la
grande forêt du centre de l'Afrique.

cœur, nausées, pâleur extrême ; la sueur perle sur tout le corps en grosses gouttes, et le malheureux blessé ne tarde pas à expirer. J'ai vu mourir en une minute un de mes hommes, piqué, comme d'une fine épingle, par une flèche qui traversa le bras droit et se planta dans la poitrine. Un de mes chefs de caravane succomba une heure un quart après avoir été frappé ; une femme, après vingt minutes ; une de ses camarades n'avait pas été transportée à 100 mètres qu'elle avait rendu le dernier soupir ; un de nos hommes mit 3 heures pour mourir, et deux autres plus de 100 heures.

Ces écarts de durée dans l'évolution du virus sont dus à la fraîcheur ou à la siccité du produit. On avait lavé, sucé, injecté la plupart de ces plaies, mais quelque parcelle toxique était sans doute restée au fond.

STANLEY[1].

Le poison des Araignées.

La Malmignatte[2] est partout très redoutée.

Aux environs d'Avignon, suivant le F. Télesphore, elle aurait produit plusieurs fois de graves accidents, sans pourtant jamais causer la mort. A la piqûre succède une douleur locale très aiguë, qui envahit bientôt tout le corps ; le malade est incapable de se tenir debout et perd connaissance ; puis il est pris de violentes convulsions, pendant lesquelles il pousse des cris. Cet état dure environ vingt-quatre heures ; les deux jours suivants, le malade est un peu

1. *Dans les Ténèbres de l'Afrique*, t. II, p. 100-1. Hachette et Cie.
2. La Malmignatte et le Latrodecte sont deux espèces d'Araignées qu'on rencontre assez rarement en France.

plus calme, bien que presque incapable de remuer
les membres; par moments, il est encore agité de
tremblements convulsifs. La convalescence est plus
ou moins longue : on peut ressentir les effets de la
piqûre pendant deux ou trois mois, parfois même
pendant un ou deux ans.

Dax (de Sommières) a observé six individus piqués
par le Latrodecte : tous furent indisposés, l'un d'eux
même assez gravement; mais les stimulants amenèrent toujours la guérison dans les vingt quatre heures.

La Malmignatte du sud de la Russie porte le nom de
Kara kourt; Motschulsky et Robert assurent qu'elle
est extrêmement venimeuse. En 1839, elle aurait tué,
dans le bassin inférieur du Volga, 7000 bœufs, dont
la mort s'explique bien plutôt par une épizootie. Sa
morsure serait plus dangereuse encore pour le cheval
et le chameau, et, en maintes contrées, elle tuerait
jusqu'à 33 p. 100 des chameaux. Ce sont là d'évi-
dentes exagérations; il n'en faudrait pourtant pas
conclure à l'innocuité de l'animal. Robert a prouvé,
en effet, que le venin du Latrodecte, mort ou vivant,
est également redoutable pour le rat, le chien, le chat,
l'oiseau, la grenouille : le hérisson lui-même, qui a
la réputation de résister au venin de la vipère, succombe à son action. Même dilué au millionième, le
venin agit sur le système nerveux central et paralyse
le cœur, mais à la condition d'être introduit par voie
hypodermique : à l'exemple du venin de la vipère et
du curare, il est inoffensif par la voie intestinale; ce
serait une substance albuminoïde, que la chaleur
détruit rapidement. Robert assure encore que le venin
est répandu dans tout le corps de l'araignée, même
dans les pattes et dans l'œuf non développé, ce qui
paraîtra peu vraisemblable.

A Berdiansk, sur la mer d'Azov, il se montre parfois, au temps de la moisson, une araignée noire venimeuse qui cause une grande panique parmi les travailleurs; en 1865, elle aurait mordu plus de trois cents personnes, dont trois auraient succombé.

Un bon nombre de faits plus ou moins bien observés tendraient donc à démontrer le danger de la morsure du Latrodecte, mais cette morsure n'est pas dans tous les cas dangereuse. C'est ainsi que L. Dufour ne croit pas la Malmignatte redoutable pour l'homme. H. Lucas a été mordu plusieurs fois en Algérie sans en éprouver aucun inconvénient. Simon regarde même le Latrodecte comme incapable de produire aucune piqûre; ses crochets sont très petits et l'animal ne cherche pas à s'en servir quand on le saisit.

R. BLANCHARD [1].

Les fourmis glaneuses.

J'avais à peine mis le pied sur la garrigue [2], que je rencontrai une longue colonne de fourmis formée de deux files, dont chacune suivait une direction opposée. Les unes avaient la gueule chargée, d'autres ne portaient rien.

Il n'était pas difficile de trouver le nid auquel devaient appartenir ces deux courants ascendant et descendant. La longueur de la file était de 24 aunes à peu près. Des centaines de fourmis étaient déjà disséminées, parmi les plantes, sur la terrasse vers laquelle se dirigeait la file, et occupées à assortir les matériaux, tandis que d'autres étaient retenues par les soins domestiques au fond du nid.

1. *Traité de Zoologie Médicale*, t. II, p. 366. J.-B. Baillière.
2. Sorte de terrain inculte, généralement pierreux, à herbe courte et rare, et portant des buissons bas et des arbres rabougris.

Mais ce qui est vraiment étonnant, c'est de voir les fourmis s'emparer, non seulement des grains déjà mûrs, mais aussi rechercher les capsules encore vertes, dont l'enveloppe crevée annonce que les grains vont se détacher de la plante mère. Voici comment elles s'y prennent. Une fourmi monte sur la tige d'une plante chargée de fruits, de la *Capsella bursa pastoris*[1], par exemple, et cherche une silique encore verte, mais bien pleine, placée au milieu de la tige, tandis que celles des côtés sont prêtes, à la moindre secousse, à laisser tomber leurs graines. Alors, la saisissant de ses fortes mandibules (mâchoires), et se servant de ses pattes postérieures comme de point d'appui solide ou de pivot, elle se met à en tirer et tordre le pédicule jusqu'à ce qu'elle l'ait cassé. Après quoi elle descend à grand'peine, chargée de son lourd fardeau, dont le poids considérable l'écrase, et rejoint ses compagnes sur la route du nid. Quelquefois deux fourmis réunissent leurs efforts, et tandis que l'une ronge le pédicule, l'autre l'arrache en le tordant. J'ai vu encore plus souvent qu'après avoir détaché des capsules et graines, les fourmis les laissaient tomber à terre, où leurs compagnes s'en emparaient et les emportaient, ce qui est complètement d'accord avec le récit que nous tenons d'Élien.

Il arrive souvent à une fourmi de faire un mauvais choix, et d'apprendre à son retour que ce qu'elle avait apporté avec tant de peine ne peut servir à aucun usage. La chose lui ayant été démontrée dans le nid, on l'oblige à porter dehors son acquisition.

Je me suis souvent amusé à répandre, dans le voisinage du nid, du chènevis, des grains de millet ou d'avoine, et à observer l'émoi avec lequel elles empor-

1. Le Thlaspi bourse à pasteur.

taient ces fardeaux trop pesants pour elles. Il n'est pas moins intéressant de voir les jours suivants, les pelures de ces semences accumulées en tas au dehors du nid. Quelquefois, après des averses, on y trouve quelques semences dont les germes ont été rongés.

Souvent on reconnaît les nids de la fourmi *Atta barbara* à la quantité de plantes qui croissent autour de ces déchets, car ce sont des plantes cultivées, étrangères aux garrigues. Elles proviennent des semences apportées par les fourmis et tombées là par hasard.

Ces déchets, que l'on trouve toujours dans le voisinage de leurs nids, consistent en partie en parcelles de terre jetées hors du nid, mais principalement en débris végétaux, c'est-à-dire en menue paille, en gousses, en capsules vides et autres choses semblables, dont la présence aurait trop encombré l'intérieur du nid. Pendant qu'une légion d'ouvrières est occupée à se procurer et à apporter les objets nécessaires, d'autres sont employées à classer et a trier ces matériaux, à éplucher les gousses, et une fois celles-ci vidées à en débarrasser le nid. Aussi ces amas de débris atteignent-ils parfois, dans les endroits écartés, des proportions considérables.

MOGGRIDGE.

Les greniers des fourmis.

En octobre 1873, Moggridge trouva, auprès de l'entrée d'un nid de la fourmi *Atta structor*, des amas de déchets, de forme arrondie, ayant vingt-sept pouces de diamètre et deux pouces d'épaisseur, et dont la composition laissait supposer qu'une grande quantité de graines devait se trouver dans le nid. En effet, en ouvrant quelques nids et en les examinant de plus près, Moggridge trouva des masses de semences soigneusement cachées dans des pièces éloignées. Le sol de ces caves à grain était bien cimenté, et se distinguait par son aspect du terrain environnant. Les pièces elles-mêmes étaient de différentes formes et de différentes grandeurs, la plupart de la grosseur d'une montre. Dans chacune se trouvaient environ cinq grammes de semences, et la quantité entière contenue dans un nid, qui souvent se composait de quatre-vingts ou cent pièces, pouvait être évaluée à une livre et plus. Ces semences provenaient parfois de plantes très différentes, et Moggridge trouva, par exemple, dans un des nids qu'il avait ouverts, des graines de douze espèces différentes de plantes appartenant pour le moins à sept familles distinctes; mais ce sont les graines des céréales cultivées, contenant le plus de matière alimentaire, qui sont de préférence recherchées par les fourmis.

Mais ce qui surprit le plus Moggridge, c'est le procédé encore imparfaitement connu employé par les Fourmis pour empêcher le grain de germer et de croître. Les semences ne sauraient rester longtemps sous terre, dans l'intérieur humide et chaud du nid sans commencer à germer, à s'épanouir en herbes et en plantes, ce qui ferait manquer le but auquel tendent les Fourmis. Et pourtant c'est à peine si, dans vingt et un nids fouillés par lui, Moggridge trouva parmi des milliers de grains quelques échantillons qui eussent germé; encore près de la moitié de ceux-ci étaient-ils entamés de manière à en enrayer la croissance.

Il est donc hors de doute que les Fourmis, à l'aide d'un procédé mystérieux, enrayent la germination du grain, tout au moins pour quelque temps, c'est-à-dire pour des semaines et des mois. Malgré des recherches et des observations maintes fois répétées, Moggridge ne put parvenir à obtenir la solution du problème. Ce qui est certain, c'est qu'il lui suffisait d'empêcher les fourmis de pénétrer dans un des greniers, pour constater que les semences commençaient à germer; ce ne sont donc pas les circonstances extérieures, mais bien la volonté des fourmis qui met obstacle à la germination. De même dans les parties abandonnées ou isolées du nid, les graines se développent aussi en herbes.

Peut-être les Fourmis savent-elles enrayer le développement du germe, en bouchant mécaniquement, à l'aide d'une substance gluante, l'orifice germinatif de la semence, à travers lequel l'humidité pénètre dans l'intérieur.

Une fois l'époque arrivée où les graines sont employées comme aliment, cette substance est enlevée, et le grain amolli à dessein retrouve sa puissance germinative. Mais comme une croissance plus avancée ne manquerait pas d'en altérer les qualités nutritives, les fourmis s'empressent de ronger, de rogner le germe nouvellement poussé; ce n'est qu'après avoir fait subir aux graines cette transformation qu'elles les sèchent au soleil, après quoi, elles les emmagasinent de nouveau. S'il arrive que le grain soit mouillé par la pluie, on emploie le même procédé pour le sécher.

Le résultat de la germination est de modifier la semence et notamment les grains des céréales, de façon que l'amidon qui y est contenu se transforme en matière sucrée et en gomme. En même temps, l'enveloppe dure éclate, le grain tout entier gonfle et devient mou. Quand les choses en sont arrivées au point désiré par les Fourmis, celles-ci dévorent les parties molles du grain, surtout les substances sucrées dont elles sont très friandes, ou bien elles en nourrissent au printemps les larves, élevées par elles avec tant de sollicitude. Pour ce qui regarde les enveloppes ou pelures, elles les rejettent sous forme de *son*, et c'est là ce qui constitue l'élément essentiel des déchets ci-dessus mentionnés.

Louis Büchner [1].

Le suicide des scorpions.

..... On rapporte en Languedoc une histoire curieuse du Scorpion. On dit que si on le renferme dans un cercle de charbons, il se pique lui-même et se tue. Je fis une enceinte de charbons, et j'y mis un Scorpion qui, sentant la chaleur, chercha passage de tous côtés ; n'en trouvant point, il prit le parti de traverser les charbons qui le brûlèrent à demi : je le remis dans l'enceinte et n'ayant plus les forces de tenter le passage il mourut bientôt, mais sans avoir la moindre volonté d'attenter à sa vie. L'expérience fut répétée sur plusieurs autres qui agirent tous de la même façon.

Voici, je crois, ce qui a pu donner lieu à l'histoire. Dès que le Scorpion se sent inquiété, son état de défense est de retourner sa queue sur son dos, prête à piquer ; il cherche même de tous côtés à enfoncer son aiguillon ; lorsqu'il sent la chaleur des charbons il prend cette posture, et ceux qui n'y regardent pas d'assez près croient qu'il se pique. Mais quand même il le voudrait, il aurait beaucoup de peine à le faire, et je ne crois pas qu'il en pût venir à bout tout son corps étant cuirassé comme celui des écrevisses...

Maupertuis [2].

1. *La Vie Psychique des Bêtes*, 1881. Reinwald.
2. *Expériences sur les Scorpions*, par M. de Maupertuis (*Hist Acad. royale des Sciences*, 1731. p. 223 des *Mémoires*). Ces expériences de Mau-

7.

La vie des fourmis en hiver.

Elles sont engourdies, dans les grands froids ; mais lorsque la saison n'est pas trop rigoureuse la profondeur de leur nid les met à l'abri de la gelée. J'en ai vu marcher sur la neige, et suivre leurs habitudes à cette température. Elles seraient donc exposées aux horreurs de la famine si elles n'avaient pas de ressources pour le cas où elles ne s'engourdiraient point, et ces ressources ne sont autres que les pucerons qui, par un admirable concours de circonstances qu'on ne saurait attribuer au hasard, tombent en léthargie exactement au même degré de froid que les fourmis, et se réveillent en même temps qu'elles ; ainsi elles les retrouvent toujours lorsqu'elles en ont besoin.

Les Fourmis qui ne savent pas réunir ces insectes utiles dans leur habitation même, connaissent du moins leur retraite ; elles les suivent aux pieds des arbres et sur les racines des arbustes qu'ils fréquentaient auparavant, se glissent, au premier dégel, le long des haies, en suivant les sentiers qui les conduisent près de leurs nourriciers, et rapportent à la république un peu de miellée, car il en faut très peu pour la nourrir en hiver.

Dès qu'elles cessent d'être engourdies, on les voit se demander et se donner à manger. Ainsi les aliments contenus dans leur estomac se partagent entre toutes ; ces sucs ne s'évaporent presque pas dans cette saison, à cause de l'épaisseur de leurs anneaux écail-

pertuis étaient ignorées de quelques naturalistes anglais qui vers 1884 étudièrent cette question. Frappé des résultats obtenus par certains d'entre eux, j'ai refait leurs expériences, et le résultat a été identique à celui que j'ai plus tard appris avoir été acquis près de 150 ans auparavant par Maupertuis. (H. de V.)

leux. J'ai vu des Fourmis conserver pendant un temps considérable leur provision intérieure, lorsqu'elles ne pouvaient en faire part à leurs compagnes.

Quand le froid augmente graduellement, et c'est ordinairement ainsi que l'éprouvent les Fourmis, qui en sont préservées par une épaisse muraille de terre, elles se réunissent et s'entassent les unes sur les autres par milliers, et paraissent toutes accrochées ensemble. Cherchent-elles à se procurer un peu de chaleur en se tenant ainsi rassemblées? Je le présume; mais nos thermomètres ne sont pas assez délicats pour nous apprendre si elles y parviennent.

Pierre Huber [1].

Le sens moral chez les Abeilles.

Si l'on voulait attribuer aux Abeilles quelque trace de sentiments moraux, il y aurait contre cette opinion l'expérience de tous les éleveurs qui savent très bien qu'elles ne se font aucun scrupule de piller leurs compagnes plus faibles. « Si un mauvais camp d'Abeilles, dit Langshoth, a une fois pris goût au vol, il ne s'arrêtera point qu'il n'ait éprouvé la force de toutes les ruches », et plus loin : « Quelques éleveurs se demandent si une Abeille qui a une fois appris à voler est susceptible de revenir à des habitudes honnêtes. »

Pour moi, bien loin d'avoir pu découvrir chez ces animaux la moindre marque d'affection, ils m'ont paru tout à fait insensibles et indifférents les uns pour les autres. Comme j'ai déjà eu occasion de le dire il m'est arrivé d'avoir besoin de tuer une Abeille. Je n'ai jamais vu les autres s'en soucier en aucune

1. *Recherches sur les mœurs des Fourmis indigènes*, p. 202-204, Paris et Genève, 1810.

façon. Ainsi le 11 octobre, j'écrasai une Abeille auprès d'une autre qui était en train de manger : elles étaient en réalité si près l'une de l'autre que leurs ailes se touchaient; malgré cela, la survivante ne prit aucun souci de la mort de sa sœur, mais continua à manger d'un air aussi tranquille et aussi joyeux que si rien n'était arrivé. Lorsque j'eus cessé de presser, elle resta auprès du cadavre sans la moindre apparence de crainte ni de chagrin ou même de notion du fait. Évidemment la mort de sa sœur ne lui causa point la moindre émotion; elle n'eut aucune crainte que la même chose pût lui arriver. Dans un autre cas il arriva exactement la même chose. Plusieurs fois depuis, lorsqu'une Abeille était en train de butiner, j'en ai pris une autre par la patte tout à côté d'elle, la prisonnière faisait tous ses efforts pour s'échapper, et bourdonnait aussi fort qu'elle pouvait; néanmoins l'Abeille qui était en train de manger ne s'en souciait aucunement. Aussi, bien loin de regarder les Abeilles comme des êtres affectueux, je doute qu'elles aient les unes pour les autres, la moindre tendresse.

Leur amour pour leur reine est généralement cité comme un trait admirable; il est pourtant bien limité. Ainsi, comme je désirais changer une de mes reines noires contre une reine de Ligurie, le 26 octobre, M. Hunter eut la bonté de m'en envoyer une; nous enlevâmes l'ancienne et la plaçâmes avec quelques ouvrières dans une boîte contenant un rayon de miel. Les jours suivants, je fus obligé de quitter la maison; mais, le 30, quand je revins, je vis que toutes les abeilles avaient abandonné la pauvre reine qui semblait faible, délaissée et misérable. Le 31, comme les Abeilles venaient manger du miel sur une de mes fenêtres, je mis près d'elle la pauvre reine. Plusieurs d'entre elles, en s'abattant, s'approchèrent jusqu'à la toucher; néanmoins aucune de ses sujettes ne fit attention à elle le moins du monde.

La même reine, lorsque ensuite je l'eus replacée dans la ruche, fut aussitôt entourée par une foule d'Abeilles.

En ce qui concerne l'affection des abeilles les unes pour les autres, il est bien certain que lorsqu'elles apportent du miel sur elles, elles sont léchées et nettoyées par leurs compagnes; mais je me suis assuré que c'est bien plutôt pour l'amour du miel que pour elles-mêmes. Le 22 septembre, par exemple, j'expérimentai avec deux Abeilles, dont l'une avait été plongée dans l'eau et l'autre dans du miel. La dernière fût aussitôt léchée et nettoyée, tandis que l'on ne fit aucune attention à la première. J'ai à diverses reprises mis des Abeilles mortes sur du miel butiné par d'autres vivantes; jamais ces dernières n'ont pris le moindre souci des cadavres.

Les Abeilles mortes sont d'ordinaire emportées hors de la ruche; mais si l'on en met une sur leur balcon, elles n'y font aucune attention, bien que le plus souvent elles finissent par l'entraîner avec elles accidentellement. J'ai même vu des Abeilles sucer une larve morte.

Sir John Lubbock [1].

La Puce.

La Puce ordinaire est appelée *Puce irritante,* et attaque particulièrement l'homme en Europe et dans le nord de l'Afrique : c'est pour ainsi dire une mouche

---

1. *Fourmis, Abeilles et Guêpes,* t. II, p. 46. F. Alcan, Paris.

sans ailes; elle forme avec ses congénères une famille distincte sous le nom de *Pulicidés*.

Van Helmont a parlé de ces insectes, et a publié une recette pour en composer, tout comme s'il s'agissait de préparer une pommade. A cette époque, les naturalistes croyaient que certains poissons pouvaient encore se former de toutes pièces, et qu'il suffisait d'une fermentation pour faire sortir un monde vivant de cette désagrégation moléculaire. Les Puces auront peut-être un jour une place dans l'officine des pharmaciens à côté des Sangsues; nous ne voyons pas pourquoi on ne ferait pas de saignées homéopathiques, puisque on a des médicaments homéopathiques; nous aurions certainement plus de confiance dans les effets de morsures de Puces que dans l'efficacité de remèdes divisés par millionièmes.

Les Puces diffèrent beaucoup sous le rapport de la taille, d'après les endroits qu'elles habitent. On rencontre communément sur la plage sablonneuse de la Méditerranée, du moins, au voisinage de Cette et de Montpellier, des puces d'un brun presque noir et d'une énorme grosseur; la mouche commune n'a pas le double de leur taille : ce sont des Puces humaines. et leur présence à la plage pendant les chaleurs de l'été n'est due qu'au grand nombre de baigneurs et de baigneuses de toute classe qui y déposent leurs vêtements. Si un jour ces insectes étaient placés au rang des espèces officinales, il faudrait choisir ces plages, et il est à supposer qu'en les croisant avec intelligence, on parviendrait bientôt à créer des races qui pourraient rendre de véritables services; mais jusqu'à présent la thérapeutique n'a tiré parti que des Sangsues. Depuis que nous avons vu ces insectes attelés et faisant des exercices en public, on ne peut pas dire que l'avenir ne nous réserve pas quelque surprise. Personne de nous n'a oublié cette exhibition de Puces savantes faite par une demoiselle, qui avait eu la patience de les dresser. Walckenaer les a vues à Paris et les a examinées avec ses yeux d'entomologiste. Il raconte que trente Puces faisaient l'exercice pendant des soirées pour lesquelles on payait la somme de 60 centimes; que ces Puces se tenaient debout sur leurs pattes de derrière, armées d'une pique qui était un petit éclat de bois très mince. Quelques-unes traînaient une berline d'or, d'autres un canon sur son affût, et toutes étaient attachées avec une chaîne d'or par leurs cuisses de derrière. Il est fort curieux de voir Leeuwenhoek écrire, il y a deux siècles, l'histoire de la Puce avec des détails que l'on saurait à peine surpasser. Il a observé toute leur anatomie, telle qu'on pouvait la faire avec des instruments de son époque (1694), et ses descriptions sont accompagnées de fort bonnes figures; il les a vues s'accoupler, pondre des œufs, et a suivi leur développement. Les plus belles Puces pour leur taille comme pour leurs formes habitent la chauve-souris. On trouve souvent des puces sur les chevaux. En 1871, un colonel de cavalerie, à son retour de la frontière, me fit parvenir de ces insectes, avec prière de les examiner. Il ajoutait que les chevaux de son régiment étaient littéralement mangés par eux.

P.-J. Van Beneden [1].

La récolte du miel par les abeilles.

Une récolte bien importante pour les abeilles est celle du miel.

1. *Les Commensaux et les Parasites dans le règne animal*, p. 118-120. F. Alcan, Paris.

M. Linné a mieux observé qu'on ne l'avait fait avant lui, que les fleurs ont au fond de leurs calices des espèces de glandes pleines d'une liqueur miellée. C'est dans ces glandes nectarifères [1] que les abeilles vont puiser le miel, et c'est dans leur estomac qu'il se façonne. On avait cru autrefois que le miel était une rosée qui tombait du ciel : on ne le croit plus aujourd'hui ; on sait, au contraire, que la rosée et la pluie sont très contraires au miel. De tous temps, les abeilles ont connu les glandes que nos botanistes modernes ont découvertes ; de tous temps elles y ont été chercher leur miel. Quelquefois, elles trouvent cette liqueur épanchée sur des feuilles : un observateur attentif peut voir au printemps des arbres, et l'érable entre autres, dont les feuilles sont toutes enduites d'une espèce de miel ou de sucre qui les rend luisantes, et si l'on pose une de ces feuilles sur la langue, on y reconnaît bientôt la saveur mielleuse : soit que cette liqueur réside encore dans les glandes, soit qu'elle en soit sortie, elle est la matière première du miel : c'est ce que l'abeille cherche et ramasse pour se composer un aliment propre pour sa nourriture et pour celle de ses compagnes. La trompe lui sert à la récolte du miel, et le conduit dans le premier estomac, qui lorsqu'il est rempli de miel, a la forme d'une vessie oblongue. (Les enfants qui vivent

---

1. Le suc sucré produit par ces glandes des fleurs s'appelle généralement *nectar*, si on donne le nom de nectaires aux glandes mêmes. Ce nectar sert à attirer les insectes, et les visites des insectes favorisent la fécondation des fleurs ; le pollen s'accroche à leurs corps et à leurs pattes, et ils le portent sans s'en douter sur d'autres fleurs ou sur le stigmate de la même fleur, produisant selon le cas une fécondation directe ou une fécondation croisée : cette dernière est plus avantageuse, et un grand naturaliste a pu dire que presque toutes les fleurs sont construites en vue de la fécondation croisée qui s'opère surtout par l'intermédiaire des insectes. Je rappellerai que, sauf de rares exceptions, une fleur ne peut être fécondée que par le pollen d'une fleur de *même* espèce. (H. de V.)

à la campagne, connaissent bien cette vessie : ils la
cherchent même dans le corps des abeilles, et surtout
dans celui des bourdons velus, pour en sucer le miel.)
Il faut que les mouches parcourent beaucoup de
fleurs pour ramasser une quantité suffisante de miel,
qui puisse remplir leur petite vessie. Quand les
vessies sont pleines, les abeilles retournent à la
ruche. A les voir rentrer sans récolte de cire aux
pattes, on les prendrait pour des paresseuses ;
mais toute leur récolte est dans l'intérieur de leur
corps ; car elles ne trouvent point toujours occasion
de faire ces deux récoltes ensemble. Aussitôt qu'elles
sont arrivées, elles vont dégorger le miel dans un
alvéole ; comme le miel qu'une abeille porte à la fois
n'est qu'une petite partie de celui que l'alvéole peut
contenir, il faut le miel d'un grand nombre d'abeilles
pour le remplir.

Quoique le miel soit fluide et que les alvéoles
soient comme des pots couchés sur le côté, elles ont
cependant l'art de les remplir. Qu'il y ait peu ou
beaucoup de miel dans un alvéole, on remarque
toujours dessus une espèce de petite couche épaisse
qui, par la consistance, empêche le miel de couler.
L'abeille qui apporte du miel dans l'alvéole, fait
passer sous cette pellicule les deux bouts de ses
premières jambes et par cette ouverture, elle lance
et dégorge le miel dont son estomac est plein : avant
de se retirer, elle raccommode la petite ouverture
qu'elle avait faite ; celles qui suivent font de même.
Comme la masse du miel augmente, elle fait reculer
la pellicule, et la cellule se trouve, par cette industrie,
pleine d'un miel fluide. Les abeilles ont soin de
couvrir d'un couvercle de cire les alvéoles où est le
miel qu'elles veulent conserver pendant l'hiver ; mais
ceux où est le miel destiné à la nourriture jour-

nalière, sont ouverts et à la disposition de toutes.
Le miel qu'elles réservent pour l'hiver est toujours
placé dans la partie supérieure de la ruche. Souvent
l'abeille, au lieu d'aller vider son miel dans une
cellule, se rend aux ateliers des *travailleuses*; elle
allonge sa trompe pour leur offrir du miel, comme
pour empêcher qu'elles ne soient dans la nécessité
de quitter leur ouvrage pour aller en chercher.

VALMONT DE BOMARE.

Les fourmis et leurs vaches laitières.

Les vaches laitières des fourmis sont les pucerons, petits
insectes que chacun a pu voir accumulés parfois en grand
nombre sur les jeunes pousses des rosiers ou d'autres
plantes, en été, et qui ont la propriété d'excréter un suc
sucré que les fourmis apprécient fort. Pierre Hüber, qui a
beaucoup observé les relations des fourmis et des pucerons,
les décrit de la façon suivante.

On sait qu'un grand nombre de végétaux nourrissent des pucerons; ces insectes attroupés sur les
nervures des feuilles ou sur les branches les plus
jeunes, insinuent leur trompe entre les fibres de
l'écorce dont ils pompent les sucs les plus substan-
tiels; une partie de ces aliments ressort bientôt de
leur corps sous la forme de gouttelettes limpides, par
les voies naturelles, ou par ces deux cornes qu'on
remarque ordinairement à leur partie postérieure;
c'est cette liqueur dont les fourmis font leur principale nourriture. On avait déjà observé qu'elles
attendaient le moment où les pucerons faisaient
sortir de leur ventre cette manne précieuse, et qu'elles
savaient la saisir aussitôt; mais j'ai découvert que
c'était là le moindre de leurs talents, et qu'elles

savaient encore se faire servir à volonté; voici en quoi consiste leur secret. Je vois une fourmi d'abord passer sans s'arrêter sur quelques pucerons, que cela ne dérange point; mais elle se fixe bientôt auprès d'un des plus petits; elle semble le flatter avec ses antennes, en touchant l'extrémité de son ventre alternativement de l'une et de l'autre, avec un mouvement très vif; je vois avec surprise la liqueur paraître hors du corps du puceron, et la fourmi, saisir aussitôt la gouttelette qu'elle fait passer dans sa bouche. Les antennes se portent ensuite sur une autre puceron beaucoup plus gros que le premier; celui-ci, caressé de la même manière, fait sortir le fluide nourricier en plus grande dose; la fourmi s'avance pour s'en emparer, elle passe à un troisième, qu'elle amadoue comme les précédents en lui donnant plusieurs petits coups d'antennes [1] auprès de l'extrémité postérieure de son corps, la liqueur sort à l'instant et la fourmi la recueille. Elle va plus loin; un quatrième, probablement déjà épuisé, résiste à son action; la fourmi, qui devine peut-être qu'elle n'a rien à en espérer, le quitte pour un cinquième, dont elle obtient sa nourriture sous mes yeux.

Il ne faut qu'un petit nombre de ces repas pour rassasier une fourmi : celle-ci satisfaite reprit le chemin de sa demeure. J'ai revu mille et mille fois les procédés singuliers employés avec le même succès par les fourmis, quand elles voulaient obtenir des pucerons cette nourriture; si elles négligent trop longtemps de les visiter, ils rejettent la miellée sur les feuilles, où les fourmis la trouvent à leur retour,

---

1. Les *antennes* sont des petits organes minces, allongés, qui se trouvent généralement au nombre de deux, fixés sur la tête des insectes, et qui leur servent d'organes tactiles, d'organes du toucher, probablement.

et la recueillent avant de s'approcher des insectes qui la fournissent. Mais si les fourmis se présentent souvent aux pucerons, ils paraissent se prêter à leurs désirs en avançant l'époque de leur évacuation. ce que l'on peut connaître au diamètre de la gouttelette qu'ils font sortir; et dans ce cas ils ne lancent pas au loin la manne des fourmis; on dirait même qu'ils ont soin de la retenir pour la mettre à leur portée.

Il arrive quelquefois que les fourmis, en trop grand nombre sur la même plante, épuisent les pucerons dont elle est couverte; dans cette circonstance, elles feraient vainement jouer leurs antennes sur le corps de leurs nourriciers; il faut qu'elles attendent qu'ils aient pompé une nouvelle ration du suc des branches; ils n'en sont point avares, et ne résistent jamais à leurs sollicitations quand ils sont en état d'y satis-faire. J'ai vu souvent le même puceron accorder successivement plusieurs gouttes de ce sirop à diffé-rentes fourmis qui en paraissaient fort avides.

J'ai répété les observations sur la plupart des fourmis de notre pays : les plus grosses s'adressent aussi aux pucerons. On serait étonné de voir combien elles les ménagent et avec quelle délicatesse leurs antennes,bien différentes de celles des fourmis rouges. et plus déliées à l'extrémité que partout ailleurs. savent les inviter à leur livrer la miellée.

Je ne connais point de fourmis qui n'aient l'art d'obtenir des pucerons le soutien de leur vie : on dirait qu'ils ont été créés pour elles.

P. HUBER.

Les soins des fourmis pour leurs pucerons.

Je ne tardai pas à voir que les fourmis jaunes étaient fort jalouses de leurs pucerons; elles les prenaient souvent à leur bouche et les emportaient au fond du nid. D'autres fois elles les réunissaient au milieu d'elles, ou les suivaient avec sollicitude.

Je profitai des notions que j'avais acquises sur leur genre de vie pour nourrir chez moi une de leurs peuplades ; je les logeai dans une boîte vitrée avec leurs pucerons, en laissant dans la terre que je leur donnai les racines de quelques plantes dont les branches végétaient au dehors. J'arrosais de temps en temps la fourmilière et, par ce moyen, les plantes, les pucerons et les fourmis trouvaient dans cet appareil une nourriture abondante.

Les fourmis ne cherchaient point à s'échapper ; elles semblaient n'avoir rien à désirer, elles soignaient leurs larves et leurs femelles avec la même affection que dans leur véritable nid : elles avaient grand soin des pucerons et ne leur faisaient jamais de mal. Ceux-ci ne paraissaient point les craindre ; ils se laissaient transporter d'une place à une autre, et, lorsqu'ils étaient déposés, ils demeuraient dans l'endroit choisi par leurs gardiennes ; lorsque les fourmis voulaient les déplacer, elles commençaient par les caresser avec leurs antennes, comme pour les engager à abandonner leurs racines ou à retirer leur trompe de la cavité dans laquelle elle était insérée ; ensuite, elles les prenaient doucement par-dessus ou par-dessous le ventre avec leurs dents, et les emportaient avec le même soin qu'elles auraient donné aux larves de leur espèce.

J'ai vu la même fourmi prendre successivement trois pucerons plus gros qu'elle, et les transporter dans un endroit obscur. Il y en eut un qui lui résista plus longtemps que les autres ; peut-être ne pouvait-il pas retirer sa trompe, engagée trop profondément

dans le bois. Je m'amusai à suivre tous les mouvements que se donna la fourmi pour lui faire lâcher
prise ; elle le caressait et le saisissait tour à tour jusqu'à ce qu'il eût cédé à ses désirs.

Mais il se présente ici une question vraiment intéressante. Les pucerons que j'ai trouvés constamment
dans la fourmilière de cette espèce venaient-ils s'y
loger d'eux-mêmes, ou étaient-ils apportés dans ces
lieux par les fourmis ?

Il me semble plus probable que ce sont elles qui
les réunissent dans leur habitation, puisqu'elles sont
dans l'usage de les porter sans cesse d'une place à
une autre, et puisque ce sont elles qui retirent tous
les avantages de cette relation : je suis très porté à
croire que les fourmis jaunes, et toutes celles qui sont
douées de la même industrie vont chercher les pucerons, en faisant des galeries souterraines au milieu
des racines ; qu'elles les trouvent épars dans les
gazons, et qu'elles les rassemblent dans leur nid. Je
ne verrais pas pourquoi, sans cela, il y en aurait
autant dans les fourmilières, car ils ne sont pas
aussi communs partout ailleurs. Lorsque j'en ai
trouvé sous l'herbe, ils étaient le plus souvent
entourés de fourmis jaunes, qui arrivaient jusqu'à
eux par des souterrains, et qui les portaient probablement chez elles en automne ; souvent elles s'en
emparaient en ma présence, et se retiraient avec eux
par quelque voie obscure, ce qui prouve qu'elles en
disposent à leur gré : c'est surtout dans la mauvaise
saison qu'elles les réunissent en plus grand nombre
au fond de leur nid.

Dans l'été, on les trouve plutôt au pied des plantes
voisines de la fourmilière, parce qu'elles souffrent
moins de la sécheresse que celles qui croissent sur le
nid même. Mais ils y sont comme chez elles, puisque

leur habitation s'étend infiniment plus au dedans de
la terre qu'au dehors.

PIERRE HUBER [1].

Une Guêpe apprivoisée.

Les observations qui suivent concernent un individu de
l'espèce *Polistes gallica*, une Guêpe que Sir John Lubbock
réussit à conserver neuf mois, et à apprivoiser dans une
certaine mesure.

Je la pris avec son nid, dans les Pyrénées, au commencement de mai. Ce nid était composé d'environ
vingt cellules qui, pour la plupart, contenaient un
œuf. Mais aucune larve n'était éclose. Il s'ensuivait
que ma Guêpe se trouvait seule au monde.

Je n'eus pas de difficulté à l'amener à manger sur
ma main ; mais, au début, elle était craintive et ner-
veuse. Elle avait continuellement son aiguillon en
mouvement et, une fois ou deux, en chemin de fer,
pendant que les employés demandaient les billets, et
que j'étais forcé de la remettre dans sa bouteille, elle
me piqua légèrement. Je pense toutefois que c'était
simplement par frayeur.

Peu à peu, elle s'habitua tout à fait à moi, et,
quand je la prenais sur ma main, elle s'attendait
visiblement à manger. Il m'arriva même de la caresser sans qu'elle témoignât la moindre crainte, et,
pendant quelques mois, je ne vis pas son aiguillon.

Quand vint la saison froide, elle tomba bientôt dans
un état de torpeur, et je commençais à espérer qu'elle
allait hiberner pour revivre au printemps.

Je la conservai dans un endroit sombre, mais je la

1. *Recherches sur les mœurs des Fourmis indigènes.* p. 180-187, 192-197.
Paris et Genève. 1810.

surveillai avec le plus grand soin, et je la fis manger même quand elle paraissait très inquiète.

Elle sortit encore quelquefois, et sembla se porter aussi bien que d'habitude presque jusqu'à la fin de février, lorsqu'un jour, je vis qu'elle avait à peu près perdu l'usage de ses antennes, bien que le reste de son corps ne présentât rien de particulier. Le lendemain, j'essayai encore de la faire manger; mais sa tête paraissait morte, bien qu'elle pût encore mouvoir ses pattes, ses ailes et son abdomen. Le jour suivant, je lui offris de la nourriture pour la dernière fois, mais sa tête et son thorax étaient morts ou paralysés; à peine put-elle encore mouvoir l'extrémité de son abdomen, dernier témoignage, j'aime à le croire, de gratitude et d'affection. Autant que j'ai pu en juger, sa mort arriva sans douleur, et maintenant elle occupe une place au British Museum.

SIR JOHN LUBBOCK [1].

Comment se parlent les Fourmis.

Beaucoup de naturalistes pensent que les Fourmis possèdent quelque langage, quelque moyen de communiquer entre elles. Sir John Lubock, un excellent observateur anglais, a fait à ce sujet quelques expériences, voulant voir si réellement les faits indiquent l'existence d'un mode quelconque de communication.

Je mis une grosse Mouche morte devant une fourmi en l'épinglant sur un morceau de liège. Après avoir vainement essayé pendant dix minutes de détacher la Mouche, ma Fourmi rentra au nid.

Je ne pus à ce moment voir que deux autres

1. *Fourmis, Abeilles et Guêpes*, t. II, p. 177. F. Alcan.

fourmis de cette espèce hors du nid. Mais en quelques secondes, bien moins d'une minute, elle revint avec pas moins de douze amies.

Elle marchait en tête, les autres la suivant lentement à la débandade, mettant en réalité plus d'une demi-heure pour atteindre la mouche. La première, après avoir vainement travaillé un quart d'heure à détacher la mouche, s'en retourna au nid. Trouvant en route une de ses amies, elle causa un instant avec elle, puis continua son chemin : mais à peine avait-elle parcouru la distance d'un pied, qu'elle changea d'avis et revint à la mouche avec son amie. Après quelques minutes pendant lesquelles deux ou trois autres fourmis arrivèrent, une d'elles détacha une patte qu'elle porta au nid, d'où elle revint presque aussitôt avec six compagnes, dont une, chose curieuse, semblait conduire la marche, guidée, je pense, par l'odorat. J'enlevai alors l'épingle, et elles emportèrent la mouche en triomphe.

Le 15 juin 1878, une autre fourmi du même nid avait trouvé une araignée morte à la même distance du nid environ... J'épinglai cette araignée comme précédemment. La fourmi fit tous ses efforts pour l'emporter, mais au bout de douze minutes de travail, elle rentra au nid. Quoique depuis plus d'un quart d'heure aucune autre fourmi n'eût quitté le nid, en quelques secondes, elle reparut avec dix compagnes. Comme dans les cas précédents, elles la suivaient sans se presser. Elle marchait en tête et après s'être acharnée dix minutes après l'araignée, voyant qu'aucune de ces amies ne venait à son aide, bien qu'elles errassent par là, évidemment en quête de quelque chose, elle s'en retourna de nouveau. Trois quarts de minute après être rentrée au nid, elle reparut, cette fois avec quinze amies, qui la suivirent un peu plus rapidement que le lot précédent, quoique mollement encore. Peu à peu néanmoins elles arrivèrent, et après les efforts les plus acharnés emportèrent l'araignée par lambeaux. Le 7 juillet, j'essayai la même expérience avec une guerrière de *Pheidole megacephala*. Elle tira sur la mouche pendant plus de cinquante minutes, après quoi elle s'en fut au nid et en ramena cinq amies, tout comme avait fait l'*Atta*[1].

Ces expériences semblent certainement indiquer chez les fourmis quelque chose d'analogue à un langage. Il est impossible de douter que des amies n'aient été amenées par la première fourmi; et, comme elle était retournée au nid les mains vides, les autres n'avaient pu être amenées à la suivre rien qu'en observant ses actes. En présence de faits pareils à ceux-là, peut-on ne point se demander dans quelle mesure les fourmis sont d'admirables automates, dans quelle mesure elles sont des êtres conscients? Quand nous voyons une fourmilière occupée par des milliers d'industrieux habitants qui creusent des chambres, percent des tunnels, font des routes, gardent leurs habitations, accumulent des provisions, nourrissent leurs jeunes, élèvent des animaux domestiques, et dont chacune remplit ingénieusement sa tâche, sans la moindre confusion, il est bien difficile de leur dénier le nom de raison. Toutes les expériences précédentes tendent à confirmer l'opinion que leurs facultés mentales diffèrent de celles de l'homme moins par leur essence que par leur étendue.

Sir John Lubbock[2].

---

1. La *Pheidole* et l'*Atta* sont des espèces de Fourmi.
2. *Fourmis, Abeilles et Guêpes*, t. I, p. 146-149. F. Alcan.

L'Agriculture chez les Fourmis.

La Fourmi dont il s'agit ici a été observée par M. Lincecum, un naturaliste américain, dans le Texas. Cette espèce ne se contente pas de récolter : elle cultive ses plantes...

La Fourmi à laquelle M. Lincecum donne le nom d'Agricole est une grosse espèce d'un rouge brun. Les fourmilières qu'elle bâtit ressemblent intérieurement à nos villes, avec leurs galeries couvertes et leurs rues pavées. C'est une véritable fermière, sobre, frugale, pleine de vigueur, diligente et réfléchie, qui conduit habilement son ménage, et sait s'arranger en conséquence des changements de saison. Lorsqu'elle veut fonder une ville, c'est-à-dire une fourmilière, elle commence par percer le sol verticalement, et les parcelles de terre enlevées servent à construire un rempart ou circonvallation qui défend le ménage commun des insultes et des agressions de l'ennemi. Si le terrain où elle habite est naturellement sec, le rempart circulaire est placé à 1 mètre ou 1 m. 30 du trou, et ne s'élève guère qu'à 0 m. 13 ou 0 m. 16, quelquefois moins. Mais si le sol est humide, ou si, quoique sec au moment où la fourmi commence son travail, il est sujet à être inondé à certaines époques de l'année, le rempart, moins large, prend la forme d'un cône plein, de 0 m. 40 à 0 m. 55 de hauteur, et près du sommet auquel se trouve la porte de la fourmilière.

En dehors et tout autour du rempart, et jusqu'à une distance de 1 mètre ou 1 m. 30, la fourmi déblaye le terrain de ce qui peut l'encombrer ou nuire à sa mise en culture, petites pierres, bûchettes de bois, feuilles mortes, etc. Elle coupe ou extirpe jusqu'au dernier brin d'herbe, à l'exception d'une seule espèce de graminée, dont elle sème les graines, et qu'elle cultive et surveille avec la plus grande assiduité; détruisant, aussitôt qu'elles pointent à la surface du sol, toutes les autres graminées ou plantes d'autres familles, sans jamais les confondre avec celle qui est l'objet de ses soins. Cette dernière pousse avec vigueur et produit une abondante récolte de grains très petits qui, examinés à la loupe, ont la plus grande ressemblance avec ceux du riz du commerce.

Quand la récolte est mûre, les fourmis font leur moisson, enlevant le grain et la paille, sans en laisser un fétu, et rentrent le tout dans leurs greniers souterrains. Là commence un nouveau travail, l'équivalent du battage en grange, mais incomparablement plus parfait, car tous les épis sont épluchés minutieusement un à un. Le grain est ensilé dans un coin préparé pour le recevoir, et la paille reportée au dehors, non pas sur le champ même, ce qui semblerait pourtant d'une bonne pratique agricole, mais au delà de ses limites. Il faut croire que la fourmi ne manque pas de raisons pour rejeter cette paille qui pourrait servir d'engrais.

Malgré tous les soins qu'elle donne à sa provision de grains, il arrive de temps en temps que l'eau des pluies pénètre dans les silos, et que, suivant que le temps est froid ou chaud, le grain pourrit ou entre en germination. La fourmi se hâte alors de profiter du moindre rayon de soleil pour exposer son grain et le sécher. En même temps, elle le purge de tout ce qui a été altéré, ne rentrant dans les greniers que les grains en bon état, et abandonnant les autres aux influences atmosphériques qui achèvent de les détruire.

Pendant douze ans de suite, M. Lincecum a observé cinq de ces villes de fourmis cultivatrices, situées dans un de ses jardins, et toutes les cinq étaient évidemment déjà fort anciennes lorsqu'il prit possession du terrain.

Le petit champ de chaque fourmilière était invariablement semé avec la graminée en question (le *Riz de fourmi*, comme dit M. Lincecum), dans la saison convenable, et tous les ans, vers le 1er novembre, on voyait les jeunes plantes sortir de terre. M. Lincecum certifie à M. Darwin qu'il ne saurait y avoir le moindre doute sur la réalité d'un semis fait avec intention et en toute connaissance de cause par la fourmi; il assure même que les plantes qui succèdent annoncent par leur vigueur et leur abondante fructification une culture très perfectionnée.

C. NAUDIN [1].

La soie.

La Soie, qui est aux matières textiles ce que l'or est aux métaux, est ce fil fin et solide avec lequel plusieurs espèces d'insectes du genre *Bombyx*, à l'état de larves, construisent la coque qui les met à l'abri des agents extérieurs, et dans laquelle elles subissent leurs métamorphoses; c'est surtout le Phalène ou *Bombyx du mûrier* [2], insecte à ailes brillantes et à écailles [3], qu'on élève de préférence pour obtenir ce précieux produit.

Cet insecte, qui se nourrit sur les feuilles du mûrier blanc, est originaire des contrées orientales de l'Asie

---

1. *Revue Horticole*, 1861, p. 285.
2. Le Ver à Soie.
3. Les écailles dont il s'agit ici sont extrêmement petites et ne se voient bien qu'au microscope : on en trouve en grande quantité sur les ailes des papillons ou lépidoptères, et ce sont elles qui donnent à ces insectes leur coloris parfois si brillant.

8.

comme d'ailleurs tous les autres Bombyx producteurs de soie qu'on commence à acclimater en Europe. L'an 2638 avant J.-C., les Chinois apprenaient de la femme de leur empereur Yao l'art d'élever ce ver, et celui d'en approprier les fils à la confection des vêtements. Ce ne fut que longtemps après que ces arts passèrent dans la petite Boukharie, d'où ils pénétrèrent ensuite dans l'Inde, en Perse, et ce ne fut que longtemps après l'ère chrétienne qu'ils furent introduits en Europe.

En Asie, on élève le Ver à soie sur des arbres en plein air; mais en Europe, et surtout en France, on le renferme dans des chambres dites magnaneries, dont on entretient la température entre 15 et 18 . Les œufs, très improprement nommés graines, éclosent à cette température. On place les larves qui en sortent sur des claies garnies de feuilles de mûrier, que l'on renouvelle plusieurs fois par jour. Elles changent quatre fois de peau dans l'espace d'un mois et, après la dernière mue, elles se retirent dans de petites niches de bruyère disposées à cet effet, et s'y filent une coque ou *cocon* où elles s'enferment et dont la matière est la soie.

Elle prennent dès lors le nom de Chrysalide et demeurent dans une parfaite immobilité pendant dix-huit ou vingt jours. Elles se transforment enfin en papillon ou insecte parfaits. Mais on ne laisse parvenir à ce dernier état que celles qui doivent servir à la reproduction de l'espèce. On fait mourir les autres en trempant les cocons dans l'eau bouillante, ou en les exposant à la chaleur d'un four ou d'une étuve; ensuite on les dévide.

Le dévidage s'opère en plongeant les cocons dans de l'eau chauffée à 70° par un courant de vapeur. L'ouvrière saisit un brin de chaque cocon et l'attache à la circonférence d'un rouet. Elle réunit ainsi simultanément sur le même dévidoir de 13 à 15 brins, et même plus, suivant le degré de finesse qu'elle veut avoir, et, comme ils éprouvent une espèce de torsion en se plaçant les uns contre les autres, ils contractent une adhérence parfaite, et ne peuvent plus être séparés; il en résulte un fil unique de soie brute. Cent grammes d'œufs produisent, dans de bonnes conditions, 150 et même, lorsque tout favorise l'éducation, 200 kilogrammes de cocons, en consommant environ 3750 à 5000 kilogrammes de feuilles. Un kilogramme de cocons, comprenant, en moyenne, 586 cocons, il en résulte que 100 grammes d'œufs donnent de 87,900 à 117,200 cocons. Cent kilogrammes de cocons fournissent généralement 8 kilogrammes de soie filée.

La matière de la soie est liquide dans le corps du ver, mais elle se durcit à l'air à mesure qu'elle sort. par une double filière des organes excréteurs placés près de la bouche de la chenille. Les filaments jumeaux que file l'insecte s'agglutinent par le contact et n'en forment plus qu'un. La soie d'un cocon pèse 1 décigr. et demi en moyenne, son fil a une longueur de 230 à 250 mètres, ce qui donne une idée de son extrême ténuité; dans certaines espèces de soie, il n'a pas plus de 18 millièmes de millimètre de diamètre, et possède néanmoins une grande force.

J. GIRARDIN [1].

Le Miel et ses dangers.

Nous avons vu plus haut comment les abeilles emmagasinent le miel pour l'hiver. Il est bon de voir maintenant comment ce miel est produit. Notons en passant que dans

1. *Leçons de Chimie élémentaire*, t. IV, p. 102. G. Masson, Paris.

les pays chauds où il n'y a pas d'hiver rigoureux, les abeilles se dispensent souvent de faire une provision pour cette saison; elle leur serait en effet inutile.

Le Miel, pas plus que le propolis [1], n'est un produit de sécrétion des abeilles. Celles-ci puisent avec leur trompe le nectar dans la corolle des fleurs, l'avalent, l'élaborent dans leur jabot, puis, revenues à la ruche, le dégorgent dans les alvéoles des rayons de cire supérieurs; elles amassent ainsi des provisions dont, pendant la mauvaise saison, elles se nourriront ainsi que les larves.

Le miel est une substance sucrée, entièrement soluble dans l'eau et constituée par le mélange en proportions variables de glycose, de saccharose, de mellose et de mannite [2], le tout dissous ou délayé dans l'eau; il renferme encore un ou plusieurs acides libres, de la cire, et des principes aromatiques complexes, variant avec chaque pays et empruntés aux plantes butinées par les abeilles. L'arome et le goût du miel dépendent, en effet, exclusivement de la nature des plantes qui l'ont fourni. Les Labiées [3] lui communiquent leur parfum, de même que les plantes amères lui donnent leur amertume; l'influence bien connue des saisons sur la qualité du miel s'explique par ce fait. Le miel du mont Hymette doit son antique célébrité aux Labiées qui croissent sur cette montagne; celui de la Provence est aromatisé par la Lavande, celui de Narbonne par le Romarin, celui de Reggio, de Valence et de Cuba par l'Oranger. En revanche, le miel de Bretagne et de l'Allemagne du

1. Le *Propolis* est une matière résineuse que les abeilles mélangent à la cire avec laquelle elles fabriquent les alvéoles où s'amasse le miel.

2. Ces noms indiquent différentes variétés de sucres produits par les végétaux.

3. Famille de plantes à laquelle appartiennent la Lavande, le Thym, le Romarin et autres espèces aromatiques.

Nord doit sa teinte foncée et son goût médiocre au Sarrasin et à la Bruyère. L'If est accusé par Virgile, le Buis par Pline, l'Absinthe par Dioscoride, de donner du miel de mauvaise qualité. Olivier de Serres adresse le même reproche à l'Orme, au Genêt, à l'Euphorbe et à l'Arbousier. Le miel peut d'ailleurs être doué de propriétés toxiques, s'il a été recueilli sur des fleurs vénéneuses. Xénophon et Diodore de Sicile rapportent que, pendant la retraite des Dix Mille, des soldats s'arrêtèrent à Trébizonde, en Colchide, et furent pris d'une sorte d'ivresse furieuse, après avoir mangé du miel. Tournefort a été témoin de faits semblables dans cette même contrée : il les attribue à l'*Azalea Pontica* et au *Rhododendron Ponticum* ; Labillardière incrimine plutôt la Ciguë du Levant.

En Europe, l'intoxication par le miel n'est pas rare. Haller parle de deux bergers des Alpes qui moururent pour avoir mangé du miel puisé sur les fleurs d'Aconit. Des faits du même ordre sont signalés en Amérique et ailleurs. L'ingestion du miel recueilli par des insectes autres que les abeilles n'est pas non plus sans danger. Seringe dit que deux vachers suisses furent gravement malades, et l'un d'eux mourut, après avoir fait usage de miel de *Bombus terrestris* [1], récolté sur *Aconitum napellus* et *A. lycoctonum*. Au Brésil, Aug. de Saint-Hilaire fut en proie pendant plusieurs heures à un violent délire, après avoir avalé deux cuillerées à café d'un miel recueilli par une guêpe (du genre *Polistes*) sur une Sapindacée (*Paullinia anthalis*.)

R. BLANCHARD [2].

---

1. Les abeilles proprement dites ne sont pas les seuls insectes qui produisent du miel : certaines guêpes et quelques Bourdons en fabriquent également.

2. *Traité de Zoologie Médicale*. t. II, p. 608. J.-B. Baillière. 1890.

Les Araignées aéronautes.

L'homme n'est pas seul, entre les êtres qui peuplent le globe, à se montrer mécontent des moyens de locomotion que la nature lui a départis : il est d'autres esprits chagrins qui, comme lui, rêvent d'avoir des ailes, et de se mouvoir loin de terre, au milieu des airs. De ce nombre sont les araignées, animaux sagaces et curieux. Bien avant l'homme, elles ont su se construire des ballons, et s'en servir pour voyager. Assurément leurs appareils sont rudimentaires, mais, tels qu'ils sont, l'intérêt en est grand, et en somme l'utilité en est incontestable.

Mais, demandera-t-on, quel besoin les araignées peuvent-elles avoir de quitter le sol? Elles ne font point de recherches scientifiques sur la couche atmosphérique qui nous baigne : cherchent-elles des émotions nouvelles, des jouissances artistiques? A cela je ne répondrai point, n'en sachant rien. Il est cependant un but qui est atteint par cette habitude, si ce n'est celui qui est poursuivi. En se fabriquant ainsi leurs ballons, les araignées dont il s'agit favorisent leur propre dispersion à la surface du sol : au lieu de demeurer agglomérées ensemble, et par là, de risquer d'encourir la famine, elles ont avantage à occuper un territoire plus grand parce qu'il leur est plus aisé d'y trouver à se nourrir, et l'espèce qui possède cette aptitude à se répandre au loin présente évidemment plus de chances de survivre dans la lutte pour l'existence. Voilà, sinon le but, du moins l'utilité principale du phénomène dont il s'agit. Et maintenant venons-en à ce dernier.

Les aérostats dont il s'agit sont bien connus de chacun : ce sont ces *fils de la Vierge* qui, vers l'au-

tomne, emplissent l'air; dans les villes mêmes on en
peut voir des quantités qui flottent, tantôt tombant
avec lenteur, tantôt montant dans les bouffées d'air
échauffé, et, avec le vent, courant à des hauteurs souvent très considérables. Ces fils sont fabriqués par
certaines espèces d'araignées, comme le savent sans
doute mes lecteurs : nous dirons tout à l'heure comment. Quelques chiffres seront utiles pour indiquer à
quel point ces aérostats sont efficaces, dans quelle
mesure ils peuvent favoriser la dispersion et le transport des araignées. Darwin dit, dans son *Voyage d'un
Naturaliste*, qu'à 96 kilomètres de terre, à l'embouchure de la Plata, le navire se trouva entouré d'une
quantité de ces fils de la Vierge, et ces fils venaient
de terre naturellement. Le vent était très léger en ce
moment, et il est évident qu'avec une brise plus forte.
les mêmes araignées auraient pu être transportées à
une distance double. Cent ou deux cents kilomètres,
c'est beaucoup pour une petite araignée, et quand elle
peut franchir cette distance en quelques heures elle
doit se dire qu'en somme elle réussit assez bien dans
l'aéronautique. Il est vrai que parfois elle va à la
mer, mais elle y a une supériorité sur l'homme; elle
marche sur les flots, à son aise, grâce à la structure
de ses pattes, ce à quoi l'homme n'est pas apte. De
nombreux observateurs, sur divers points du globe,
en Europe et en Amérique par exemple, ont étudié le
phénomène dont il s'agit, et ont vu l'air se remplir de
cette sorte de pluie d'araignées et de fils de la Vierge.
M. Blackwall, il y a près de soixante ans déjà, a fait
sur ce sujet d'intéressantes observations. Se promenant
un jour d'automne aux environs de Manchester, dans
le milieu de la journée, il remarqua que les champs
et les haies étaient remplis d'araignées et de fils
brillants et nombreux : il ne pouvait marcher dans

l'herbe sans que ses chaussures fussent en peu de temps recouvertes d'abondantes toiles entre-croisées. C'est durant la matinée de ce jour que toiles et araignées avaient fait leur apparition ; la veille, elles ne s'y trouvaient point, non plus qu'au matin. S'arrêtant à considérer ce phénomène, Blackwall s'aperçut que les fils ne restaient point à terre : du sol s'élevaient des quantités de longs filaments blancs formant par leurs enchevêtrements des sortes de lambeaux légers, ayant jusqu'à 1 m. 50 de long, et plus encore, et larges à leur base de plusieurs centimètres ; ils diminuaient de largeur à mesure qu'ils s'allongeaient dans l'air. A mesure que le sol et l'air s'échauffaient sous l'action du soleil, ces lambeaux de toile de toute dimension — ceux dont il vient d'être parlé étaient les plus grands, de beaucoup — se détachaient du sol, et s'élevaient avec l'air chaud, perpendiculairement, de façon à monter à plusieurs centaines de pieds de hauteur.

Plus tard, dans l'après-midi, à mesure que l'échauffement de l'air diminuait, les toiles commençaient à redescendre vers terre. Après avoir regardé les toiles, Blackwall dirigea son attention sur les araignées. Celles-ci couraient à terre par milliers, par multitudes innombrables. et il ne fut point difficile de voir à quoi elles étaient occupées. Elles grimpaient sur tous les objets en saillie, tels que les brins d'herbe, les tiges des buissons, les portes, les murs, les palissades, et une fois arrivées aux points les plus élevés, elles se raidissaient sur leurs pattes étendues toutes droites, elles baissaient la tête en relevant l'abdomen qu'elles dirigeaient, dans une attitude bizarre, vers le ciel, et ainsi posées, elles sécrétaient par leurs filières du fil en abondance. A peine formé, ce fil était dressé verticalement par l'action de la colonne d'air chaud ascendante. Quand ceci n'avait pas lieu, l'araignée, avec ses pattes de derrière, coupait le fil qui restait allongé à terre, reposant sur l'herbe, et y formant des sortes de toiles irrégulières, les fils qui adhéraient aux objets voisins étant inutiles et même nuisibles au but que se proposait l'animal. Quand celui-ci se trouvait avoir sécrété une quantité et un nombre suffisants de fils, et que ceux-ci demeuraient droits, sans s'accrocher aux brins d'herbe, — et c'est pour éviter ceci qu'il grimpe aux objets élevés, — il lâchait pied, et partait pour son voyage aérien, entraîné par les fils qui étaient emportés par l'air chaud ascendant. C'est donc dans un but bien déterminé, celui d'être transportée au loin par l'air, que l'araignée dont il s'agit sécrète ses fils, et elle fait tout ce qui est en son pouvoir pour assurer la réussite de l'opération. Il suffit de quelques secondes pour que le fil atteigne la longueur d'un mètre, et avec une telle rapidité de production, on conçoit qu'il faille peu de temps pour la sécrétion d'un fil assez long pour entraîner l'insecte. Blackwall a suivi toutes les phases du phénomène, depuis l'ascension sur les objets en saillie jusqu'au départ de l'insecte, jusqu'au « lâchez-tout » qui donne le signal du départ, et nul doute ne peut être élevé sur l'exactitude de ses observations qui ont d'ailleurs été confirmées par différents auteurs. — D'après M. Murray, qui, à son tour, en 1829 (les observations de Blackwall sont de 1826), a étudié ce fait, l'électricité jouerait un rôle considérable dans le phénomène. La colonne ascendante d'air chaud ne serait pas nécessaire à la réussite de l'opération; l'absence, la présence et le sens du vent ou de la brise seraient indifférents, car l'araignée aurait même le pouvoir de faire flotter son fil contre le vent : celui-ci posséderait une force inhérente particulière qui pourrait le diriger en sens inverse du vent, et ce serait de l'électricité. Toutefois ce dernier point est bien douteux, et de nouvelles recherches seraient nécessaires.

Plus récemment, M. Lincecum, le naturaliste américain, mort maintenant, et qui a fait de si curieuses observations sur certaines fourmis du Texas. a recueilli quelques observations au sujet des Araignées aéronautes. Dans leur ensemble, elles confirment celles de Blackwall et de Murray. Il a vu arriver à terre nombre de faisceaux de fils, et dans chacun d'eux il a trouvé une araignée avec une demi-douzaine de petits. C'est généralement à la fin de l'après-midi, quand l'air en contact avec le sol s'y échauffe moins que durant la journée, que l'on voit arriver les filaments : aussitôt qu'ils ont touché terre, ou heurté un buisson ou une branche, tout le petit équipage se hâte d'en sortir : chaque araignée l'abandonne en filant un fil pour ne point tomber brusquement et dès qu'elle a touché terre, elle coupe le fil. Lincecum dit avoir vu de ces filaments à une hauteur de 1 à 200 mille pieds, soit 300 et 600 mètres, et il estime qu'avec un bon vent, ils peuvent franchir de 225 à 275 kilomètres de distance en un seul voyage. Pour lui, ce voyage n'a d'autre but que de favoriser la dispersion de l'espèce, et de permettre aux araignées de coloniser des régions où il leur sera plus aisé de trouver à se nourrir que si elles restaient toutes ensemble. Lui aussi, il a vu des araignées préparer leur départ, et a assisté à la scène qu'a décrite Blackwall : il a vu filer les fils par la mère qui portait sur son thorax ses petits nouveau-nés, et a été témoin de l'enlèvement. Il décrit l'appareil de navigation aérienne comme une sorte de toile allongée et irrégulière; un enchevêtrement de fils lâchement tissés ensemble. Il est un point que Darwin a noté et qui n'a pas été signalé par les autres observateurs; c'est la soif ardente que semblent avoir les voyageuses à leur arrivée à terre; Strack a cependant vu ce fait, et il a remarqué qu'elles boivent avidement les gouttes d'eau qu'elles rencontrent. Le voyage les a altérées, sans doute, l'air étant sec et chaud.

HENRY DE VARIGNY [1].

La Toile de l'Araignée.

Toutes les araignées sont carnivores, et se nourrissent de proies vivantes que certaines d'entre elles attrapent au moyen de leur toile qui n'est autre chose qu'un piège, un filet où viennent s'embarrasser les insectes au vol étourdi. Ils se débattent; mais plus ils s'agitent, et plus ils s'enlacent dans les fils visqueux de la toile; l'araignée achève la capture comme nous l'allons voir.

Sur l'extrémité des branches se tenaient fixement quelques petites araignées tantôt immobiles, tantôt manœuvrant avec activité de leurs pattes postérieures. Une vue exercée, une attention extrême, me devinrent ici plus que jamais nécessaires; mais ce fut sans incertitude et sans équivoque que je les vis ainsi tirer de leurs filières et faire flotter librement dans l'air un écheveau de fils si légers, que le moindre courant, celui de la porte à la fenêtre, les enlevait dans une direction constante. L'animal cependant tirait à lui de temps en temps ce faisceau délicat, le pelotonnant entre ses pattes antérieures et s'assurant ainsi du moment où il s'était fixé au loin sur quelque corps solide. Quand la résistance et la tension lui paraissaient suffisantes, il n'hésitait pas à s'élancer, en

1. *Nature,* 1891. G. Masson.

habile acrobate, sur ce pont presque imperceptible. Il s'élevait ainsi sans support apparent pour un œil peu attentif, et semblait ramer dans l'espace ; mais le fil qu'il doublait par une addition nouvelle en le parcourant, devenait enfin plus visible et pouvait servir avec plus d'efficacité encore à de nouveaux voyages.

C'est de la même manière que sont posés d'un arbre à l'autre, quelquefois à travers un petit cours d'eau, les premiers cordages d'une toile. Puis, allant et venant sur ces traverses, l'araignée fixe à des points voisins d'autres cordages qu'elle écarte avec ses pattes de derrière et qui sont de plus en plus divergents de celui qui lui sert de pont. Enfin, elle croise ces rayons par une spirale lâche, mais provisoire, et destinée seulement à lui servir de support lorsqu'elle veut poser ensuite la spirale définitive.

C'est encore avec leur soie que les aranéides garrottent une proie dangereuse, soit par sa vigueur musculaire et les pointes dont ses membres sont armés, soit par des armes plus redoutables encore, un aiguillon venimeux, ou bien seulement trop incommode à cause du violent trémoussement qu'elle imprime à son corps par l'agitation de ses ailes. L'araignée s'approche avec précaution du prisonnier empêtré sur la toile, se tient à une distance convenable pour ne courir aucun risque, commence même quelquefois son opération par surprise. se laissant tomber, suspendue à un fil, chaque fois qu'elle a subitement jeté sur lui un nouveau lacet, et ne reste à portée de sa proie que quand les entraves sont assez solides pour lui défendre tout mouvement dangereux. C'est à l'aide des pattes que les Epéires jettent ainsi, autour du corps de l'animal capturé, des fils et même de larges rubans ou écheveaux de

soie. Aussi l'ont-elles bientôt emmailloté de toutes
parts; cette conclusion est hâtée encore par une
autre manœuvre; l'araignée roule entre ses pattes
ce corps déjà bien garrotté, le couvrant, à chaque
tour, d'une nouvelle nappe échappée de ses filières
épanouies.

Quand leur victime est rendue ainsi inoffensive, on
les voit, pour plus de sécurité, s'en approcher davantage, la mordre de leurs mandibules à venin; puis,
quand elle a cessé tout mouvement, la détacher de
leur toile et l'emporter toujours dans son linceul jusqu'au centre, où elles la sucent à l'aise. Quelques-
unes laissent ensuite le cadavre suspendu comme
un trophée, mais la plupart le rejettent. Seulement,
si au moment de leur dernière prise elle étaient déjà
occupées à un autre repas, cette provision inattendue
est momentanément suspendue à un fil, et l'on n'y
touche qu'après avoir suffisamment tiré parti du
premier butin. C'est ordinairement l'affaire de quelques heures pour que l'un et l'autre aient été exploités
et rejetés, à moins qu'ils n'aient un très grand volume,
de manière à fournir à la succion pendant une
journée entière.

Après ces repas copieux, l'araignée reste longtemps immobile; elle en fait de même après un repas
médiocre, et ce n'est que la nuit, ou du moins le soir,
qu'elle répare les brèches faites par elle-même ou
par d'autres animaux à sa toile, ou bien qu'elle s'en
fabrique une tout entière dans un autre endroit quand
le dommage est trop considérable.

A. Dugès.

SECTION III

LES POISSONS

Un Poisson qui pêche à la ligne.

Ce poisson est la Baudroie (*Lophius piscatorius*), que l'on rencontre sur toutes les côtes de France, de Vintimille à Cerbère, et des Pyrénées à la Belgique. Elle est fort laide : une tête énorme, difforme, avec un petit bout de corps ridicule : ce qui ne l'empêche pas d'être fort appréciée dans la confection de la bouillabaisse du Midi. Voici ce que dit Lacépède de sa curieuse habitude.

La peau de la Baudroie est molle et flasque dans beaucoup d'endroits; ses muscles paraissent faibles; sa queue, qui n'est ni très souple, ni très déliée, ne peut pas être agitée avec assez de vitesse pour imprimer une grande rapidité à ses mouvements. N'ayant donc ni armes défensives dans ses téguments, ni force dans ses membres, ni célérité dans ses mouvements, la Baudroie, malgré sa grandeur, est obligée d'employer les ressources de ceux qui n'ont reçu qu'une puissance très limitée : elle est contrainte, pour ainsi dire, d'avoir recours à la ruse, et de réduire sa chasse à des embuscades auxquelles d'ailleurs sa conformation la rend très propre. Elle s'enfonce dans la vase, elle se nourrit de plantes marines, elle se cache sous les pierres et les saillies des rochers. Se tenant avec patience dans son réduit, elle ne laisse apercevoir que ses filaments (tiges osseuses situées sur la tête, au-dessus de la bouche, et dont la pre-

mière est terminée par une sorte d'appât en chair et
peau brunâtre, qu'agite le courant, et se mouvant
comme le ferait un ver, par exemple, au bout d'une
ligne) qu'elle agite en différents sens, auxquels elle
donne toutes les fluctuations qui peuvent les faire res-
sembler davantage à des vairons, ou à d'autres appâts,
et par le moyen desquels elle attend les poissons qui
nagent au-dessus d'elle, et que la position de ses yeux
lui permet de distinguer facilement. Lorsque la proie
est descendue assez près de son énorme gueule, elle
se jette sur ces animaux qu'elle veut dévorer, et les
engloutit dans cette grande bouche où une multitude
de dents fortes et crochues les déchirent et les empêchent de s'échapper.

Cette manière adroite et constante de se procurer
les aliments dont elle a besoin, et de pêcher en
quelque sorte les poissons à la ligne, lui a fait donner
l'épithète de Pêcheuse, et voilà pourquoi on l'a nommée
Grenouille pécheuse et Martin pêcheur, en réunissant
les idées que ces habitudes ont fait naître, avec celles
que révèle sa conformation.

De Lacépède.

Le hareng.

Le Hareng est un poisson marin, qui voyage à certaines
périodes en quantités innombrables. La pêche au hareng
occupe des milliers de matelots chaque année; et sur elle
ont été édifiées des fortunes énormes, en Hollande principalement.

Le Hareng habite en grande abondance tout l'Océan
boréal, dans les baies du Groënland, de l'Islande,
autour des îles de la Laponie, des îles Féroé, et sur
toutes les côtes des Iles Britanniques. Il peuple les

golfes de la Norwège, de la Suède, du Danemark et de la mer du Nord. Il existe aussi dans la Baltique, quoique un peu moins salée, dans le Zuyderzée ; puis nous le trouvons dans la Manche et le long des côtes de France jusqu'à la Loire. Mais il ne paraît pas descendre plus bas pour se montrer dans le golfe de Gascogne, car on sait très positivement qu'il ne se trouve pas sur les côtes plus méridionales du royaume, ni sur celles d'Espagne ou de Portugal. Il n'existe pas non plus sur celles d'Afrique.

On a plusieurs observations qui prouvent que notre poisson a été pris dans les fleuves d'Europe. Mais on ne peut dire de lui comme de l'Alose, ou d'autres espèces de genre et de familles différentes, qu'il remonte périodiquement dans les eaux douces.

On a pris du Hareng dans l'Oder à plus de 30 lieues de son embouchure ; en Suède, en Angleterre, on cite des exemples analogues. On en a des preuves pour la Seine, mais les pêcheurs de Rouen ou même de Pont-de-l'Arche remarquent que ces individus ont tous jeté leurs œufs. Ce n'est donc pas comme l'Alose, pour y frayer, que ces poissons entrent dans l'eau douce. Il faut d'ailleurs se méfier beaucoup aussi des assertions diverses sur ces passages naturels du hareng de l'eau de mer dans les eaux douces : ainsi Noël de la Morinière a dit, par exemple, qu'en Écosse certains lacs sont peuplés de Hareng, nommé encore en anglais *Freshwater herring* ; mais depuis, il a été reconnu que ces prétendus harengs d'eau douce sont des Salmoneïdes, voisins du *Salmo muroenula*.

Ces observations ne me font pas cependant mettre en doute des expériences faites par des savants distingués sur la possibilité de maintenir ou, si l'on veut, d'acclimater momentanément des harengs dans l'eau douce. Les expériences anciennes faites en

Europe et en Amérique ont déjà démontré la possibilité de ce changement de séjour, et il y a peu d'années
que ces essais ont été répétés avec succès en Écosse
par M. Mac-Culloch. Si les harengs ne se montrent
que rarement aujourd'hui et par exception dans la
basse Seine, il y a lieu de croire cependant qu'autre-
trefois ils y entraient régulièrement et en abondance
et même dans les affluents de ce fleuve ; des passages
d'anciennes chartes prouvent que des monastères
recevaient pour prix de dîme la quantité suffisante
de harengs pour la nourriture du couvent pendant
le carême, des produits de la pêche de ce poisson
faite dans la Rille jusqu'à Pont-Audemer.

Une opinion assez singulière s'est fort accréditée
chez les pêcheurs. J'ai été plusieurs fois consulté sur
cette assertion. On dit que le Hareng vit d'eau pure ;
ceux qui ont observé un peu plus attentivement y
trouvent quelquefois un peu de vase. Mais cette assertion n'est pas plus fondée que la plupart des autres
contes plus ou moins extraordinaires que l'ignorance
se plaît à débiter sur un poisson qui étonne par son
extrême fécondité, par ses apparitions régulières en
bandes innombrables, et que l'homme poursuit avec
activité au milieu des dangers de la mer.

Le Hareng se nourrit de petits crustacés, de poissons qui viennent de naître, du frai même de ses
semblables, et dans le Nord on profite de l'avidité du
Hareng pour le pêcher à la ligne.

On amorce les haims[1] avec des Annélides[2] ou d'autres petits morceaux de chair. On a découvert depuis
longtemps sur les côtes de la Suède que les endroits
où l'on jette le marc de hareng soumis à la pression
nécessaire pour en extraire l'huile employée dans ces

1. Ou hameçons.
2. Différentes espèces de vers de mer.

pays, sont beaucoup plus abondants en harengs, à cause de l'espèce d'appâts qu'on leur donne ainsi.

La fécondité si admirable et si inépuisable de ce poisson a donné lieu à plusieurs remarques importantes pour l'histoire. On sait qu'il y a beaucoup plus de femelles que de mâles, et dans le rapport de 7 à 3. Quant au nombre des œufs contenus dans leurs ovaires et pondus chaque année lorsque les ovaires se vident, plusieurs auteurs le font varier, suivant la grosseur des individus, entre 21,000 et 36,000 en nombre rond. Block élève ce nombre à 68,000. Tout considérables que nous paraissent ces chiffres, si l'on se rappelle ceux que présentent plusieurs autres espèces, ils paraîtront alors très faibles, puisque l'on porte à un million le nombre d'œufs pondus par une seule morue; mais dans ces genres le nombre des femelles est à peu près égal à celui des mâles. Dans certaines contrées du Nord, où il est très abondant, on l'emploie pour la nourriture des vaches et aussi pour engraisser les porcs, mais cette nourriture donne un goût désagréable à la chair de ces pachydermes.

VALENCIENNES [1].

Un poisson électrique

La Torpille, le Gymnote, et quelques autres poissons jouissent de la faculté de produire, dans le corps de celui qui les touche, une commotion électrique très sensible, et dans quelques cas véritablement dangereuse. Ils ont, sur les « femmes torpille », que chacun a pu voir dans les foires, un avantage marqué : tandis que la femme électrique doit sa particularité à un artifice vulgaire, à une simple machine électrique sur laquelle elle repose, et qui

1. Article HARENG du *Dictionnaire d'histoire naturelle* de d'Orbigny. Le Vasseur et Cie, Paris.

est cachée au spectateur confiant, les poissons dont il s'agit portent leur pile électrique en eux-mêmes, et possèdent dans leur corps, un organe tout particulier qui fabrique l'électricité, laquelle est déchargée sous l'influence de la volonté. Cet « organe électrique » a été souvent étudié par les physiologistes. Le Gymnote habite l'Amérique du Sud, il a la forme d'une anguille, et en déchargeant son appareil il paralyse ou tue les poissons d'espèces différentes qui sont autour de lui, et s'en empare aisément. On l'emploie parfois à un curieux usage : il sert à dompter les chevaux sauvages, et d'autre part on utilise les chevaux pour attraper les gymnotes : les Indiens appellent cela « pêcher avec des chevaux ».

Nous eûmes de la peine à nous faire une idée de cette pêche extraordinaire, mais bientôt nous vîmes nos guides revenir de la savane, où ils avaient fait une battue de chevaux et de mulets non domptés. Ils en amenèrent une trentaine qu'on força d'entrer dans la mare. Le bruit extraordinaire causé par le piétinement des chevaux fait sortir les poissons de la vase et les excite au combat. Les anguilles (Gymnotes), jaunâtres et livides, semblables à de grands serpents aquatiques, nagent à la surface de l'eau et se pressent sous le ventre des chevaux et des mulets. Une lutte entre animaux d'une organisation si différente offre le spectacle le plus pittoresque. Les Indiens munis de harpons et de roseaux longs et minces ceignent étroitement la mare ; quelques-uns d'entre eux montent sur les arbres dont les branches s'étendent horizontalement au-dessus de la surface de l'eau. Par leurs cris sauvages et la longueur de leurs joncs ils empêchent les chevaux de se sauver en atteignant la rive du bassin. Les anguilles, étourdies du bruit, se défendent par la décharge réitérée de leur batterie électrique. Pendant longtemps elles ont l'air de remporter la victoire. Plusieurs chevaux succombent à la violence des coups invisibles qu'ils reçoivent de toutes parts dans les organes les plus essentiels de la vie; étourdis par la force et la fréquence des commotions, ils disparaissent sous l'eau. D'autres, haletants, la crinière hérissée, les yeux hagards, exprimant l'angoisse, se relèvent et cherchent à fuir l'orage qui les surprend. Ils sont repoussés par les Indiens au milieu de l'eau. Cependant un petit nombre parvient à tromper l'active surveillance des pêcheurs. On les voit gagner la rive, broncher à chaque pas, s'étendre dans le sable, excédés de fatigues, et les membres engourdis par les commotions électriques des Gymnotes. En moins de cinq minutes, deux chevaux étaient noyés. L'anguille ayant 5 pieds de long, et se prenant contre le ventre des chevaux, fait une décharge de toute l'étendue de son organe électrique. Elle attaque à la fois le cœur, les viscères et le plexus cœliaque des nerfs de l'abdomen. Il est naturel que l'effet qu'éprouvent les chevaux soit plus puissant que celui que ce même poisson produit sur l'homme lorsqu'il ne le touche que par une des extrémités. Les chevaux ne sont probablement pas tués, mais simplement étourdis. Ils se noient, étant dans l'impossibilité de se relever, par la lutte prolongée entre les autres chevaux et les gymnotes. Nous ne doutions pas que la pêche ne se terminât par la mort successive des animaux qu'on y emploie. Mais peu à peu l'impétuosité de ce combat inégal diminue; les gymnotes fatigués se dispersent. Ils ont besoin d'un long repos et d'une nourriture abondante pour réparer ce qu'ils ont perdu de force galvanique.

TODD [1].

1. Les gymnotes une fois épuisés de la sorte, on les prend aisément et

Le Poison des Anguilles.

Il y a des poissons *venimeux*, c'est-à-dire pourvus d'un appareil à venin, comme le Scorpion, la Guêpe et les Araignées; et il y a des poissons *venéneux*, qui n'ont point de venin, que nous sachions, mais dont la chair est toxique, et ne peut être consommée sans danger. Comme les Moules, certaines espèces de poissons sont toxiques à l'occasion, sous l'influence de causes qui nous échappent.

On a vu parfois l'ingestion de la chair des Murénides[1] déterminer des accidents. Moreau de Jonnès en cite des cas pour le Congre, Chevallier et Duchesne pour le Congre et l'Anguille, Anderson pour le Congre, et Tybring pour la Murène.

A. Mosso, de Turin, a reconnu que le sérum du sang de ces mêmes poissons a un goût particulier; une goutte mise sur la langue donne un goût légèrement salé; un moment après, on perçoit confusément une saveur alcaline[2]; au bout de dix à trente secondes, plus rarement au bout d'une à deux minutes, on sent enfin une impression de cuisson et un goût âcre, analogue à celui du phosphore ou de la bile. Si on introduit dans la bouche non plus une, mais plusieurs gouttes, on éprouve une irritation très désagréable qui dure longtemps.

L'*ichthyotoxine* ou poison du sang des Murénides est un poison des plus énergiques. Il suffit d'injecter un demi-centimètre cube de sérum[3] d'anguille dans

sans inconvénients : ils ne déterminent plus de secousses, pendant un certain temps au moins.

1. Famille de poissons à laquelle appartiennent la Murène, l'Anguille, le Congre, etc.

2. Saveur de la lessive de potasse ou de soude.

3. Le *sérum* est la partie liquide du sang; c'est le sang privé des globules qu'il renferme et d'une substance particulière, coagulable, la *fibrine*, qui contribue à former le caillot du sang sorti des vaisseaux.

la veine jugulaire d'un chien de 15 kilos pour tuer celui-ci dans l'espace de sept minutes. Une dose de deux dixièmes de centimètre cube par kilogramme d'animal est suffisante pour amener la mort, en sorte que, malgré la petite quantité de sang dont elle est pourvue, on peut dire qu'une Anguille du poids de deux kilogrammes possède assez de poison pour tuer *dix hommes*.

R. BLANCHARD [1].

Vieux comme une Carpe.

Cela se dit parfois, mais cela ne signifie pas grand chose en réalité. Sans doute, on nous a cent fois raconté que les Carpes de Fontainebleau virent François 1er, et que les belles dames de sa cour leur ont jeté du pain il y aura bientôt deux siècles ; on nous a dit que celles de Chantilly connurent le grand Condé ; Buffon nous a raconté avoir vu des Carpes de cent cinquante ans, et bien d'autres choses encore... La vérité est que les carpes de François 1er ont été dévorées par le peuple en 1848, en 1830, en 1789, et bien avant, et que dans aucun des cas dont il s'agit on n'a la moindre certitude. Bien plus, en aucun cas il n'est probable que la légende soit exacte. Il faut donc renoncer à l'idée très répandue de la longévité extraordinaire des Carpes, et ce serait déjà superbe de pouvoir prouver que ces poissons atteignent seulement l'âge de cent ans.

HENRY DE VARIGNY.

---

1. *Traité de Zoologie Médicale.* t. II, 1890, p. 661. J.-B. Baillière. On peut ajouter que le sang de la plupart des autres poissons doit posséder la même propriété. Mais il convient d'ajouter que la propriété toxique de la chair des poissons vénéneux est probablement due à quelque autre circonstance. La cuisson détruit la toxicité du sang, alors qu'elle laisse

Les poissons des volcans.

En 1803 le grand naturaliste de Humboldt assista à une éruption du Cotopaxi dans les Andes du nord de l'Amérique. Le volcan, comme de coutume, rejeta une grande quantité de matières, et entre autres beaucoup d'eau et de boue. Cette eau, à la grande surprise du naturaliste, contenait... des poissons, de l'espèce *Argas cyclopeum*, parfaitement vivants et frétillants, mais fort émus du voyage aérien qu'ils avaient eu à faire : il est du moins permis de le supposer. On ne saurait croire que ces poissons viennent de la profondeur de la terre, où la chaleur ne leur permettrait point de vivre; et il faut chercher une autre explication. Cette explication est probablement la suivante. Ces poissons doivent vivre dans les lacs situés sur le flanc de la montagne, et quand le volcan se met à fonctionner, il détermine des fissures; les eaux des lacs s'échappent par les fissures vers le volcan qui les rejette en l'air avec leur contenu vivant. En tous cas il est singulier de voir vomir des poissons par un volcan. Du reste le fait a été observé pour d'autres volcans encore, et tout récemment.

HENRY DE VARIGNY.

La pêche et l'industrie de la Sardine.

La Sardine se prend partout au moyen de grands filets, dont la forme et les dimensions varient selon les pays. Ceux dont on fait usage à Concarneau sont

subsister celle de la chair, quand il s'agit d'une espèce vénéneuse. Le fait que le sang est toxique ne doit donc inspirer aucune crainte aux amateurs nombreux de la chair de poisson.

rectangulaires, d'une longueur de vingt ou trente mètres, sur six ou huit mètres de hauteur. Ils sont généralement confectionnés par les femmes des pêcheurs au moyen d'un fil de chanvre aussi ténu que possible, afin que les poissons ne le voient pas ; la tête du filet, c'est-à-dire son bord supérieur, est muni de flotteurs de liège ; son bord inférieur porte une forte ralingue de chanvre, dont le poids suffit pour assurer au filet immergé une station verticale. Il est lentement descendu à l'arrière du bateau, celui-ci étant tenu debout au vent, à l'aide des avirons. Rien ne presse : il faut procéder méthodiquement afin que le filet s'étale pleinement dans la prolongation de l'axe du bateau. Lorsque le poisson se trouve près de la surface, le simple mouvement du bateau et celui des embarcations voisines suffit pour l'effrayer et le pousser dans le filet. Ce cas est exceptionnel cependant. Presque toujours la Sardine flotte à quelques mètres de profondeur. Il s'agit alors de la faire lever, c'est-à-dire de l'attirer au niveau du filet. On emploie dans ce but deux sortes d'appâts, que le patron lance par poignées, tantôt d'un côté du filet, tantôt de l'autre, selon la direction des Sardines.

Le premier appât, et de beaucoup le meilleur, est une pâtée épaisse, composée de *rogue* ou œufs de morue desséchés, mélangés en proportion variable avec de la farine d'arachide.

La rogue est préparée en grand sur les côtes de Norwège ; elle est fort coûteuse, c'est là son grave défaut. Elle se vend par petits barils, du poids de 133 kilogrammes et du prix de 40 ou 80 francs. Le contenu d'un baril ne sert en moyenne qu'à quatre coups de filet. Le second appât, beaucoup meilleur marché et qui présente l'avantage de pouvoir être préparé sur place, consiste en débris hachés de poissons et de crustacés, de chevrettes surtout. Les Sardines sont particulièrement friandes de la rogue : elles montent impétueusement pour la happer, et rencontrent le filet dans lequel elles se maillent, c'est-à-dire engagent leur tête dans les mailles d'où elles ne peuvent plus la retirer, le bord libre des opercules s'opposant à un mouvement de retour.

Le spectacle est fort intéressant : des milliers d'écailles détachées de la peau fine et délicate des sardines recouvrent l'eau tout autour du filet, des reflets argentés jaillissent des profondeurs qui accusent la détresse des pauvres petites bêtes. Elles se débattent vainement et ne tardent pas à mourir. Lorsque le filet est à peu près rempli, le patron donne un signal, et alors chacun s'aide pour le retirer, le déchargeant, au fur et à mesure, des Sardines captées.

La plus grande partie des Sardines est transportée toute fraîche dans les usines où se préparent les conserves à l'huile, les *Sardinières*, comme on les appelle dans le pays. Cependant, bon nombre d'entre elles sont immédiatement salées et expédiées le jour même à Paris, par le train de marée. Le lendemain matin, elles figurent sur le marché des Halles. Des femmes les enserrent dans des paniers d'osier, où elles entrent par centaines, et ce travail se fait en plein air sur les quais de la ville, se prolongeant quelquefois fort tard, à la lueur des chandelles.

Les usines présentent à peu près toutes les mêmes caractères, le mode de préparation de la matière première variant peu de l'une à l'autre. Des femmes, dans la plupart des cas, y sont employées. Elles commencent par l'*étêtage* des sardines. D'un seul coup de couteau, elles leur enlèvent en même temps la tête et les principaux viscères, intestin, cœur, foie. La sardine ainsi nettoyée est immergée dans la saumure, solution saturée de sel marin; elle y reste un temps qui varie selon ses dimensions, mais n'excède pas deux ou trois jours. Après quoi, on la lave à grande eau, et on la fait sécher au soleil sur des grils en fil de fer, spécialement construits dans ce but. Cette phase de la préparation est très importante, elle précède nécessairement l'huilage; en temps de pluie on y emploie la chaleur artificielle.

Les poissons desséchés jusqu'à un certain degré que l'expérience apprend à connaître, sont plongés dans l'huile bouillante, puis arrangés par une multitude de mains féminines dans des boîtes de fer-blanc préparées *ad hoc*, dans un atelier de ferblanterie, attaché généralement à l'usine même.

Les boîtes sont alors transportées sous les robinets par lesquels l'huile s'écoule et, lorsqu'elles en sont remplies, on les ferme; la qualité de la Sardine conservée dépend de celle de l'huile dont on fait usage; dans les grandes fabriques, on emploie toutes espèces d'huiles, depuis les plus fines jusqu'aux plus ordinaires. C'est l'élément qui fait le plus varier le prix de la boîte. La rapidité avec laquelle opèrent les soudeurs dans la pose du couvercle est admirable; les visiteurs des sardineries en sont toujours émerveillés.

Enfin, les boîtes hermétiquement closes, sont soumises à un dernier traitement, le cuitage, qui est la condition *sine qua non* de la bonne conservation des sardines, c'est une sorte de stérilisation par la chaleur, dont les friteurs avaient empiriquement reconnu la nécessité, longtemps avant qu'on parlât de microbes. Et de fait, il s'agit de détruire les germes de la putréfaction, les micro-organismes contenus dans l'huile adhérents aux parois de la boîte ou à la surface des poissons, et dont le développement entraînerait à coup sûr la décomposition du produit [1].

Les boîtes sont plongées dans un bain d'huile chauffée à 120° centigrades, ou plus simplement dans un bain d'eau bouillante, ce qui suffit, paraît-il ; elles y demeurent pendant une heure ou deux, les grosses boîtes plus longtemps que les petites, car il est indispensable que la chaleur pénètre jusqu'au centre.

Du même coup, on vérifie par là la fermeture des boîtes. Sous l'influence de l'élévation de la température, leurs minces parois métalliques se soulèvent, la face extérieure devient convexe ; en se refroidissant, elles reprennent peu à peu leur forme primitive. Les boîtes qui ne se bombent pas à chaud sont percées d'un trou ; il existe assurément, sur leurs bords soudés, une fissure invisible, microscopique, mais suffisante toujours pour qu'à la longue, leur contenu se gâte ; aussi sont-elles soumises à une nouvelle soudure.

Finalement, les boîtes, rassemblées par ordre de grandeur, et selon la qualité de leur huile, prennent place dans les magasins. Durant les mois de grande production, les mois d'été sur les côtes de Bretagne, les boîtes de sardines s'y entassent par milliers, par centaines de milliers, qui ne tardent pas à être exportées dans tous les pays du monde.

E. YUNG [2].

Les poissons qui marchent.

Les poissons marcheurs et qui quittent la mer pour aller se promener sur terre, ne sont pas nombreux : il en existe cependant. Le plus intéressant est sans doute le

---

1. La température de 100°, 110°, ou 120° centigrades détruit en effet la plupart et même la totalité des microbes et des germes répandus dans l'air et sur tous les objets, et empêche la décomposition ou putréfaction.
2. *Propos Scientifiques.* p. 204-212. 1890. Paris, Reinwald.

Protoptère (*Protopterus annectens*), qui vit en Sénégambie et dans quelques autres parties de l'Afrique, et qui présente la singulière — et très utile — habitude de s'enfouir dans la vase au milieu de laquelle il sécrète une sorte de cocon, pour se protéger contre la chaleur et le desséchement. Le Protoptère n'a pas de pattes véritables, mais ses nageoires peuvent en tenir lieu dans une certaine mesure. — Le Périophthalme, qui vit dans l'océan Indien et le Pacifique, est mieux doué sous ce rapport : ses nageoires antérieures lui servent de bras, ou pattes de devant ; il les emploie constamment à sortir de l'eau ou à faire la chasse sur la vase ou au milieu des cailloux. C'est à cette dernière espèce (*Periophthalmus Koelreuteri*) que se rapportent les lignes qui suivent.

J'ai trouvé ces étranges poissons seulement dans les eaux saumâtres, près de l'embouchure des rivières et dans leurs bras latéraux, jamais dans les lagunes salées ; ils paraissent se complaire près des forêts de palétuviers. Sur la côte de Loango, par les temps calmes et à marée basse, on peut les voir par douzaines sur la plage toute humide, étendus le plus habituellement sous les palétuviers, évitant les fonds desséchés, ainsi que ceux dans lesquels pousse l'herbe en abondance. Lorsqu'ils ne sont pas poursuivis, ils sautillent en arquant et en détendant leur corps, ils se précipitent en avant par de petits sauts, et peuvent ainsi parcourir une étendue considérable sur la vase humide ; on les voit parfois sautiller et se poursuivre entre eux. Parfois l'un d'eux s'élance sur une racine de palétuvier et s'y cramponne. J'avoue n'avoir jamais pu voir comment font ces animaux pour grimper ; mais, comme ils se tiennent seulement sur les racines les plus faibles, je pense qu'ils se soulèvent comme sur le sol par la fin des nageoires. J'ai observé que lorsqu'ils sont effrayés, ces animaux peuvent se laisser tomber sur le sol de près d'un mètre de hauteur; j'ai acquis la conviction qu'ils peuvent rester plusieurs heures hors de l'eau. Les Périophthalmes sont, du reste, assez craintifs; ils se mettent en garde d'une manière assez curieuse, en se soulevant sur les nageoires pectorales : si l'on ne bouge pas, mais qu'on les effraye en sifflant ou en produisant un bruit quelconque, ils fuient par des bonds rapides et s'empressent de gagner l'eau dans laquelle ils disparaissent; en sautant ils parcourent le double et même le triple de la longueur de leur corps, parfois même davantage. Dans leur fuite précipitée, c'est en sautant qu'ils traversent les flaques d'eau peu profondes, dans lesquelles ils pourraient parfaitement nager; ils produisent ainsi un clapotement tout particulier, surtout lorsqu'ils sont en certain nombre. Il est difficile de se procurer des Périophthalmes, tellement ils sont agiles; les jeunes nègres s'amusent à les chasser à coups de petites flèches, et nous pûmes par ce moyen nous procurer plusieurs de ces poissons légèrement blessés : ils sautillaient encore très allégrement.

PÉCHUEL-LOESCHE [1].

La vessie natatoire des poissons.

La vessie natatoire est une sorte de poche allongée de forme et de dimensions très variables, qui se trouve dans l'abdomen de certains poissons. Elle communique plus ou moins avec le tube digestif et ne renferme que de l'air. Cet air, d'après les plus récentes recherches, est fabriqué, produit par les parois de la vessie. Cuvier va nous dire à quoi sert cette dernière.

---

1. Cité par M. E. Sauvage, dans *Les Poissons*, Brehm, édition française, p. 310; J.-B. Baillière.

Une des singularités les plus remarquables de l'histoire de la vessie natatoire, est celle qu'elle existe dans certaines espèces du même genre, et qu'elle manque dans d'autres. Ces observations infirment, à notre avis, parmi plusieurs autres, l'importance qu'on a voulu lui donner dans la vie des poissons, en lui faisant jouer un rôle essentiel dans la respiration ; elles prouvent au contraire que la vessie natatoire ne doit être considérée que comme un organe accessoire et indirect de mouvement, dont la présence indique une perfection de plus, et dont le défaut peut être compensé par d'autres moyens. On aurait tort, conséquemment, de conclure, dans tous les cas, que les mouvements particuliers qu'elle favorise doivent être mal exécutés par les poissons qui ne l'ont pas. Ceux qui présentent à l'eau une large surface, tels que les Pleuronectes, les Raies, etc., peuvent se passer facilement de ce moyen ; il pourrait aussi être remplacé très avantageusement par une grande force dans les muscles de la queue, comme chez les Squales, les Scombres, etc. Lorsque l'une et l'autre de ces compensations manquent, le poisson qui en est privé est évidemment destiné à nager au fond des eaux, et même à s'enfoncer dans la vase : telles sont les Baudroies, etc. La vessie natatoire est située dans l'abdomen, contre les vertèbres dorsales, où elle cache ordinairement une partie des reins ; mais la manière dont elle est fixée dans cette position n'est pas toujours la même. Son volume proportionnel dans les différentes espèces confirme les réflexions que nous avons faites plus haut sur ses usages. Lorsqu'elle existe dans les poissons qui ont les mœurs que nous venons d'indiquer, c'est-à-dire qui vivent au fond des eaux et s'élèvent peu vers leur surface, elle est généralement très petite ; les Anguilles, etc., nous en fournissent plusieurs exemples ; elle a au contraire un très grand volume dans ceux qui ont besoin de nager avec vitesse, dans tous les sens pour atteindre leur proie, ou pour se soustraire à leurs ennemis. Son plus grand développement est même évidemment en rapport, dans quelques cas, avec le poids ou plutôt avec la pesanteur spécifique plus considérable de l'animal.

Le plus général des moyens de diminuer le volume de la vessie natatoire qui font partie de l'organisme du poisson est sans doute l'action des grands muscles latéraux, qui peut avoir pour effet de comprimer cette vessie et de diminuer sa capacité, soit en changeant simplement sa forme arrondie en une forme angulaire, soit en chassant par son canal excréteur. lorsqu'il existe, une partie de l'air qu'elle contient.

Mais, outre ce moyen extérieur, quelques poissons paraissent en avoir d'autres qui appartiennent à cet organe. Il est pourvu, dans quelques cas, d'une ou de plusieurs paires de muscles, dont les fibres parallèles descendent sur les côtés de la vessie natatoire, et se terminent à sa face inférieure. Dans d'autres cas, qui ne s'observent que lorsque la vessie natatoire est pourvue d'un canal aérien, elle a dans la composition de ses propres parois, des fibres musculaires plus ou moins sensibles et puissantes, propres à les contracter et à diminuer son volume.

Lorsqu'on crève la vessie natatoire, le poisson ne peut plus s'élever dans l'eau, et il se tient toujours couché sur le dos. Il en résulte que cette vessie donne au dos la légèreté convenable pour qu'il demeure en haut, et que dans son état de plus grande extension elle rend le corps entier du poisson assez léger pour s'élever dans l'eau. Il y a même des poissons dans lesquels la chaleur la dilate tellement que, lorsqu'ils sont restés quelque temps à la surface de l'eau à un soleil ardent, ils ne peuvent plus la comprimer assez pour redescendre [1]. Mais, dans l'état ordinaire, le poisson la comprime précisément au degré qu'il faut pour être en équilibre avec l'eau, lorsqu'il veut demeurer dans un plan horizontal; il la comprime encore davantage, lorsqu'il veut s'enfoncer.

Cette compression a lieu au moyen des muscles latéraux du corps, qui tendent à rétrécir cette vessie en l'allongeant. Alors, sous une surface égale, elle renferme moins de capacité, puisqu'elle s'éloigne davantage de la forme sphérique. Les poissons qui n'ont point de vessie natatoire ont beaucoup moins de moyens de changer leur hauteur dans l'eau. La plupart restent au fond, à moins que la disposition de leur corps ne leur permette de frapper l'eau de haut en bas avec beaucoup de force : c'est ce que font les *raies* avec leurs vastes nageoires pectorales, qui portent avec raison le nom d'ailes, puisque le moyen que ces poissons emploient pour s'élever est absolument le même que celui des oiseaux.

CUVIER [2].

Un brigand d'eau douce : l'Epinoche.

L'Epinoche est connue par l'habitude qu'elle a de se construire un nid d'algues et de plantes aquatiques où elle élève ses petits. Mais à côté de ce trait rare parmi les poissons et qui lui concilie les sympathies, elle présente un caractère fort agressif et belliqueux qui justifie amplement le titre peu flatteur que nous lui avons attribué.

---

1. C'est aussi ce qui arrive pour les poissons des eaux profondes qui ont l'imprudence de s'approcher de la surface : leur vessie natatoire soumise à une pression moindre se dilate, et souvent éclate, tuant l'animal. (H. de V.)

2. *Leçons d'Anatomie Comparée*, t. III, p. 588-593, et t. I, p. 239. (3e édition, 1836.)

Malheur aux mollusques que rencontre l'Epinoche,
s'ils ne cherchent point une prompte retraite au
fond de leurs coquilles. Le grand Scarabée d'eau
(Dytiques et Hydrophiles) lui-même est obligé de
rebrousser chemin s'il ne veut point subir l'indignité
d'avoir ses cornes brisées, et son dos frappé chaque
fois qu'il change de quartier. Plongeons un ver dans
l'aquarium, toute la bande le flaire simultanément;
le premier venu l'avale autant que le permet la
capacité de ses voies digestives, et s'éloigne comme
un trait de ses camarades envieux, en ruant comme
un lièvre, mais en vain : un plus grand et plus fort
de la famille est là qui le guette. Il a vu une queue
tordue et inabsorbée se tortiller hors de la bouche
de son camarade. Cette queue, il l'empoigne sans
scrupule, puis part à toute vitesse traînant à travers
l'aquarium sa victime. Mais, si rapide et si adroit
que soit le tour, il n'a point échappé à la surveillance
d'un autre frère d'armes aussi fort et aussi vorace que
lui-même. A peine ce dernier a-t-il réussi à prendre
le morceau de la bouche de son cousin, qu'il est
attaqué, dévalisé par un autre, qui ne se montre pas,
lui, d'aussi bonne composition. Chacune des Epino-
ches a maintenant un des bouts du pauvre ver inoffensif qui se trouve mangé par deux ennemis et par
deux bouts à la fois. Ces deux adversaires exécutent
de concert une course aussi amicalement que deux
lévriers en laisse. A la fin, le plus faible ou le moins
persévérant, dégorge sa moitié, et laisse le vainqueur achever son repas. Heureux encore ce dernier
quand il n'est pas obligé, à son tour, de rendre
sa proie à quelque nouveau brigand.

Quelquefois un petit fier-à-bras prend la résolution
insolente de persécuter un des membres de la communauté, quinze ou vingt fois plus gros que lui, par

exemple une Carpe, une Carpe douce, désarmée, inoffensive. J'ai été témoin oculaire d'un engagement de ce genre-là. Une Carpe se tenait immobile à mi-eau ; à peine si une légère ondulation se faisait remarquer dans une de ses nageoires. Elle semblait rêver... Tout à coup une Epinoche, les épines dressées, et animée d'une vivacité de coup d'œil dont on croirait difficilement ces petites créatures susceptibles, se précipite avec la rapidité de l'éclair, donne un choc à la nageoire de la carpe et bat en retraite. La Carpe, qui ne peut donner son approbation à cette manière de saluer le monde, se déplace et va chercher un autre lieu de repos. Mais, hélas, elle n'y peut trouver ce que cherchait le Dante : la paix. Son persécuteur n'est point d'humeur à se laisser si vite déconcerter dans ses plans ; il renouvelle ses attaques. C'est maintenant à la queue de l'animal qu'il en veut. La pauvre carpe ne cherche point à user de représailles ; cette patience néanmoins ne touche point le cœur de son ennemi. Sa jolie queue et ses nageoires, hier si coquettes — je parle de celles de la carpe — pendent maintenant en lambeaux.

JONATHAN FRANKLIN [1].

Le Poisson cracheur.

Ce poisson, qui habite la Malaisie, est le *Toxotes Jaculator* : il porte encore dans la langue commune le nom d'Archer, plus distingué sans doute que celui de Poisson cracheur, et tout aussi exacte. Un écrivain du siècle dernier déjà (Bloch), auteur d'une *Histoire*

---

1. C'est grâce à l'épine très pointue et tranchante qui se trouve dans sa nageoire dorsale, et qu'elle redresse et abaisse à volonté, que l'Épinoche blesse et déchire la queue, les nageoires et la peau des autres poissons.

des Poissons, raconte de la façon que voici, la manière de faire de notre Toxotes. « Voici comment ce poisson attrape les mouches qu'il aperçoit sur les plantes marines qui émergent hors de l'eau. Il s'approche jusqu'à la distance de 4 ou 6 pieds, et de là il seringue de l'eau sur l'insecte avec tant de force qu'il ne manque jamais de le précipiter dans l'eau pour en faire sa proie... M. Hommel a fait lui-même cette expérience. Il fit mettre quelques-uns de ces poissons dans un large vaisseau rempli d'eau de mer. Après qu'ils furent accoutumés à cette prison, il perça une mouche avec une épingle et l'attacha sur les côtés du vaisseau ; alors il eut le plaisir de voir que ces poissons s'empressaient à l'envi de s'emparer de la mouche et qu'ils lançaient sans cesse et avec la plus grande vitesse, de petites gouttes d'eau sans jamais manquer le but. » En somme le Toxotes se sert de sa bouche comme d'une sarbacane, et s'en sert pour lancer des boulettes... d'eau qui frappent les insectes, et les font tomber de telle sorte que le malin poisson les capture aisément. Pour lancer sa boulette, il se remplit la bouche d'eau, et s'approche le plus qu'il peut de sa victime présomptive : il est préférable qu'il sorte sa bouche même de l'eau, au point de vue de la précision du tir, et de l'effort à déployer ; puis, fermant ses ouvertures branchiales pour empêcher l'eau de sortir par les ouïes, il resserre ses mâchoires, laissant le museau entr'ouvert : l'eau comprimée s'échappe en un filet mince et long. Il paraît qu'à Java et ailleurs même, on s'amuse souvent à garder des *Toxotes* en captivité pour leur voir exécuter leur tour d'adresse, comme certaines personnes, chez nous, gardent des rainettes vertes pour le plaisir de leur voir attraper des mouches. On comprend qu'une mouche ou un insecte plus gros, même, atteint par le filet d'eau, perde son équilibre, et se trouve dans l'impossibilité de voler, étant mouillé; il tombe à la renverse, il est entraîné, et vient choir misérablement dans l'eau où le poisson le happe, en se félicitant sans doute, dans sa petite cervelle, de son ingéniosité et de son adresse.

HENRY DE VARIGNY.

Le Requin.

Le Requin est un des plus redoutables poissons de mer; il habite les mers chaudes; on le trouve en abondance sur les côtes d'Afrique, dans le Pacifique, etc.

Ce sont les plus grands animaux que le Requin recherche avec ardeur, et par suite de la perfection de son odorat ainsi que de la préférence qu'elle lui donne pour les substances dont l'odeur est la plus exaltée, il est surtout très empressé de courir partout où l'attirent les corps morts de poissons ou de quadrupèdes, et les cadavres humains.

Il s'attache, par exemple, aux vaisseaux négriers qui, malgré les lumières de la philosophie, la voix du véritable intérêt, et le cri plaintif de l'humanité outragée, partent encore des côtes de la malheureuse Afrique. Digne compagnon de tant de cruels conducteurs de ces funestes embarcations, il les escorte avec constance, il les suit avec acharnement, jusque dans les ports des colonies américaines, et, se montrant sans cesse autour du bâtiment, s'agitant à la surface de l'eau, et pour ainsi dire, sa gueule toujours ouverte, il y attend pour les engloutir les cadavres des noirs qui succombent sous le poids de l'esclavage, ou aux fatigues d'une dure traversée. On a vu de ces cadavres de noirs pendre au bout d'une vergue élevée de 6 mètres, ou 20 pieds, au-dessus de l'eau de la mer, et un Requin s'élancer à plusieurs reprises vers cette dépouille et y atteindre enfin, et la dépecer sans crainte, membre par membre.

Quelle énergie dans les muscles de la queue et de la partie postérieure du corps ne doit-on pas supposer pour qu'un animal aussi gros et aussi pesant puisse s'élever comme une flèche à une aussi grande hauteur! Comment être surpris, maintenant, des autres traits de l'histoire de la voracité du Requin! Et tous les navigateurs ne savent-ils pas quel danger court un passager qui tombe dans la mer auprès des endroits les plus infestés par ces animaux?

S'il s'efforce de se sauver à la nage, bientôt il se sent saisi par un de ces squales[1] qui l'entraîne jusqu'au fond des ondes. Si l'on parvient à jeter jusqu'à lui une corde secourable et à l'élever au-dessus des flots, le requin s'élance et se retourne avec tant de promptitude que malgré la position de l'ouverture de sa bouche au-dessous de son museau, il arrête le malheureux qui se croyait près de lui échapper, le déchire en lambeaux, et le dévore aux yeux de ses compagnons effrayés. On a vu quelquefois cependant des marins surpris par le Requin au milieu de l'eau, profiter, pour s'échapper, des effets de cette situation de la bouche de ce squale dans la partie inférieure de sa tête, et de la nécessité de se retourner à laquelle cet animal est condamné par cette conformation lorsqu'il veut saisir les objets qui ne sont pas placés au-dessous de lui.

DE LACÉPÈDE [2].

---

1. Groupe de poissons dont font partie le Requin, la Raie, etc.
2. Les Requins sont capables de dévorer tout au monde. De l'estomac de l'un d'eux on tira un demi-jambon, plusieurs os de mouton, l'arrière-

Le Requin d'eau douce.

Ce requin est le Brochet, et le naturaliste Lacépède, qui d'ailleurs est souvent enclin à sacrifier à la rhétorique et aux grandes phrases, n'a pas hésité à lui appliquer une épithète bien dure : il l'a appelé le « Requin des eaux douces », et pour justifier ce terme, il nous raconte des histoires peu édifiantes sur le compte de l'*Esox lucius*, — car tel est le nom scientifique du Brochet. Ce poisson sans scrupule « est insatiable dans ses appétits » et n'hésite point à dévorer ses propres petits, sous le prétexte trop souvent renouvelé, de leur conserver un père. Ceci n'est malheureusement pas spécial au Brochet : chacun sait que la poule par exemple se nourrit parfois de ses propres œufs, et dans le règne animal de nombreuses espèces dévorent leur progéniture quand elles n'ont rien de mieux à se mettre sous la dent. Le Brochet s'attaque à tous les poissons possible, et à beaucoup d'autres animaux : aux grenouilles, faibles et sans protection, aux oiseaux aquatiques qu'il happe par les pattes tandis qu'ils nagent paisiblement à la surface de l'eau, et aux rats, aux chats, et aux chiens que leur mauvaise chance a fait passer dans ses parages. Dans certains cas — lorsqu'il a très faim sans doute — son courage ne connaît plus de bornes — ni sa bêtise non plus. Il s'en prendra aux animaux les plus gros, sans se demander si sa démarche sera réellement profitable. Le naturaliste allemand Gesner raconte qu'un jour un homme

train d'un cochon, beaucoup de viande de cheval, la tête d'un bouledogue, un morceau de grosse toile. Ils se jettent sur tout ce qui peut tomber des navires, et il suffit de lancer à l'eau un peu de viande ou même de pastèque (rouge) pour en voir, dans certaines mers, accourir des troupeaux entiers. (H. de V.)

menait boire un mulet, quand un Brochet mordit l'animal à la lèvre inférieure. Venu pour boire, et non pour être dévoré par son abreuvoir, le mulet recula, et, en proie à un sentiment très vif de peur, s'enfuit à toutes jambes. Le Brochet ne lâcha point prise : et ce fut sa perte, car le maître du mulet profita de l'aubaine, s'empara du poisson, et s'en régala.

Dans les étangs et les rivières, le Brochet est un fléau redoutable. Il dévore tous les poissons qui lui tombent sous le museau. Huit Brochets ont, en trois semaines, dévoré 800 goujons, raconte un naturaliste anglais cité par H. E. Sauvage, et un seul Brochet dans un étang de Carpes suffit à le dépeupler en peu de temps. Après tout Lacépède a peut-être raison.....

HENRY DE VARIGNY.

L'âge des Poissons.

Il a été dit beaucoup de choses sur le grand âge que pourraient atteindre les poissons. Pour nombre de personnes, il est certain qu'il existe à Fontainebleau des carpes remontant à l'époque de François Ier; mais il faut avouer que la minorité est sceptique à cet égard, et pour de bonnes raisons. M. Baird, l'éminent zoologiste américain, pense que l'on peut admettre l'âge de deux cents ans pour certaines carpes. « Il n'y a rien, dit-il, qui empêche les poissons de vivre presque indéfiniment, comme ils n'ont pas de période de maturité et croissent chaque année de leur vie. » Il y a à Washington des poissons dorés qui sont dans la même famille depuis cinquante ans, et ils ne paraissent guère plus gros qu'à l'époque où on les acquit; ils ont la même vivacité qu'autrefois. A Saint-Pétersbourg, il y aurait dans les aquariums des poissons ayant authentiquement l'âge de cent quarante ans ; les uns sont beaucoup (5 fois) plus gros qu'à l'époque où on les introduisit, les autres n'ont pas gagné deux centimètres de longueur. En Chine, semble-t-il, il y aurait des poissons sacrés plus âgés encore. Mais il a été tant énoncé d'affirmations exagérées sur l'âge des poissons qu'il ne faut admettre que les affirmations appuyées de preuves indiscutables [1].

———

SECTION IV

LES AMPHIBIENS ET LES REPTILES

———

Notre ami le Crapaud.

J'ai eu dans mon jardin un Crapaud brun, gros comme le poing. Le soir, il rampait hors de son buisson et allait sous un banc du jardin. Je veillais soigneusement sur lui. Une femme qui l'aperçut un jour le tua d'un coup de bêche et crut avoir fait une belle action, mais depuis tous les limaçons mangèrent les résédas qui embaumaient tout autour du banc.

Il est vrai que la plupart des espèces, particulièrement les grosses, le *Crapaud brun* et le *Crapaud vert* ou *Calamite*, ont une peau rugueuse, tuberculeuse, et pleine de glandes qui laissent suinter un liquide âcre et blanchâtre. Chez ces derniers, ce liquide a une

1. *Revue Scientifique.*

odeur très âcre et très désagréable, et peut-être même est-il capable d'irriter légèrement une peau très tendre. Les oiseaux auxquels on a inoculé le liquide meurent promptement dans des convulsions.

Leur goût ne paraît pas très agréable; du moins, beaucoup d'animaux qui mangent les Grenouilles respectent les Crapauds. Dans une ménagerie, un de mes amis jeta dans la cage des tigres et des lions quelques Crapauds vivants. Les carnassiers se jetèrent dessus avec colère, mais ils les laissèrent promptement tomber de leurs gueules, en montrant tous les signes du dégoût; puis ils se secouèrent, salivèrent abondamment, et avec leurs pattes repoussèrent les Crapauds par-dessous la grille, hors de la cage.

La sécrétion cutanée des Crapauds peut avoir un goût et une odeur désagréables, peut-être même des propriétés caustiques, mais elle n'est ni venimeuse ni même dangereuse pour l'homme. J'ai ouvert bien des Crapauds. J'en ai longtemps tenu dans ma main, et je ne me suis jamais trouvé trace de rougeur ou d'irritation. Il est possible que l'introduction immédiate de leur humeur laiteuse dans le sang puisse avoir une action venimeuse, mais un Crapaud ne saurait blesser un homme [1].

La morsure du Crapaud est, dit-on, très venimeuse. Je le croirai volontiers quand j'aurai vu la morsure d'un Crapaud. Ses mâchoires sont dépourvues de dents et recouvertes d'une peau molle bien moins puissante que le bec d'un faible oiseau. Elle est si mince, si faible, qu'un Crapaud ne peut pas serrer à beaucoup près aussi fort qu'un enfant nouveau-né avec ses gencives dégarnies. Soutiendra-t-on qu'un

---

1. Effectivement, l'injection du venin des glandes de la peau du crapaud produit sur les animaux et sans doute aussi sur l'homme l'effet d'un poison dangereux. (H. de V.)

nourrisson de quelques jours peut mordre jusqu'au sang?

C'est bien! Ils ne mordent pas, mais ils tètent les chèvres et les vaches dans les étables, prétend-on, et leur bave, par son action venimeuse, fait perdre le lait aux animaux. De la bave, ils en ont, mais inoffensive; et puis ils peuvent aussi peu téter que les grenouilles, la conformation de la bouche ne le leur permet pas.

Toutes ces accusations sont des erreurs ou des calomnies. Laissons-les, et allons au fond des choses. Nous comprenons qu'un animal nocturne d'une épouvantable laideur doit, par sa vie étrange et son odeur repoussante, nécessairement amasser sur sa tête tous les préjugés défavorables. Mais interrogeons l'observation, la froide observation, et notre horreur se changera tout au moins en tolérance.

Nous trouvons un animal qui, à la chute du jour, par les temps humides et la pluie, abandonne ses sombres retraites et s'avance lentement sur le sol, moitié sautant, moitié rampant, explorant de l'œil le champ ou le jardin. Il peut supporter la faim très longtemps; il peut prendre des repas copieux et dévorer presque sans mesure, mais on ne trouvera jamais dans son estomac que des débris non digérés d'insectes, de coléoptères, de larves, de vers, de limaces surtout. Un Crapaud en détruit de si grandes quantités, qu'on ne saurait trouver un meilleur gardien pour les tendres plants de salade et les jeunes légumes. Quand la nuit, par les temps humides, les limaçons sortent du sol, le Crapaud commence sa chasse lente mais sûre, et ne la cesse qu'au lever du soleil. Il n'a qu'un petit district, il l'explore à fond, et apprend d'autant mieux à le connaître qu'une longue vie lui permet de le parcourir pendant bien des années.

On trouvera que les Crapauds sont des animaux hautement utiles, qu'ils ne répandent aucun poison. On pourra aisément se convaincre qu'un jardin où habitent des Crapauds, des Orvets et des Taupes rapporte beaucoup plus de légumes que celui qu'on a débarrassé avec soin de tous ces reptiles et de ces fouisseurs; alors on y entretiendra avec plaisir des Crapauds et on les verra devenir de véritables animaux domestiques.

C. VOGT [1].

Un serpent qui aime la musique.

Au mois de juillet 1791, nous voyagions dans le Haut-Canada avec quelques familles sauvages de la nation des Onnontagues. Un jour que nous étions arrêtés dans une plaine au bord de la rivière Génésie, un serpent à sonnettes [2] entra dans notre camp. Nous avions parmi nous un Canadien qui jouait de la flûte; il voulut nous amuser et s'avança contre le serpent avec son arme d'une nouvelle espèce. A l'approche de son ennemi, le superbe reptile se forme tout à coup en spirale, aplatit sa tête, enfle ses joues, contracte ses lèvres, découvre ses dents envenimées et sa gueule rougie; sa langue fourchue s'agite rapidement au dehors; ses yeux brillent comme des charbons ardents; son corps, gonflé de rage, s'abaisse et s'élève comme un soufflet; sa peau dilatée est hérissée d'écailles, et sa queue, en produisant un son sinistre, oscille avec tant de rapidité, qu'elle ressemble à une

---

1. *Leçons sur les Animaux utiles et nuisibles*, p. 94. Reinwald, Paris.

2. Ainsi nommé parce que les écailles qui couvrent l'extrémité de son corps font, en se heurtant les unes contre les autres, un bruit qui ne ressemble d'ailleurs en rien à celui d'une sonnette, mais rappelle plutôt celui de papier que l'on froisse.

légère vapeur. Alors le Canadien commence à jouer sur sa flûte; le serpent fait un mouvement de surprise et retire sa tête en arrière; il ferme peu à peu sa gueule enflammée. A mesure que l'effet magique le frappe, ses yeux perdent de leur âpreté, les vibrations de sa queue se ralentissent, et le bruit qu'elle fait entendre s'affaiblit et meurt par degrés. Moins perpendiculaires sur sa ligne spirale, les orbes du serpent charmé s'élargissent et viennent tour à tour se poser sur la terre en cercles concentriques; les écailles de la peau s'abaissent et reprennent leur éclat, et, tournant légèrement la tête, il demeure immobile dans l'attitude de l'attention et du plaisir. Dans ce moment le Canadien marche quelques pas en tirant de sa flûte des sons lents et monotones; le reptile baisse son cou, entr'ouvre avec sa tête les herbes fines, et se met à ramper sur les traces du musicien qui l'entraîne, s'arrêtant lorsqu'il s'arrête, et commençant à le suivre aussitôt qu'il commence à s'éloigner. Il fut ainsi conduit hors de notre camp au milieu d'une foule de spectateurs tant sauvages qu'européens qui en croyaient à peine leurs yeux.

CHATEAUBRIAND.

La morsure de la vipère.

Les Vipères sont des serpents venimeux qui ne sont point rares en France, dans les forêts de Fontainebleau et de Montmorency par exemple, où ils habitent les bruyères. Ils ont un appareil venimeux, deux glandes et deux longues dents cannelées habituellement couchées, mais que l'animal redresse à volonté quand il va mordre et par lesquelles le venin s'écoule dans la plaie que celles ci ont faite. Comme la morsure de la vipère est quelquefois mortelle, les enfants sont plus aptes à courir des dangers. Il est bon de traiter le mal à temps.

C'est un fait bien établi que le venin de la Vipère n'agit que lorsqu'il est directement introduit dans le sang. Sur la langue, dans l'estomac même, il ne produit pas la moindre action [1]. Mais ses effets sont terribles lorsqu'il se mélange avec le sang, et d'autant plus redoutables que la Vipère est plus grosse, que le venin est plus abondant dans le réservoir des crochets, que la saison est plus chaude, et que l'homme est de constitution plus faible.

Comment se défendre de ce dangereux reptile? Il faut d'abord éviter de s'exposer à être mordu, ce qui est d'habitude très facile. La Vipère est un animal indolent, qui aime le soleil et les endroits secs. Elle choisit pour sa résidence les coteaux pierreux, couverts de buissons clairsemés, et là elle se cache dans des retraites à fleur de terre ou s'étend au soleil dans une immobilité complète. Elle ne poursuit ni ne fuit. Elle ne mord que si elle est attaquée, excitée ou agacée, ce qu'on fait, le plus souvent, sans le savoir. Aussi elle ne mord d'ordinaire que des gens occupés à ramasser du bois, à cueillir des baies ou des plantes. Des bottes et un pantalon protègent complètement contre la morsure de nos serpents venimeux indigènes. Le plus souvent un bas suffit pour retenir la plus grande partie du poison et rendre la morsure presque inoffensive. Avec un bâton ou une simple badine, on peut briser l'épine dorsale d'un serpent, et le mettre hors d'état d'attaquer ; on regarde avec soin autour de soi, quand on est dans les localités infestées de vipères, et on ne met jamais la main dans des trous,

---

1. Ce fait n'est pas spécial au venin de la Vipère : beaucoup de poisons, végétaux ou animaux, y compris le *curare* des Indiens de l'Amérique du Sud, n'agissent que s'ils sont injectés sous la peau ou dans les veines : avalés ils sont sans action et sans danger — à dose modérée — parce qu'ils ne sont guère absorbés.

dans des fourrés, avant de les avoir sondés de l'œil et de la canne.

Quand on a le malheur d'être mordu, le premier soin doit être d'empêcher que le poison passe dans la circulation. Si l'on a sous la main un canif ou même une forte épine il ne faut pas craindre d'agrandir la blessure et de faire couler abondamment le sang ; il vaut mieux souffrir d'une coupure profonde que d'une morsure venimeuse. On active l'écoulement du sang en laissant pendre le membre blessé, en le lavant avec de l'eau. Si l'on a la facilité de porter le membre à la bouche, ou si une autre personne est présente, on peut sucer immédiatement le sang et le venin de la blessure. Nous avons des récits moraux pour les enfants dans lesquels sucer la morsure d'un serpent venimeux est représenté comme l'acte le plus grand d'héroïsme maternel et de dévouement. La chose n'est pas si grave. Quand on a des gencives saines et fermes, qui ne saignent pas en suçant, quand on crache de temps en temps ce qu'on a sucé, on ne ressent pas le moindre inconvénient ; dans le cas contraire, une légère enflure des lèvres et de la langue, quelques envies de vomir vous puniront de votre audace. On peut donc avoir cette bravoure quand il s'agit de conserver sa propre vie ou celle de son prochain.

Puis on lie fortement le membre aussitôt que possible au-dessus de la morsure, pour arrêter la circulation, et empêcher que le venin ne se mêle à la masse du sang.

Ce que l'on peut faire, il faut le faire promptement, sans y mettre de longues réflexions. On déchire un morceau de son vêtement pour lier le doigt ; on prend son couteau, son canif, et on fait une incision, on suce, on crache, et on recommence à sucer. Tout cela

doit être l'ouvrage de quelques secondes, car le cœur
de l'homme va vite, et en une minute la masse du
sang a parcouru le corps entier. Si, après les moyens
énergiques, des symptômes généraux de malaise se
présentent, c'est l'affaire du médecin. On peut cependant indiquer l'emploi de la transpiration comme un
moyen spécial à employer.

CARL VOGT [1].

Le caractère des Lézards.

Dans un voyage que j'ai fait à la fin de mai, dans
le midi de la France, j'ai capturé deux Lézards ocellés,
l'un à Port-Bou, près de Banyuls, l'autre sur les bords
du Tarn ; l'un est donc espagnol, l'autre français. Ils
sont à peu près de même taille, environ 45 centimètres, queue comprise : tous deux adultes, de sorte
que la différence de leurs âges, s'il y en a une, ne
suffirait pas, me paraît-il, à rendre raison de leurs
particularités individuelles.

De retour à Liège, je me suis amusé à les apprivoiser. Je confie à mes lecteurs que j'aime les animaux, surtout les humbles, que je me plais à les
familiariser, et que je me crois parfois doué d'un don
spécial, car il me faut d'ordinaire fort peu de temps
pour gagner leur confiance. Au bout de quelques
heures, un Tarin ou un Chardonneret, que je viens
d'acheter, volera après moi dans ma chambre. J'ai
autrefois apprivoisé des grenouilles qui ont joui d'une
certaine renommée auprès de mes amis. Il est impossible — et cette constatation m'a jeté dans un profond
étonnement — de trouver entre deux hommes, pris

1. *Leçons sur les Animaux utiles et nuisibles*, p. 82. Reinwald.

au hasard, de plus grandes différences de caractère qu'entre ces deux animaux. Dès le premier jour où j'ai commencé leur éducation, le français, amadoué par le miel que je lui offrais, s'habituait à se laisser prendre et manier sans résistance, ne cherchait plus à mordre ni à fuir, suçait avidement le miel que je lui présentais au bout d'un bâton, se cachait dans ma poitrine, dans mes manches, dans mon dos; l'autre, farouche, indomptable, ne fuyant pas non plus, mais se campant sur ses pattes de devant, dans une attitude de défi, la gueule large ouverte et menaçante, se précipitant sur la main téméraire, et, s'il la pinçait, la serrant avec une telle force qu'il faisait jaillir le sang, et tenant si ferme qu'il fallait qu'une autre personne entr'ouvrît ses mâchoires des deux mains pour lui faire lâcher prise. Sa mine était si héroïque et si résolue, qu'il tenait à distance même les vaillants d'entre nous, bien que sa morsure fût en réalité inoffensive. Peu avide de miel d'ailleurs, mais, en revanche, aimant l'eau et la buvant à larges lampées, tandis que son compagnon a rarement soif. Je leur confectionnai une très grande cage en fil de fer et les mis dans une grande chambre recevant le soleil depuis son lever jusqu'à son coucher par trois côtés différents.

Le français apprenait bientôt à sortir de sa cage, à grimper aux fenêtres par des loques que j'y avais suspendues, passait de l'une à l'autre à la recherche du soleil, le soir rentrait dans sa cage. L'autre, stupide, se promenait au fond de sa cage comme une âme en peine, sans essayer d'en sortir; si je le plaçais sur l'appui d'une fenêtre au soleil, il se laissait envahir par l'ombre, s'obstinait des heures entières à vouloir passer au travers des vitres et finissait par s'endormir là où je l'avais mis.

Le premier, ayant découvert dans la chambre un vieux lit avec son matelas, faisait la découverte d'un trou dans la toile, et savait retrouver ce trou malgré des déplacements intentionnels. Bien mieux, il apprenait tout de suite à passer, le soir, par un pont de cordons pour rentrer dans le lit et de là dans sa cachette. Le second n'est jamais parvenu à comprendre l'usage du pont.

Aujourd'hui, ils se portent tous deux à merveille : l'espagnol a fini par s'apercevoir que je ne lui veux aucun mal ; il ne cherche plus aussi souvent à mordre, si ce n'est quand j'ai passé tout un jour sans le prendre, ou quand je l'ai laissé jouir quelque temps d'une liberté illimitée ; il aime courir sur moi et se cacher dans mes poches, mon dos et ma poitrine ; il a dans sa cage un vieux gilet à manches pour couchette ; mais il ne sait pas se conduire, il ne sait pas trouver de lui-même le bon endroit ; il tâtonne comme un aveugle. Son compagnon connaît admirablement la topographie de mes vêtements ainsi que celle du gilet, quelque forme qu'on lui fasse prendre.

Autre trait : l'un et l'autre connaissent les vers de terre dont je les nourris, mais le français attend le ver que je lui jette et le happe tout de suite ; il le prend même entre mes doigts. L'espagnol commence par fuir, et ce n'est qu'à force de patience que je vaincs sa méfiance. Aussi l'un est gras et tendu comme un petit boudin ; l'autre, naguère encore, était efflanqué comme une vessie dégonflée. Depuis quelque temps, il reprend de l'embonpoint.

J. Delbœuf [1].

---

1. *Revue Scientifique* du 11 février 1891.

Un boa apprivoisé.

Le *Boa constrictor* est un des plus grands serpents que l'on connaisse. Il n'est pas venimeux, mais en raison de sa taille, on préfère l'éviter... Il avale fort bien un jeune mouton d'un seul trait. Le boa dont il s'agit ici appartenait à un amateur de serpents, M. Mann, qui l'avait apprivoisé.

Après avoir échangé quelques mots avec moi, M. Mann me demanda si j'avais peur des serpents, et sur ma réponse un peu hésitante, je l'avoue, que je ne les craignais pas trop, il tira d'une armoire un gros *Boa constrictor*, un Python, et plusieurs petits serpents qui se mirent à circuler librement sur la table au milieu des livres, plumes, etc.... J'éprouvai d'abord quelque émotion, surtout lorsque je vis les deux gros reptiles s'enlacer autour de mon ami, et me regarder de leurs yeux brillants en dardant leur langue fourchue; mais je ne tardai pas à reconnaître qu'ils étaient apprivoisés, et je me rassurai complètement. Au bout de quelques instants, M. Mann me quitta pour appeler sa femme, et je restai en face du Boa établi sur un fauteuil. Je commençais à m'inquiéter en le voyant s'approcher de moi, lorsque l'entrée de mes hôtes, suivis de deux petites filles charmantes, vint faire diversion à mon malaise. Après les formules d'usage, Mme Mann et ses deux filles s'approchèrent du Boa et lui prodiguant les termes de la plus vive affection, se laissèrent enlacer par lui. Tout en causant, je ne cessais de m'étonner du spectacle que j'avais sous les yeux. Là, devant moi, était assise une femme charmante avec ses deux jolis enfants, tandis qu'un Boa aussi gros qu'un jeune arbre se jouait autour de sa taille et de son cou, lui faisant comme un turban au-dessus de la tête, et recherchant les caresses comme un jeune chat. Les enfants lui prenaient constamment la tête dans leurs mains, et lui baisaient la bouche en écartant sa langue fourchue. L'animal semblait jouir de leurs câlineries, mais il ne cessait de tourner la tête vers moi, avec une expression singulière dans ses yeux, si bien que je finis par lui permettre de glisser sa tête pendant un instant dans ma manche. Rien de plus gracieux que la manière dont ce magnifique serpent glissait autour de Mme Mann, pendant qu'elle circulait dans l'appartement et qu'elle nous versait du café. Il semblait disposer son poids avec une grande adresse, et chaque anneau ressortait vivement avec ses dessins sur le fond noir de la robe de velours.

Les serpents avaient l'air fort obéissant, et restaient dans leur armoire quand on le leur commandait.

Il y a près d'un an, M. et Mme Mann s'absentèrent pendant six semaines, ils avaient confié leur Boa à un gardien au jardin zoologique ; mais le pauvre animal tomba dans l'abattement, dormant sans cesse et refusant toute nourriture. Quand il revit ses maîtres, il bondit de plaisir et les enlaça avec toutes les marques de la joie la plus vive.

M. Severn [1].

La Tortue.

Sans doute, par son intelligence, la Tortue occupe un des derniers échelons, mais on ne peut pas lui

1. Lettre au *Times* (25 juillet 1872). Cette lettre fut écrite par l'éminent artiste à la suite d'un procès que des voisins de M. et Mme Mann leur avaient intenté, par crainte des serpents appartenant à ces amateurs de reptiles. (Romanes, *Intelligence des Animaux*, p. 21-23, t. II. Alcan.)

refuser la manifestation de certains instincts supérieurs. C'est ainsi que certaines Tortues reconnaissaient fort bien leur maître et la petite fille qui venait leur offrir la ration d'herbes tendres parmi lesquelles elles appréciaient surtout les feuilles de la Dent de lion ou Pissenlit (*Leontodon taraxacum*) et du Plantain (*Plantago major*). Mais elles devenaient surtout démonstratives et empressées lorsqu'elles voyaient venir une friandise : un cœur de salade, un chou, ou une tartine de pain trempée dans du lait, de l'eau-de-vie, ou de l'eau chaude. Elles se mettaient à mâcher, à ronger à qui mieux mieux; mais c'est le cœur de chou qui excitait toute leur convoitise. Elles en venaient... aux pattes. Ordinairement la plus grosse finissait par s'emparer du morceau qu'elle cachait sous sa carapace.

Mais ses instincts intellectuels se manifestent surtout à la ponte des œufs.

La bête commença par choisir un emplacement à mi-côte d'une plate-bande, elle y creusa un trou avec ses pattes de derrière. Cela fait, elle se mit à travailler de ces mêmes pattes avec une régularité remarquable. Abaissant sa patte gauche, elle creusait la terre, et ensuite, tenant sa patte à la paroi gauche de la petite fosse, elle élevait la terre jusqu'à la surface. Là, après avoir laissé un peu reposer cette patte, elle s'y appuyait, tout en enfonçant sa patte droite dans le trou pour y faire le même travail qu'avait opéré auparavant la gauche.

Ensuite, lorsque ce fut de nouveau le tour de la patte gauche, avant de la descendre, la Tortue rejeta de côté, par un mouvement circulaire, la terre extraite, pour qu'elle ne vînt pas tomber de nouveau dans la fosse ouverte. Elle rentra après, très souple, dans le petit trou où elle ramassa encore de la terre et, s'ap-

puyant sur le côté gauche, mit dehors de la terre avec
sa patte droite.

Elle travailla ainsi jusqu'à ce que la petite fosse
ronde eût atteint plus d'un demi pouce de profondeur,
un peu moins de longueur, et encore moins de largeur.
Si l'on raisonne tous ces mouvements, on demeure
convaincu qu'au point de vue de l'économie du travail,
ce sont là les mouvements les plus profitables et
nécessaires, résultat, sans doute, d'une expérience
séculaire transmise à notre Tortue par voie d'hérédité.

Une fois la fosse finie, la Tortue se reposa pendant
une dizaine de minutes au bout desquelles elle pondit
un œuf, qu'elle prit soigneusement dans ses pattes de
derrière et déposa debout dans le coin droit de la
petite fosse. Un deuxième œuf suivit immédiatement,
et lorsque tous les six eurent été pondus, la fosse se
trouva exactement remplie. La mère les examina, les
tâta et eut même le malheur de trouer la coquille de
l'un d'eux avec son ongle.

Après quoi, la bête ramassa avec ses pattes de derrière la terre extraite auparavant et les en recouvrit ;
et lorsque la petite fosse ronde fut comblée, elle
enfonça la terre en se levant et s'asseyant régulièrement dessus, et l'égalisa si bien en se tenant toujours
appuyée sur ses deux pattes de devant et en se balançant, le plastron de sa carapace contre terre, qu'après
son départ il fut impossible de distinguer l'endroit où
avait eu lieu la ponte.

C. KRANTZ [1].

Le venin des serpents.

La nature a doué les serpents d'un merveilleux
appareil d'inoculation. Une glande à venin verse le

1. *Revue des Sciences naturelles appliquées*, 1891, p. 872.

11.

produit de sa sécrétion dans un réservoir, qui peut éjaculer son contenu au dehors, par le moyen de dents en crochet et canaliculées. Ces dents, qui ne servent pas à la mastication, et qui dans le serpent au repos sont dirigées d'avant en arrière, se projettent en avant quand la bête ouvre son énorme gueule. A ce moment, la tête est lancée contre l'ennemi, les pointes dentaires pénètrent dans les tissus, et le poison est inoculé : deux secondes suffisent.

En tête des plus dangereux, il faut placer les Crotales. L'homme, le cheval, le bœuf sont tués en quelques heures par leur affreux poison ; les petits animaux succombent plus rapidement; il suffit de quelques secondes pour les oiseaux.

Halm a expérimenté l'action de ce redoutable poison. « On livre à un Crotale un premier chien qui meurt en quinze minutes, un second après deux heures, un troisième qui succombe au bout de trois heures. Quatre jours après, le même Crotale pique un chien qui meurt en trente secondes, un autre chien qui ne survit que quatre minutes. Trois jours après, il piqua une grenouille qui mourut en deux secondes, un poulet en huit minutes ; peu de temps après, un serpent Amphisbène fut tué en huit minutes, et le Crotale lui-même s'étant mordu, succomba en douze minutes. » (Van Beneden.) On n'a pas oublié l'histoire de l'Anglais Drake qui fut piqué à Rouen par un Crotale de ménagerie et succomba en neuf heures. Les Crotales sont lents; ils ne mordent l'homme que quand ils sont surpris, mais se servent de leur venin contre les animaux qui forment leur pâture.

Les Najas ne sont pas moins redoutables; les anciens les connurent parfaitement, et les bateleurs égyptiens savent jongler avec eux en les rendant inoffensifs à l'aide d'artifices particuliers. L'homme et les plus gros animaux meurent en peu d'instants quand ils ont été piqués. A la ménagerie de Londres, un gardien mourut en une heure et demie de cette piqûre terrible; c'est à cette dangereuse tribu qu'appartenait l'Aspic de Cléopâtre. Mort rapide, fuite impossible, lutte inutile, quelle puissance! Il semble résulter de quelques observations, que certaines espèces, sortes de Mithridates, seraient rebelles à l'action de ce poison et pourraient braver les serpents. Rien d'étonnant à ces exceptions; nous savons que la Belladone ne tue pas les lapins, que la mouche Tsétsé est inoffensive pour l'homme. Le Hérisson serait, d'après quelques auteurs, un remarquable exemple de cette immunité. Lenz avait dans une caisse une femelle de Hérisson qui nourrissait ses petits; il y mit une grande Vipère commune qui s'enroula dans le coin opposé. Le Hérisson s'approcha lentement, flaira la Vipère et se retira quand elle se dressa pour lui montrer ses dents.

Comme il approchait une autre fois, sans précaution, il fut mordu au museau; il recula, lécha sa blessure, puis revint à la charge, il reçut une seconde morsure à la langue. Sans se laisser intimider, il saisit le serpent par le corps : les deux adversaires étaient furieux; le hérisson grognait et secouait souvent; la Vipère, de son côté, lançait morsure sur morsure, et se blessait aussi souvent que le hérisson; tout à coup, celui-ci lui saisit la tête, la broya et dévora la moitié du reptile, puis retourna tranquillement à ses petits.

A. COUTANCE [1].

---

[1]. *La Lutte pour l'Existence.* 1882, Reinwald.

La Salamandre.

La Salamandre est d'un noir brillant avec de belles taches d'un jaune vif et a la forme d'un lézard; mais elle n'en a pas la couleur; elle habite les lieux humides; enfin c'est un *Amphibien* et non un *Reptile*. Il ne faut pas confondre non plus la Salamandre avec le Triton qui habite les eaux douces et les lieux humides.

..... La Salamandre a quelquefois la peau sèche comme un lézard; le plus souvent elle est enduite d'une espèce de rosée qui rend sa peau comme vernie, surtout lorsqu'on la touche, et elle passe dans un moment de l'un à l'autre état. Une propriété encore plus singulière, c'est de contenir sous la peau une espèce de lait qui jaillit au loin lorsqu'on prend l'animal. Ce lait s'échappe par une infinité de trous dont plusieurs sont très sensibles à la vue sans le secours de la loupe, surtout ceux qui répondent aux mamelons. Quoique la première liqueur qui sert à enduire la peau de l'animal n'ait aucune couleur et ne paraisse qu'un vernis transparent, elle pourrait bien être la même que le lait dont nous parlons, mais répandu en gouttes si fines et en si petite quantité qu'il ne paraisse point de sa blancheur ordinaire.

Ce lait ressemble assez au lait que quelques plantes répandent quand on les coupe; il est d'une âcreté et d'une stypticité insupportable, et quoique mis sur la langue il ne cause aucun mal durable; on croirait trouver à l'endroit qu'il a touché une cicatrice ou au moins une plissure.

Il s'en faut bien qu'elle ait l'agilité du lézard : elle est paresseuse et triste; elle vit sous terre dans les lieux frais et humides, surtout au pied des vieilles murailles, et ne sort de son trou que dans les temps de pluies, ou pour recevoir l'eau, ou crainte d'être noyée dans son trou, ou peut-être pour chercher les insectes dont elle vit et qu'elle ne pourrait guère attraper qu'à demi noyés.

La Salamandre, outre la propriété merveilleuse de vivre dans les flammes que les anciens lui ont attribuée, est encore regardée et par eux et par la plupart des naturalistes modernes comme l'animal le plus dangereux. Si nous en croyons Pline, elle fera périr toute une contrée.

Les grandes pluies du mois d'octobre passé firent sortir plusieurs Salamandres qu'on m'apporta avec toutes les précautions qu'on peut prendre contre l'animal le plus terrible.

La première expérience que je fis fut celle du prodige attribué à la Salamandre. Toute fabuleuse que paraît l'histoire de l'animal incombustible, je voulus la vérifier, et quelque honte qu'ait le physicien en faisant une expérience ridicule c'est à ce prix qu'il doit acheter le droit de détruire des opinions consacrées par le rapport des anciens.

Je jetai donc plusieurs Salamandres au feu. La plupart y périrent sur-le-champ ; quelques-unes eurent la force d'en sortir à demi brûlées, mais elles ne purent résister à une seconde épreuve.

Cependant il arrive quelque chose d'assez singulier lorsqu'on brûle la Salamandre. A peine est-elle sur le feu qu'elle paraît couverte de gouttes de ce lait dont nous avons parlé, qui se raréfiant à la chaleur ne peut plus être contenu dans ses petits réservoirs ; il s'échappe de tous côtés, mais en plus grande abondance sur la tête et aux mamelons qu'ailleurs, et se durcit sur-le-champ, quelquefois en forme de perles [1].

---

1. Ce lait est venimeux ; c'est un poison violent pour les animaux à qui on l'injecte sous la peau ou dans les veines.

Il y a quelque apparence que cet écoulement singulier a donné lieu à la fable de la Salamandre; cependant il s'en faut beaucoup que le lait dont nous parlons sorte en assez grande quantité pour éteindre le moindre feu, mais il y a eu des temps où il n'en fallait guère davantage pour en faire un animal incombustible. L'on pourra même encore, si l'on veut, croire que l'animal dont les anciens ont parlé n'est point celui-ci, et là-dessus je m'en rapporte à l'envie que chacun peut avoir de justifier l'antiquité, ou de convenir qu'elle a quelquefois cru légèrement.

MAUPERTUIS [1].

Les Crapauds ressuscitants.

En 1777, Hérissant renferma, dans des boîtes scellées dans du plâtre, trois Crapauds qui furent déposés à l'Académie des Sciences. On ouvrit les boîtes dix-huit mois après, en présence de quelques-uns de ses membres. Un des Crapauds était mort, les deux autres vivaient. Personne ne pouvait douter de l'authenticité du fait; mais l'expérience elle-même fut exposée aux mêmes objections que les observations auxquelles elle devait servir de terme de comparaison. Ces observations se rapportaient à des Crapauds qu'on avait trouvés vivants dans de vieux murs, où ils avaient été scellés pendant des années, dans des blocs de charbon de terre, et même dans des pierres où ils avaient peut-être vécu pendant un temps incalculable. On a objecté que, dans l'un et l'autre cas, il y avait probablement quelque trou ou quelque crevasse par lesquels l'air s'insinuait, ou qui livraient passage aux

---

1. *Observations et expériences sur une des espèces de Salamandres*, par M. de Maupertuis. *Hist. Acad. royale des Sciences*, 1727, p. 27 des *Mémoires*.

animaux ; mais cette objection ne me paraît pas valable quant à l'expérience de Hérissant ; l'accès de l'air par une ouverture visible ne pouvait guère échapper à un aussi bon observateur. C'est cependant une chose remarquable que les circonstances de l'expérience aient été complètement passées sous silence ; ni les dimensions, ni la substance de la boîte n'ont été indiquées, ni l'épaisseur du plâtre qui la recouvrait ; et c'est précisément le défaut de précision dans la détermination des circonstances où se trouvèrent les animaux, quand on les a découverts dans des corps solides, qui rend problématiques les conclusions qu'on en tire. Aussi un savant naturaliste qui, dans ses voyages, a beaucoup enrichi l'histoire des Batraciens, appuyé d'ailleurs de quelques expériences, a-t-il douté de ce résultat.

J'observerai, à l'égard de l'expérience de Hérissant, qu'il paraît qu'il y avait de l'air dans les boîtes où les crapauds étaient renfermés ; ce qui ne s'accorde pas avec le but que je me suis proposé. Mon intention étant d'étudier l'asphyxie dans les corps solides, je ne devais pas y laisser d'air. Cette modification est importante et change la nature de l'expérience.

Le 24 février 1817, je fis sur quinze Crapauds communs les expériences suivantes : je pris d'abord cinq boîtes de bois blanc, dont trois avaient 4 pouces cubes, les deux autres 4 pouces 1/2 de long sur 4 de large, et 2 1/2 de profondeur. Je mis du plâtre gâché au fond des boîtes jusque vers le milieu, j'y plaçai ensuite le Crapaud que je contins d'une main pour l'empêcher de quitter sa situation au centre ; je le couvris ensuite de plâtre dont je remplis les boîtes, qui furent fermées et ficelées. Je me servis ensuite de cinq autres boîtes circulaires de carton ayant 3 pouces 1/2 de diamètre et 2 pouces de profondeur ; j'y enterrai cinq autres crapauds avec les mêmes précautions; j'égalisai le plâtre par-dessus, et j'eus bien soin de ne point y laisser de fissure; j'y adaptai ensuite les couvercles; en même temps je mis les cinq autres crapauds dans de l'eau, pour comparer la durée de ce genre d'asphyxie avec celui qui pouvait avoir lieu dans le plâtre. Le même jour, à minuit, tous les crapauds que j'avais mis dans l'eau étaient morts, c'est-à-dire huit heures après le commencement de l'asphyxie; le lendemain, à quatre heures du soir, j'ouvris une des boîtes de carton. Je détachai avec précaution une partie du plâtre, et l'animal, quoique engagé presque entièrement dans cette substance exécuta des mouvements et se mit à coasser. Ainsi, seize heures après la mort des crapauds dans l'eau, celui qui était enfermé dans du plâtre était encore très vivace; mais comme il n'avait pas atteint la limite à laquelle ces animaux peuvent parvenir dans l'asphyxie par l'eau, je remplis l'ouverture avec du plâtre gâché, ayant soin d'en accumuler plusieurs lignes au-dessus du niveau précédent. Je l'abandonnai ensuite avec les autres, et ne l'ouvrit que le 15 mars suivant, et le trouvai parfaitement en vie le dix-neuvième jour, à dater du commencement de l'expérience.

WILLIAM EDWARDS [1].

1. *De l'Influence des agents physiques sur la vie*, 1824, p. 14. Il ne faut pas confondre les faits relatés ici, et qui ont une valeur scientifique positive, avec les faits souvent racontés de crapauds et de grenouilles qu'on aurait découverts dans des roches formées depuis des centaines et des milliers d'années, comme de la houille par exemple. Pas un de ces prétendus faits n'est avéré, pas un n'a été observé dans des conditions satisfaisantes.

SECTION V

LES OISEAUX

L'Autruche.

L'Autruche se couche en pliant d'abord le genou, puis en s'appuyant sur la partie qui recouvre le sternum [1], et qui est calleuse à cet effet; ensuite elle se laisse tomber sur la partie inférieure du corps. Elle court avec une telle rapidité qu'un cheval au galop ne peut l'atteindre que lorsqu'elle est fatiguée. Son instinct la porte, lorsqu'elle est poursuivie de près, à lancer en arrière avec ses robustes pieds, tout en courant, des pierres sur son ennemi. Elle pond dans les sables exposés à l'ardeur du soleil une quinzaine d'œufs qu'elle couve dans les régions les moins chaudes de l'Afrique, mais qu'elle abandonne sous la zone torride à la chaleur solaire pendant le jour, ayant soin de les couver la nuit. Du reste, la femelle veille avec sollicitude sur sa nichée dont elle ne s'éloigne pas beaucoup; et si elle est surprise par les hommes, au lieu de fuir en ligne droite, elle se contente de courir en faisant de petits circuits et déployant ses grandes plumes, ce qui annonce que son nid est dans le voisinage. Ce nid est un enfoncement formé par l'oiseau dans le sable, de 3 pieds de diamètre à peu près, et de quelques pouces d'élévation, entouré d'une rigole où l'eau de la pluie se rassemble. La durée

---

1. Os qui se trouve à l'avant de la poitrine, et correspond au *bréchet* de la poule, du pigeon, etc.

ordinaire de l'incubation est de six semaines, du moins dans les contrées où l'Autruche couve à la manière des autres oiseaux, comme dans l'Afrique méridionale. Ses œufs fort gros, de forme arrondie et raccourcie, sont d'un blanc légèrement nuancé de couleur paille, et couverts de gros points enfoncés qui leur donnent l'air d'être piquetés de points bruns. Ces œufs sont, dit-on, un assez bon manger et d'une grande ressource aux voyageurs.

On voit souvent les Autruches réunies en grandes troupes; elles sont herbivores. On les rencontre quelquefois au midi de l'Afrique, paissant de compagnie avec le Zèbre et le Couagga. Elles ont l'ouïe fine et la vue perçante, mais en même temps les sens du goût et de l'odorat extrêmement obtus et presque nuls, à ce qu'il paraît. Car, en domesticité, on les a vues avaler non seulement toutes les substances végétales et animales, mais encore des matières minérales, même les plus pernicieuses, telles que du fer, du cuivre, du plomb, des pierres, de la chaux, du plâtre, tout ce qui se présente, enfin, jusqu'à ce que leur grand estomac soit rempli. Il est donc d'une force si digestive et si dissolvante qu'elles rendent les métaux qu'elles ont avalés, usés et même percés par le frottement et la trituration.

L'Autruche, malgré sa force, a les mœurs paisibles des Gallinacés; elle n'attaque point les animaux plus faibles qu'elle, et ne se soustrait au danger que par une prompte fuite.

Dans les pays cultivés, elle dévaste les moissons en dévorant les épis et ne laissant que la tige. Son cri ressemble à une sorte de gémissement plus fort chez le mâle que chez la femelle; mais tous deux, quand on les irrite, font entendre un sifflement analogue à celui des oies.

On est parvenu à réduire pour ainsi dire les Autruches en domesticité dans leur contrée natale. On les y fait parquer en troupeaux, afin de s'assurer la récolte de leurs plumes qui, comme on sait, sont un objet considérable de commerce, car chez tous les peuples, on a su tirer parti de l'élégance de ces plumes gracieuses, soit pour orner la tête des femmes, ou les coiffures militaires des hommes, l'encolure même des chevaux, au temps de la chevalerie, soit pour décorer les ameublements des riches ou des dignitaires. Leur peau est assez épaisse pour fournir aux naturels, qui savent l'apprêter avec beaucoup d'intelligence, un cuir solide dont ils se font des boucliers et des sortes de cuirasses pour leurs combats:

La chair en est médiocre; cependant des nations entières de l'Arabie s'en nourrissaient autrefois; ce qui leur avait valu de la part des anciens le nom de Struthiophages [1], et plusieurs tribus africaines s'en nourrissent encore aujourd'hui.

Secondé par ses excellents coursiers, l'Arabe parvient à s'emparer de l'Autruche après une poursuite des plus opiniâtres où l'oiseau finit par tomber de fatigue, victime de son habitude de décrire, en fuyant, de grands cercles que le chasseur sait couper à propos, épargnant ainsi à son cheval une grande partie du trajet. Lorsqu'il a répété ce manège un bon nombre de fois, il parvient enfin, mais seulement parfois après huit ou dix heures de chasse, à s'emparer de l'oiseau, dont la course est plus rapide que celle du cheval le plus léger. S'il emploie des lévriers à cette chasse, elle devient moins pénible et moins longue. Les peu-

1. Mangeurs d'autruche.

ples d'Afrique la font de la même manière avec le secours de chevaux tarbes.

DE LAFRESNAYE [1].

Un Perroquet qui mange du mouton.

Le Kéa (*Nestor notabilis*) est un curieux perroquet, habitant les chaînes montagneuses de l'Ile centrale de la Nouvelle-Zélande. Il appartient à la famille des perroquets à langue en brosse, et se nourrit naturellement du miel des fleurs, et des insectes qui les visitent, en même temps que des fruits ou petites baies qui se trouvent dans la région. Jusqu'à un temps fort rapproché de nous c'était là tout son régime; mais depuis que tout le pays qu'il habite est occupé par des Européens, il a contracté le goût de la viande, et les résultats en sont alarmants. Il commença d'abord par picoter les peaux de moutons en train de sécher, ou la viande exposée à l'air. C'est vers 1868 qu'on l'a vu, pour la première fois, attaquer des moutons vivants, trouvés souvent le dos labouré de plaies vives et saignantes. On a constaté, depuis, que cet oiseau se fait un véritable terrier du mouton vivant, se frayant avec son bec une route sanglante jusqu'aux reins qui sont sa friandise préférée. Par une conséquence naturelle, on détruit cet oiseau le plus rapidement possible, et bientôt un des membres les plus rares et les plus curieux de la faune de la Nouvelle-Zélande aura sans doute disparu. Ce cas montre d'une façon remarquable comment des pieds grimpeurs et un bec crochu, puissamment développés pour un but donné, peuvent s'adapter à un autre but entièrement

1. Article AUTRUCHE du *Dictionnaire d'Histoire Naturelle* de d'Orbigny. Le Vasseur, Paris.

différent; il nous prouve aussi combien peu réelle est
la stabilité de ce que nous croyons être les habitudes
les plus fixes de la vie.

A.-B. WALLACE [1].

Nos Edredons.

L'oiseau qui est la richesse et la providence des
Islandais, c'est l'Eider (*Anas mollissima*) [2] dont le duvet
fournit l'édredon : nous nous sommes appliqué à l'étudier aussi complètement que possible.

La ponte de l'Eider est une chose fort intéressante :
lorsque la femelle a choisi le coin du sol où elle veut
déposer ses œufs, elle s'arrache à elle-même de la
plume pour en garnir le fond et les bords de son nid,
puis elle pond six œufs généralement, rarement plus.
Pendant ce temps, le mâle, excellent père de famille
et plus jaloux de sa progéniture que César ne l'était
de l'impératrice, ne cesse de surveiller sa compagne,
et la ramène immédiatement lorsqu'elle fait mine de
vouloir partir. Le naturaliste du voyage de *la Recherche*
avait déjà constaté ce curieux phénomène d'un mâle
plus dévoué que la femelle à la conservation de l'espèce; mais n'y aurait-il là qu'un fait de simple
jalousie ?

Le lendemain, le propriétaire de la terre vient et
enlève à la fois duvet et œufs. Le couple infortuné,
qui parfois a fait toute la résistance possible en se
précipitant sur l'homme, et en s'accrochant du bec à
ses habits, s'exile un peu plus loin pour recommencer;
mais de nouveau le *böndi* (fermier) arrive et prend
le précieux dépôt. Infatigable, la mère se remet encore

---

1. *Le Darwinisme*, trad. par Henry de Varigny. Lecrosnier, Paris, 1891.
2. L'Eider est une espèce de canard.

à l'œuvre, et cette fois on ne lui volera qu'une partie de ses œufs, car si l'on désirait tout avoir, on perdrait tout en voulant trop gagner. Mais le ménagement se borne aux œufs, car une fois par semaine on enlève le duvet, et la pauvre mère continue à se dépouiller, jusqu'à ce qu'enfin elle se trouve si nue qu'elle n'a pas de quoi garnir les rebords du trou humide qui contient sa ponte. Le mâle accroupi près d'elle vient alors à son aide en s'arrachant, lui aussi, un duvet que les Islandais distinguent facilement de celui de la femelle parce qu'il est blanc, et ne vient que des côtes de l'animal.

C'est un spectacle fort curieux que d'examiner au pied de chaque motte de terre ces oiseaux couchés sur leurs œufs, et si familiers maintenant qu'ils se laissent caresser.

Il est vrai que les habitants prennent grand soin de ne jamais les effaroucher, et les traitent avec beaucoup de circonspection pour ne pas les obliger à quitter les fjords, et à gagner le large. C'est pour ce motif que les navires ne saluent jamais la place à coups de canon, mais seulement en hissant le pavillon ; le bruit de la détonation pourrait effrayer les Eiders, et nuire à leurs couvées.

Il y a également une amende très forte et même de la prison pour celui qui se ferait prendre à tuer au fusil un de ces oiseaux.

Après cinq ou six semaines la ponte est terminée, et à peine les petits sont-ils sortis de l'œuf que la mère leur enseigne le chemin de l'eau, en employant une méthode fort ingénieuse. Elle va devant, les encourageant à la suivre par de petits cris d'appel ; puis, aussitôt arrivée au bord de la mer, elle les prend sur son dos, et nage jusqu'à une certaine distance de la terre ; arrivée là, elle plonge, de sorte que les jeunes, subitement abandonnés au cours de l'eau, sont bien obligés de se tirer d'affaire eux-mêmes. Nous nous sommes amusés bien souvent à observer cette scène; la mine effrayée du jeune Eider cramponné aux ailes de sa mère et semblant protester contre ce plongeon forcé est comique à voir.

A partir de ce moment ils ne reviendront plus à terre, mais se poseront sur les rocs basaltiques que le fjord mouille continuellement, et qui sont couverts d'une végétation marine.

Dès que le duvet est tiré des nids, on procède aux diverses opérations nécessaires au triage. La méthode la plus ancienne consiste à le faire sécher au soleil pour le remuer ensuite afin d'en séparer l'herbe ou l'algue qu'il contient. D'autres, plus habiles, tendent plusieurs cordes, dans un endroit abrité du vent, sur lesquelles ils posent le duvet et forcent les impuretés à tomber en imprimant à tout le système des secousses répétées. Avec un grand nombre de fils on peut ainsi épurer une grande quantité en peu de temps. Les habitants distinguent deux sortes de duvet : le *thang-duum* qui contient des algues et le *grœss-duum* qui ne renferme que de l'herbe. Ce dernier est bien plus prisé, car, outre qu'il est plus facile à nettoyer, le duvet d'algue conserve souvent de l'humidité.

L'édredon vaut actuellement quinze francs la livre, il était beaucoup plus cher jadis. Quant aux œufs, c'est un mets fort délicat, et que l'on est sûr de trouver comme entrée sur la table des fermiers de la côte.

Leur couleur est presque toujours verdâtre, leur volume double de celui d'un œuf de poule, et on y trouve souvent deux jaunes.

Les habitants ne se contentent pas, du reste, de manger les œufs d'Eider; ils font également entrer dans leur alimentation ceux d'une foule d'autres oiseaux de mer; entre autres ceux du perroquet de mer, ou *Lunden*, qui sont tout blancs. Ils vont les dénicher, au prix de mille dangers, dans les crevasses profondes des rochers, et dressent même leurs chiens à chercher les cavités où se trouvent ces oiseaux.

H. LABONNE[1].

A quoi sert le gésier des Oiseaux.

Le gésier ou véritable estomac des Oiseaux granivores est doué d'une force étonnante; il brise des corps d'une grande solidité, il émousse des instruments pointus ou acérés. Réaumur avait introduit dans l'estomac d'un de ces animaux six boules de verre remplies d'orge : ces boules furent brisées sans qu'il restât de fragments visibles lorsqu'il examina les parties. On calcula, par comparaison, que la force employée pour produire un tel effet avait dû équivaloir à près de douze livres. Le même gésier aplatit ou brise des tubes de fer-blanc, et jusqu'à des tubes de fer ou de cuivre d'une épaisseur médiocre; et l'on a supputé qu'il avait fallu pour cela une force équivalente à 80 et même à 535 livres. C'est de la sorte que l'estomac des poules et des oies, etc., brise des noix, des noisettes, qu'il use des tubes de plomb, des médailles, du verre, des pièces de monnaie, ainsi que Borelli, Duverney, Fontenelle, Réaumur, en citent des exemples. Un dindon a divisé fort menu, de la sorte, jusqu'à vingt-cinq noix entières qu'on avait introduites dans son tube digestif. Des perles introduites dans l'estomac des oiseaux gallinacés n'ont point été brisées, mais elles sont devenues plus belles,

1. *Revue Scientifique* du 27 novembre 1888.

plus polies, plus éclatantes. Spallanzani avait introduit dans l'estomac d'un de ces animaux, une balle de
plomb traversée par douze aiguilles fort piquantes ;
ces aiguilles furent toutes brisées sans que le gésier
parût blessé ou déchiré; il en fut de même d'une
autre balle de plomb qui était débordée par douze
pointes de lancettes neuves et acérées, et même plusieurs de ces fragments d'aiguilles et de lancettes
disparurent entièrement sans que l'on pût savoir ce
qu'elles étaient devenues; peut-être avaient-elles été
pulvérisées. Il avait suffi de seize à trente-six heures
pour obtenir de pareils effets. Un grenat à douze
facettes, ou dodécaèdre, avait presque entièrement
perdu tous ses angles, et était presque devenu lisse
et sphéroïde, après un mois de séjour dans l'estomac
d'un pigeon. J'ajoute que le gésier commence à
exercer son action si énergique sur le corps qu'il renferme, ordinairement au bout de deux heures, et en
quelques heures tout est fini.

La trituration opérée par le gésier est donc nécessaire à la digestion des graines dont se nourrissent
les oiseaux gallinacés. Personne ne nie ce fait aujour-
d'hui, mais plusieurs physiciens ont attribué cette
trituration, non à l'action immédiate du gésier, mais
au contact des graviers, souvent fort nombreux,
qu'on rencontre dans l'estomac des oiseaux dont
nous parlons. On fortifie cette opinion en disant que
ces graviers et ces cailloux doivent avoir un usage,
et quel autre usage peuvent ils avoir, ajoute-t-on, si
ce n'est de briser les aliments qui les heurtent?
Spallanzani a examiné cette question avec beaucoup
plus de soins qu'elle ne méritait. Il a vu qu'on trouvait
constamment de ces graviers dans les oiseaux granivores, qu'on en trouvait quelquefois jusqu'à deux cents
dans le même animal, que le volume en était pro-

portionnel au volume des oiseaux, et que les oiseaux retenus, élevés et nourris par la main de l'homme, avaient moins de ces graviers que les oiseaux abandonnés à eux-mêmes, mais qu'ils en conservaient toujours quelques-uns jusqu'à la mort ; de plus, il s'est assuré que les oiseaux tout jeunes ont déjà des cailloux dans le gésier, leurs parents en mêlant toujours dans les premières becquées d'aliments qu'ils leur donnent, et le même physicien n'est parvenu à éloigner tout caillou du gésier que dans des oiseaux, dans des pigeons, qu'il avait fait éclore et qu'il avait nourris sans le secours et loin de leur mère. Il a vu, après cela, que ces oiseaux privés de graviers digéraient tout aussi bien que ceux qui en étaient amplement approvisionnés.

C'est donc l'action musculaire du gésier qui opère les effets étonnants qu'on attribuait faussement à des corps étrangers [1] ; c'est par ses mouvements propres qu'il broie des graines, qu'il triture les aliments et les rend perméables aux sucs qu'il contient en abondance.

BOURDON [2].

La justice chez les oiseaux.

A en croire plusieurs écrivains autorisés, l'homme n'est pas le seul bipède qui se soit arrogé la prétention, d'ailleurs bien extraordinaire, de rendre la justice, c'est-à-dire de traiter ses semblables selon leurs mérites et surtout leurs démérites. Différents oiseaux

---

1. Il faut pourtant reconnaître que la présence de ces corps durs facilite l'action du gésier : le gésier en comprimant les grains contre les pierres les broie plus aisément.

2 *Principes de Physiologie comparée*, 1830, p. 519.

sont dans le même cas. A de certains intervalles,
raconte M. Edmondson, les Corneilles mantelées des
îles Shetland s'assemblent en grand nombre, dans
un champ, sur une colline, et traduisent devant leur
barre un certain nombre de leurs pareilles. Après un
caquetage infernal, l'assemblée tombe à becs rac-
courcis sur les malheureux accusés et les écharpe,
et, ceci fait, chacun s'en va chez soi. Un autre observateur, M. E. Cox, dit avoir vu ceci. Passant dans
des champs, il entend beaucoup de bruit dans des
arbres habités par des Corneilles, et va voir ce qui se
passe. Il trouve une cinquantaine de corneilles en
discussion animée autour d'une de leurs semblables.
Celle-ci, au centre du cercle, paraît d'abord fort
assurée et même impudente, en présence de son jury.
(Autour du jury, plusieurs centaines de corneilles
formaient un second cercle bien distinct du premier.)
Mais au bout de peu de temps, l'accusée se trouble
et se démonte; elle parle à peine, s'incline et semble
demander grâce. On l'exécute aussitôt et l'assemblée
se disperse. Des faits analogues ont été notés par
différents observateurs. Les Flamants se comporte-
raient parfois aussi de la même façon. Un évêque
anglais raconte que tous les œufs d'une Cigogne
ayant été pris par un chirurgien, et remplacés par
des œufs de poule, le mâle se trouva fort surpris en
voyant éclore des poussins à la place des échassiers
qu'il attendait. Après réflexion, il s'en fut chercher
des amis, qui vinrent en force et s'assemblèrent
autour de l'infortunée femelle qu'ils exécutèrent
bientôt. Aux environs de Berlin, on a pu voir ceci.
Un œuf de Cigogne fut pris dans un nid et remplacé
par un œuf d'Oie. L'œuf vint à bien, et l'oison fit son
apparition. La Cigogne mâle, en voyant le palmipède,
fut extrêmement troublée, mais ne fit rien à celui-ci,

et s'envola aussitôt en poussant des cris féroces.

La femelle continua à donner ses soins à l'oison. Au matin du quatrième jour après le départ du mâle, l'on vit dans un champ voisin une grande assemblée de Cigognes. Celles-ci étaient au nombre de 500 environ, et jacassaient avec volubilité, en écoutant les harangues d'une autre, en face d'elles. Pendant de longues heures, il se détacha successivement du groupe diverses cigognes qui haranguèrent tour à tour leurs camarades, et enfin, toute la bande, poussant de grands cris, s'éleva, et, dirigée par le mari mécontent, à ce que l'on suppose, s'en vint au nid, où la femelle était restée, évidemment fort effrayée, et extermina successivement la malheureuse mère, l'oison, et enfin le nid.

H. DE VARIGNY.

Un oiseau qui donne du lait.

Il y a une variété infinie dans les moyens par lesquels la nature pourvoit à l'alimentation du petit dans la seconde période de la vie animale. Chez beaucoup d'insectes, ce devoir est rempli d'avance par la femelle, qui instinctivement dépose l'œuf ou la partie quelconque qui renferme les rudiments de l'animal dans une situation telle qu'après l'éclosion celui-çi ait à sa portée la nourriture qui lui convient. D'autres animaux, comme l'Abeille sauvage et la Blatte orientale, recueillent et conservent une substance particulière qui sert en même temps de nid pour l'œuf et d'aliment pour le petit ver lorsque l'embryon arrive à cet état. La plupart des oiseaux et plusieurs animaux de la tribu des abeilles rassemblent de la nourriture pour leurs petits : à une époque plus avancée, le mâle et la femelle s'acquittent du devoir d'alimenter ces derniers. Toutefois, il faut faire une exception pour l'Abeille commune, dont les petits ne sont nourris ni par le mâle, ni par la femelle, mais par les Abeilles ouvrières, qui remplissent les fonctions de nourrices. Il est aussi un grand nombre d'animaux qui peuvent fournir immédiatement, aux dépens de leur propre corps, l'aliment approprié à leurs petits pendant cette seconde période. Jusqu'à présent, on a considéré ce dernier mode d'alimentation comme appartenant exclusivement à la classe d'animaux que Linné appelle mammifères; et je ne pense pas qu'on ait soupçonné qu'il existât dans aucune autre classe.

Cependant, dans mes recherches sur les divers modes d'alimentation des petits des animaux, j'ai découvert que tous les animaux de la famille des Colombes sont doués d'une faculté semblable. Le petit pigeon, comme le petit quadrupède, est nourri, jusqu'à ce qu'il soit capable de digérer l'aliment ordinaire de son espèce, par une substance qui est sécrétée, dans ce but, non comme chez les mammifères par la femelle seule, mais aussi par le mâle qui peut-être même fournit cette substance plus abondamment que la première. Un caractère qui est commun à tous les oiseaux, c'est que le mâle et la femelle concourent également à l'éclosion des œufs, et à l'alimentation des petits dans la seconde période de leur vie. Mais ce mode particulier d'alimentation au moyen d'une substance sécrétée dans le corps même des parents, ne s'observe que dans certaines espèces, et c'est le jabot qui est le siège de cette sécrétion. Outre l'espèce Colombe, j'ai quelques raisons de supposer que les Perroquets sont doués aussi de la propriété de nourrir leurs petits avec une substance sécrétée dans leur jabot, car ils ont la faculté de faire remonter dans

12.

leur bec les matières contenues dans leur jabot et de se nourrir l'un l'autre. J'ai vu le perroquet mâle nourrir régulièrement la femelle en remplissant d'abord son jabot et en lui présentant la nourriture avec son bec. On voit également les Perroquets, les Papegays, les Kakatoës, etc., quand ils ont beaucoup d'affection pour la personne qui les élève, faire en sa présence le mouvement par lequel ils font remonter leurs aliments, et souvent même ils font remonter réellement ces derniers. Le Pigeon mâle, quand il caresse sa femelle, fait le même mouvement que lorsqu'il nourrit son petit ; mais je ne sais pas si, en même temps, il fait sortir quelque chose de son jabot.

Quelle que soit la consistance de cette substance au moment de sa sécrétion, il est très probable qu'elle se coagule promptement en un caillé blanc et granuleux, car je l'ai toujours trouvée sous cette forme dans le jabot. Si l'on tue un Pigeon adulte au moment même où les petits éclosent, le jabot se présente tel qu'il vient d'être décrit, et l'on trouve dans sa cavité des fragments de caillé blanc mélangés avec une certaine quantité des aliments ordinaires du pigeon, comme de l'orge, des fèves, etc. Si on laisse les parents nourrir la couvée, et qu'on examine le jabot des petits pigeons, on remarque qu'il contient la même espèce de substance caillée, qui de là passe dans l'estomac où elle est digérée.

Le jeune Pigeon n'est nourri que pendant un court espace de temps avec cette substance seule ; en effet, vers le troisième jour, on la trouve mélangée avec une certaine quantité de la nourriture ordinaire de cette espèce d'animaux. A mesure que le Pigeon avance en âge, la proportion des aliments ordinaires augmente, de sorte que vers le septième, le huitième, ou le neuvième jour, la sécrétion de la matière caillée

cesse dans le jabot des parents, et, par suite, on n'en
trouve plus dans celui des petits. C'est un fait curieux,
que le Pigeon ait d'abord la faculté de faire remonter
cette substance sans aucun mélange avec les aliments
ordinaires, bien qu'ensuite ces deux espèces d'aliments remontent ensemble dans la proportion requise
pour l'alimentation des petits.

JOHN HUNTER [1].

Les infamies du Coucou.

Chacun sait que le Coucou a pris l'habitude de ne point
couver ses œufs : il abandonne ce soin à d'autres oiseaux
dans le nid desquels il les dépose. Le propriétaire du nid
les couve, et le jeune coucou éclôt. Vous allez voir comment
il s'y prend pour remercier ses parents d'adoption...

Le 18 juin 1787, j'inspectai le nid d'une Fauvette
d'hiver qui se trouvait contenir quatre œufs, dont
un de Coucou. Le jour suivant je m'aperçus que l'éclosion avait eu lieu, mais qu'il n'y avait au nid qu'une
seule jeune Fauvette, et le Coucou. Comme d'ailleurs
la nature du lieu se prêtait à l'observation, je continuai à regarder, et, à mon grand étonnement, je
vis le jeune Coucou, si récemment éclos, se mettre
en devoir de faire vider la place à sa compagne.
Sa manière de s'y prendre était fort curieuse : à
l'aide de son croupion et de ses ailes, il se mit la
Fauvette sur le dos, la maintint en place en élevant
les coudes, et gravit à reculons la paroi du nid.
Arrivé en haut, il prit un temps de repos, puis, ras-
semblant ses forces en un soubresaut, il lança son
fardeau de manière à le dégager complètement du

---

1. *Œuvres complètes* de John Hunter, traduction de G. Richelot, t. IV,
p. 194.

nid. Puis après être resté quelque temps à tâtonner du bout de ses ailes, comme pour s'assurer qu'il s'était bien acquitté de sa besogne, il se laissa glisser dans le nid ; j'ai souvent eu l'occasion de constater que le bout des ailes est pour les jeunes Coucous une sorte de main avec laquelle ils examinent un œuf ou un oisillon avant de se mettre à l'œuvre, et dont la sensibilité paraît suppléer à la vue qui leur manque encore. J'ai également, à plusieurs reprises, mis un œuf dans différents nids contenant un jeune Coucou, et chaque fois j'ai vu le petit animal manœuvrer d'une façon analogue à celle qui vient d'être décrite. Souvent, en grimpant sur le bord du nid, il lui arrive de laisser retomber son fardeau, mais il ne se laisse pas rebuter et recommence jusqu'à réussite complète. Ce qui est curieux, c'est de voir la manière dont il se démène lorsqu'on lui adjoint un jeune oiseau dont le poids est au-dessus de ses forces ; c'est l'inquiétude et l'agitation personnifiées.

Au bout de deux à trois jours, cette tendance à éliminer ses compagnons commence à diminuer, et disparaît entièrement, à ce qu'il me semble, au bout de douze jours. Même avant cette époque, il semble tolérer la présence d'œufs dans le nid, car j'ai souvent vu un jeune Coucou, éclos depuis neuf ou dix jours, rejeter un oisillon placé dans son nid en même temps qu'un œuf dont il ne s'offusquait pas. Sa forme singulière se prête, du reste, à ces manœuvres ; à l'encontre des oiseaux lorsqu'ils viennent d'éclore, il a le dos très large à partir des omoplates, et muni vers le milieu d'un creux considérable, qui semble destiné par la nature à recevoir l'œuf ou l'oiseau qu'il cherche à éliminer.

Au bout de douze jours, cette cavité disparaît et le dos prend la forme commune à la généralité des jeunes oiseaux...... C'est peut-être dans le fait d'une conformation qui rend le jeune Coucou si apte à charrier les jeunes Fauvettes que se trouve l'explication du choix que fait la femelle du nid d'une si petite espèce pour y déposer son œuf; les jeunes, d'une espèce plus grosse, seraient probablement trop lourds pour être maniés, et le jeune Coucou ne pourrait, par conséquent, accaparer le nid à lui seul. (Je me rappelle le cas d'une Fauvette d'hiver, dont un œuf vint à éclore cinq jours avant celui qu'un Coucou avait déposé dans son nid. Il fallut deux jours au jeune Coucou pour rattraper l'avance que la jeune fauvette avait sur lui, et acquérir assez de force pour la rejeter au dehors. Mais les œufs ne lui avaient pas causé le même embarras, car il n'en restait plus qu'un)...

27 juin 1787. Ce matin, deux Coucous et une Fauvette d'hiver vinrent au monde dans le même nid; il restait un œuf encore intact. Quelques heures après les deux Coucous commencèrent à se disputer la possession du nid; la lutte, longtemps indécise, finit par se terminer en faveur du plus gros, qui mit à la porte l'œuf et la jeune Fauvette, aussi bien que son adversaire. Rien de curieux comme de voir ces deux oiseaux aux prises : tantôt l'un, tantôt l'autre, réussissait à pousser son rival jusque vers le bord du nid, pour fléchir au dernier moment sous le poids, et retomber. Ce ne fut qu'après maints efforts que la victoire resta au plus fort qui devint, dès lors, l'unique nourrisson des Fauvettes.

JENNER [1].

---

1. *Philosophical Transactions*, vol. LXXVIII, cité dans Romanes, *Intelligence des Animaux*, t. II, p. 62, Alcan — Jenner, on le sait, s'est immortalisé en découvrant la vaccine, qui a arraché et arrache encore à la variole des millions de vies humaines.

Singulier mode de migration des Oiseaux.

Chacun sait que beaucoup d'oiseaux possèdent des facultés de vol telles qu'ils sont en état de franchir des espaces considérables, et de la sorte, de passer par-dessus les mers, pour aller d'un continent à un autre, ou à une île plus ou moins éloignée. Mais on se demande souvent comment certains petits oiseaux arrivent à franchir ces distances énormes. Ils volent bien, assurément, mais ils ne peuvent voler long-temps; leur vol n'est point soutenu comme celui du Canard par exemple, ou de l'Hirondelle, de la Caille par exemple. Et pourtant, on les voit franchir des mers étendues, comme la Méditerranée; ou plutôt on en constate la présence en des pays où ils ne résident pas d'habitude. Comment ont-ils fait pour venir? Ce point est élucidé depuis quelques années, et de bons observateurs ont vu que les petits oiseaux dont il s'agit s'y prennent d'une façon très simple. Ils grimpent sur le dos des grands oiseaux migrateurs, et confortablement nichés dans leur chaud plumage traversent la mer sans se fatiguer. Arrivés à terre, ils quittent leur compagnon et s'en vont de leur côté. C'est ainsi qu'Adolphe Ebeling a vu le Hoche-queue en Égypte, et il s'en étonnait devant un vieux Bédouin, son interprète. Celui-ci répondit que le fait n'a rien de surprenant, et que cet oiseau, avec d'autres encore, vient en Égypte, porté sur le dos des Cigognes, des Grues et autres grands oiseaux migrateurs. Le voyageur se récria. « Tous les enfants d'ici savent cela, reprit le Bédouin. Ces petits oiseaux sont beaucoup trop faibles pour faire ce long voyage de mer, avec leurs propres ressources. Ils le savent fort bien; ils attendent donc l'arrivée des Grues, Cigognes, et

autres grands oiseaux et s'installent sur leur dos :
de cette façon ils sont transportés par-dessus la mer.
Les grands oiseaux y consentent volontiers, car ils
aiment leurs petits amis qui par leur gai babillage
les aident à tuer le temps dans leur long voyage. »

Le fait semble exact, il a été confirmé de différents
côtés. C'est ainsi que M. Hedenborg, le voyageur sué-
dois bien connu, l'a vu dans l'île de Rhodes. A l'automne il entendit souvent chanter de petits oiseaux
qu'il ne pouvait réussir à voir, mais une fois, il suivit
attentivement de l'œil un vol de Cigognes qui arrivaient d'Europe, et comme celles-ci se posaient à
terre, il vit de petits oiseaux s'élever de leur dos et
prendre le vol; mais il était trop loin pour voir à
quelle espèce ceux-ci appartenaient.

Cette manière économique de voyager n'est pas
spéciale à nos petits chanteurs européens. Dans
l'Amérique du Nord, à la baie de Hudson, les Indiens
affirment qu'un petit passereau effectue de même
son voyage sur le dos d'une oie, l'Oie du Canada,
et souvent quand ils ont blessé ou tué une de celles-ci,
ils ont vu s'échapper ses petits compagnons nichés
sur son dos. Chose curieuse, ils ne voyagent que sur
cette espèce d'Oie : ils n'accompagnent jamais d'autres espèces voisines qui pourtant émigrent comme
la première, mais huit ou quinze jours plus tard.

Parmi les oiseaux qui viennent prendre passage
sur les grandes espèces, Henry van Lennep (*Bible Cus-
toms in Bible lands*, 1875) rapporte qu'en Palestine
les Ortolans, les Becfigues, et nombre de petits pas-
sereaux sont les principaux. Comme les Grues et
Cigognes quittent les régions du nord, dit-il, « on
peut voir de petits oiseaux de toutes les espèces
voletant autour d'elles, et on entend distinctement
le ramage de ceux qui sont déjà confortablement in-

stallés sur leur dos ». Il convient d'ajouter que M. van Lennep jouit d'une autorité incontestée, et on peut conclure que le singulier mode de migration dont il s'agit est un fait certain.

HENRY DE VARIGNY [1].

Un oiseau berger.

L'Agami est un oiseau de l'Amérique méridionale, dont le corps est à peu près aussi gros que celui de nos poules, mais avec un cou et des jambes plus allongés.

Son plumage est noir, excepté sur la poitrine, où il passe du bleu d'acier au jaune d'or, et scintille au soleil comme une plaque de métal poli.

L'Agami s'apprivoise très facilement, surtout en Guyane, et alors, il s'attache à son maître, mais d'une façon excessivement jalouse, et empêche tout autre animal de s'en approcher. Il garde et défend ce qu'il sait être sa propriété. On le voit, le matin, conduisant les canards à la mare, les poules vers la prairie; quand un des animaux tente de s'écarter, un vigoureux coup de bec le ramène dans le droit chemin. Il préside à la rentrée des troupeaux et garde les moutons tout aussi intelligemment qu'un chien. Si un carnassier ou un chien errant s'approche du troupeau dont il s'est fait le gardien, l'Agami n'hésite pas à engager le combat. Il se précipite en poussant de grands cris sur son adversaire, que ses énergiques coups de bec ont bientôt mis en fuite. A l'heure du repas, il s'installe dans la salle à manger,

---

1. D'après *Nature* de Londres, t. XXIII, 1881, p. 387, 411 et 484, où l'on trouvera les notes détaillées des correspondants de ce journal qui lui signalent ce mode de migration.

en ayant grand soin de chasser le chien ou le chat
qui voudraient l'imiter, et attend patiemment qu'on
songe à lui [1].

Le Coucou des abeilles.

Le Coucou des abeilles [2], ou guide au miel, dit Spar-
mann, mérite bien un article à part, et je crois que
c'est ici le lieu d'en parler. Cet oiseau n'est cependant
remarquable ni par sa grosseur, ni par sa couleur; à
la première vue, on le prendrait pour un moineau
ordinaire, si ce n'est qu'il est un peu plus gros, d'une
couleur plus claire, qu'il a une petite tache jaune sur
chaque épaule, et que les plumes de sa queue sont
marquetées de blanc.

C'est, comme je l'ai dit, pour son propre intérêt que
cet oiseau découvre aux hommes et aux ratels [3] les nids
d'abeilles : car il est lui-même très friand de leur
miel, et surtout de leurs œufs, et il sait que toutes les
fois qu'on détruit un de ces nids, il se répand toujours
un peu de miel dont il fait son profit, ou que les des-
tructeurs lui laissent en récompense de ses services.
Le moyen qu'il emploie pour leur communiquer sa
découverte est aussi extraordinaire qu'il est merveil-
leusement adapté à ses vues.

Le soir et le matin sont probablement les heures
où son appétit se réveille, au moins c'est alors qu'il
sort le plus ordinairement, et par ses cris perçants,
cherr, *cherr*, *cherr*, semble chercher à exciter l'attention des ratels, des Hottentots ou des colons. Il est

---

1. *Revue Scientifique.*
2. Oiseau de l'Afrique.
3. Le *ratel* ou *glouton* est une sorte de blaireau qui habite la région du
Cap, en Afrique.

rare que les uns ou les autres ne se présentent pas à l'endroit d'où part le cri ; alors l'oiseau, tout en le répétant sans cesse, vole lentement et d'espace en espace vers l'endroit où l'essaim d'abeilles est établi.

Il faut que ceux qui le suivent aient grand soin de ne pas effrayer leur guide par quelque bruit extraordinaire ou par une compagnie trop nombreuse, il faut plutôt, comme je l'ai vu faire à un de mes guides habile à cet exercice, répondre à l'oiseau par un sifflement fort doux, comme pour lui faire connaître qu'on fait attention à son appel. J'ai observé que si les nids d'abeilles sont un peu éloignés, l'oiseau fait de longues volées et se repose par intervalles, attendant son compagnon de chasse et l'encourageant par de nouveaux cris à le suivre ; mais à mesure qu'il approche du nid, il abrège l'espace des stations, rend son cri plus fréquent, et répète ses *cherr* avec plus de force. J'ai vu aussi avec étonnement ce que plusieurs personnes m'avaient précédemment assuré, que si l'oiseau, impatient d'arriver, a laissé trop loin derrière lui son compagnon, retardé par l'inégalité et la difficulté du terrain, il revient au-devant de lui, et par ses cris redoublés, qui annoncent plus d'impatience encore, semble lui reprocher sa lenteur. Enfin, lorsqu'il est arrivé au nid des abeilles, qu'il soit bâti dans une fente de rocher, dans le creux d'un arbre ou dans quelque trou souterrain, il plane immédiatement au-dessus, pendant quelques secondes (j'ai moi-même été deux fois témoin de ce fait), après quoi il se pose en silence, et se tient ordinairement caché sur quelque arbre ou buisson voisin, dans l'attente de ce qui va arriver, et dans l'espérance d'avoir sa part du butin. Il est probable qu'il plane toujours plus ou moins longtemps au-dessus du nid des abeilles avant de s'aller cacher ; mais on n'y fait pas toujours attention, on est au moins toujours assuré que le nid n'est pas loin, lorsqu'après vous avoir conduits un bout de chemin, l'oiseau s'arrête tout à coup et cesse son cri.

Dans un endroit où nous fîmes halte pendant une couple de jours, mes Hottentots furent conduits par un Coucou des abeilles, dont les indications paraissaient obscures et ambiguës; il les fit avancer et reculer plusieurs fois, en les ramenant toujours à la même place. L'un d'eux, plus attentif que les autres, s'avisa enfin de chercher à cette place même, et y trouva le nid.

Après avoir ainsi déterré ou découvert, grâce à l'oiseau, les nids d'abeilles, et les avoir pillés, les Hottentots, en reconnaissance, lui laissent ordinairement une bonne portion de cette partie du rayon qui contient les œufs et les petits. Ce morceau, le pire à nos yeux, est probablement pour lui le plus délicat, et les Hottentots mêmes étaient loin de le dédaigner. Lorsqu'un homme, m'a-t-on dit, fait métier de chercher des essaims d'abeilles, il ne doit pas d'abord être trop libéral envers l'officieux oiseau, mais seulement lui laisser une part suffisante pour aiguiser son appétit. L'espérance d'obtenir une plus ample récompense l'excitera à conduire de nouveau son compagnon à un autre nid, s'il en connaît quelqu'un dans le voisinage.

Brehm [1].

Les migrations [2] des oiseaux.

L'aile est un ressort puissant pour emporter l'oiseau. Le Martinet et la Frégate font quatre-vingts

---

1. *Les Oiseaux*, p. 168. J.-B. Baillière.
2. On donne le nom de migrations aux déplacements réguliers ou occa-

lieues par heure, six fois plus que les trains express. L'Hirondelle va en huit jours d'Angleterre en Guinée. Le faucon de Henri II parcourut en vingt-quatre heures la distance de Fontainebleau à Malte. Celui du duc de Lerme revint en seize heures d'Andalousie à Ténériffe, et les pigeons font trente lieues par heure. L'organe visuel destiné à diriger l'oiseau dans sa course vertigineuse a vingt-cinq fois la portée de celui de l'homme.

Une paupière supplémentaire transparente préserve l'œil de la force du vent et de la vivacité de la lumière. L'organe de l'audition, très délicat, perçoit pendant la nuit les moindres bruits, avertit l'oiseau du danger, et le renseigne sur la nature des lieux, forêts ou plaines.

La tactique varie suivant les espèces : les Rouges-gorges, les Fauvettes s'en vont le jour, de fourrés en buissons, et isolément. L'Étourneau s'en va en décrivant ses spirales, qui déconcertent le chasseur. D'autres passent en familles sous la direction des anciens de la tribu. D'autres se réunissent en bandes innombrables qui se succèdent à de courts intervalles. Les plus prudents se reposent le jour et marchent la nuit. Tous les migrateurs ailés ne se servent pas de leurs ailes, les Dindons sauvages par exemple.

En octobre, quand l'abondance a diminué, ils se dirigent vers les riches plaines de l'Ohio et du Missouri. Les mâles voyagent par groupes, les femelles vont de leur côté avec leur famille.

Quand une rivière les arrête, ils semblent délibérer ; les plus vieux choisissent les points élevés pour de là se jeter sur l'autre rive ; les plus jeunes les imitent de leur mieux.

sionnels d'animaux d'une contrée à l'autre. Notre hirondelle, la caille, etc.. émigrent régulièrement du nord au sud en automne.

Le Pigeon passager d'Amérique se rencontre depuis le Canada jusqu'au golfe du Mexique, et parcourt par bandes ce vaste continent. Ces bandes ont souvent un kilomètre de large et dix où douze kilomètres de long. Wilson évaluait à plus de deux milliards le nombre des individus composant une de ces agglomérations, qu'il vit passer dans le voisinage d'Indiana. Audubon, qui habitait sur les bords de l'Ohio, traversant un jour d'automne des terrains incultes près d'Hardembury, vit un vol immense de ces pigeons se dirigeant du nord-est au sud-ouest, « la lumière du soleil de midi en était obscurcie, et la fiente tombait dense comme des flocons de neige. Avant le coucher du soleil, j'arrivai à Louisville, situé à cinquante-cinq milles, et les pigeons passaient toujours en rangs serrés. Le défilé de cette immense colonne dura trois jours encore, et pendant ce temps, toute la population du pays était occupée à en faire la chasse. »

Les oiseaux descendent plus ou moins vers le sud, suivant leur tempérament, leur facilité pour le vol, les obstacles qu'ils rencontrent. Telle espèce passe la Méditerranée, telle autre, comme les Hirondelles, franchira l'Équateur; beaucoup s'arrêtent dans le midi de l'Europe. Le retour se fait en sens inverse. Les mêmes dangers, les mêmes obstacles ne déconcertent pas les voyageurs. Partir est une affaire importante; les hirondelles d'un quartier s'assemblent, délibèrent, et pendant plusieurs jours semblent se préparer à un acte important, et puis elles disparaissent. Comme dans les armées en marche, l'ordre le plus parfait règne dans ces convois ailés. Ainsi les canes du Lapeland et beaucoup d'autres forment dans l'air un triangle volant; on dit que chaque oiseau se place tour à tour à la pointe, et qu'un autre le relève aussitôt qu'il se lasse. Les grues, formées aussi en triangle, passent bien au-dessus des campagnes et des villes.

Les Cigognes pacifiques quittent leurs demeures respectées, les villes où elles sont en honneur, pour aller passer l'hiver en Afrique. Voici l'armée des cailles, tumultueuse et sans discipline, qui ne s'arrête pas en chemin. Le jour, elle passe de buisson en buisson, de prairie en prairie, voletant, picorant ici et là, les vieux aidant les jeunes, ceux-ci devançant les premiers. La nuit, toute la bande s'élève dans l'air et regagne en vitesse le temps perdu. Cette multitude arrive un jour au bord de la Méditerranée et, aussi surprise que les foules naïves qui suivaient Pierre l'Ermite quand elles furent devant le Bosphore, les cailles vont et viennent, ne comprenant rien à cet obstacle imprévu. Alors elles se partagent, les unes par les Baléares, le détroit, vont en Afrique. Les autres par la Corse, la Sardaigne, la Sicile, Malte, l'archipel, gagnent encore l'Afrique et la Syrie. Toutes n'arriveront pas; tous les croisés aussi ne saluèrent pas les remparts de Jérusalem. Au siècle dernier, on prit en un jour 100,000 cailles aux environs de Nettuno, dans le royaume de Naples.

Le temps n'est pas encore éloigné où l'évêque de Capri, nommé pour cette raison l'évêque des Cailles, affermait 25,000 livres la chasse de ces oiseaux.

A. COUTANCE [1].

La psychologie de la Poule.

M. B. Karr et son frère ont raconté il y a peu de temps un certain nombre de faits observés par eux sur les mœurs et la psychologie de la basse-cour.

1. *La Lutte pour l'Existence*, p. 30-31. 1882, Reinwald.

MM. Karr ont vécu dans une telle intimité avec leurs sujets qu'ils les connaissaient tous de vue (il y avait une centaine de volatiles) et presque tous à leur gloussement. Étant données dix douzaines d'œufs, ils pouvaient indiquer exactement la poule qui avait pondu chacun de ceux-ci; ils connaissaient les vingt coqs rien qu'à leur cri. C'est dire qu'ils ont observé de très près. D'après eux, il n'est pas une poule sur cinquante dans une basse-cour qui ne sache exactement qui est plus fort, et qui est plus faible qu'elle. Dès la plus tendre enfance, cette hiérarchie de la force est réglée par une série de combats, et chacun sait exactement à quoi s'en tenir sur les capacités des autres volatiles. Les changements sont rares, paraît-il, et les rangs sont conservés. Chaque poule ou poulet a son individualité bien marquée; tel volatile est faiseur d'embarras, important; tel autre, prudent, soupçonneux; tel aime la solitude, tel recherche ses camarades. Les caractéristiques morales, bien marquées, de la mère se retrouvent généralement chez les petits, et le courage surtout est héréditaire. Les coqs belliqueux savent fort bien se rappeler les ruses de guerre qui leur ont réussi. Un jeune coq, en luttant avec un dindon, se trouva par hasard sur le dos de son adversaire : celui-ci, terrorisé, s'enfuit aussitôt. A partir de ce jour, le coq n'eut pas de plus grand plaisir que de chercher querelle à tous les dindons de sa connaissance et de se procurer la joie d'une victoire aisée. Dans une ferme il y avait trois coqs principaux. Chacun avait son domaine, c'était chose entendue, et chacun s'y tenait, pour n'avoir pas à livrer des combats désagréables. Mais entre ces domaines il y avait des zones neutres où les voisins se rencontraient parfois. L'un d'eux, un gros coq assez lourd, et très rempli de lui-même, se mettait alors à pousser un cri formidable. L'autre, leste et agile, aussitôt qu'il se voyait défier par son adversaire, courait à lui, et le jetait à bas avant qu'il eût pu interrompre son cri et se mettre en posture de lutte. A la fin, le gros coq s'avisa d'user du même stratagème et s'en trouva si bien qu'il l'employa désormais dans toutes ses luttes, tombant toujours sur son adversaire au milieu de son *cocorico*.

Si l'on met un miroir contre un arbre, et si l'on met devant un peu de grain, on est assuré de voir un spectacle amusant. Telles poules, en voyant leur image, la contemplent un instant, cherchent derrière l'arbre, et puis s'en vont. D'autres donnent des coups de bec. Un vieux coq, en voyant un rival, se hérissa de suite et voulut entamer le combat. Mais en se déplaçant de côté, il perdit de vue son ennemi. Il se calma et revint tout près du miroir pour manger le grain. Aussitôt l'ennemi reparaît très proche : même manœuvre, mais encore une fois, il disparaît. Le coq est inquiet ; il regarde de tous côtés, ne voit rien, pousse quelques cris et se calme. Il se décide à manger de nouveau et se rapproche du grain : le coq lui apparaît de nouveau, plus proche que jamais. Alors il se jette sur cet ennemi fantastique, et brise le miroir en mille morceaux. « Le mélange d'étonnement, de rage et de triomphe dans l'aspect de cet oiseau, comme il tourbillonnait, effrayé par le bruit de la glace brisée, et stupéfait par la complète disparition de son ennemi, était comique à voir. Il se précipita alors derrière l'arbre, pensant évidemment que le lâche intrus avait pu se cacher là ; ne le trouvant pas, le vainqueur se pavana, trop agité pour manger, et poussa de nombreux chants de triomphe à propos de sa victoire sans précédent. » Le coq est très sensible aux mortifications d'amour-propre. Plusieurs coqs étaient réunis dans une cour. L'un d'eux saute sur le marchepied d'une voiture et se met à pousser son *cocorico*. La situation de leur camarade inspire de la jalousie aux autres. L'un saute sur un pieu à attacher les chevaux. Puis, le plus beau de tous prend son élan et va se poser sur une barre d'une machine agricole. Par malheur, cette barre pivote verticalement, et à ce moment rien ne la retient. Au moment donc où l'orgueilleux étend ses ailes pour mieux crier, la barre s'affaisse et il se trouve à terre. L'animal ne dit rien, mais s'en va d'un air fort penaud.

Un autre sultan de basse-cour, qui gardait admirablement sa dignité en présence de son harem, était très aisément effrayé dès qu'il en était loin. Nos auteurs s'amusaient à l'attirer dans un coin isolé et à lui produire une vive frayeur ; il fuyait aussitôt, mais tombait au milieu de ses poules. Ce qui était amusant à voir, c'était la précipitation avec laquelle, dès qu'il se trouvait en présence de celles-ci, il ajustait sa démarche, et cessant sa fuite précipitée et sans dignité, tâchait de reprendre équilibre, ravalant ses cris de terreur et essayant de leur substituer un caquetage amoureux en même temps que majestueux. Un coq rossé par un rival essaie presque toujours de se rattraper sur un plus jeune.

H. DE VARIGNY [1].

Ce que mangent les oiseaux.

L'Alouette se nourrit de vers, œufs de fourmis, chenilles, sauterelles, de la Cécidomye ravageuse du blé.

---

1. *Revue Scientifique* du 24 novembre 1888.

13.

Le Bec-Croisé chasse les cloportes, la tordeuse du pin, dont la chenille est si nuisible aux arbres.

La Bergeronnette suit les troupeaux, les débarrasse des taons, et mange les charançons du blé.

Le Bouvreuil détruit les chenilles processionnaires, les œstres, dont la piqûre fait souffrir le bétail.

La Buse, chaque année, dévore des milliers de souris, rats, mulots, campagnols, loirs et lérots.

Le Chardonneret mange la graine du *chardon*, les mouches.

La Chouette et le Hibou, la nuit, mangent les rats, souris, mulots, loirs, papillons nocturnes.

La Chauve-Souris, dès le soir, remplace l'oiseau. Elle avale papillons et autres insectes.

Le Corbeau se nourrit de vers, sauterelles, petits rongeurs, et des nuisibles matières putréfiées.

Le Coucou est le seul oiseau qui avale les grosses chenilles velues. Du bec et des pattes, il déterre les vers blancs.

La Fauvette avale la cécidomye du blé, la bruche des pois, beaucoup de pucerons et autres insectes [1].

Les colonies de Pigeons.

Non loin de Shelbyville, dans l'Etat du Kentucky, il y a cinq ans, il y avait une de ces sortes de colonies, s'étendant à travers les bois, à peu près du nord au sud, sur une largeur de plusieurs milles et, disait-on, une longueur de plus de quarante milles. Chaque arbre, dans cet espace, était garni d'autant de nids que ses branches pouvaient en porter. Les pigeons y apparaissaient vers le 10 avril, et le quittaient, avec

---

1. La cécidomye, la tordeuse du pin, les œstres et la bruche sont des insectes.

leurs petits, avant le 25 mai. Dès que les petits avaient
grandi, et avant qu'ils n'eussent quitté les nids, de
nombreuses bandes des habitants de la région adja-
cente venaient avec des charrettes, des haches, des
lits, des ustensiles de cuisine, beaucoup d'entre eux
accompagnés de leur famille, et campaient, pendant
plusieurs jours, dans cette immense *nursery*.

On m'a dit que le bruit y était assez grand pour
effrayer leurs chevaux, et qu'on ne s'entendait qu'en
se criant réciproquement dans l'oreille. Sur la terre
gisaient des branches cassées, des œufs, de jeunes
pigeons qui avaient été précipités d'en haut, et que
dévoraient des troupes de cochons. Des faucons, des
buses et des aigles planaient en l'air, et fondaient sur
les jeunes dans les nids, tandis que, au-dessous, à
partir de la hauteur de vingt pieds jusqu'au sommet
des arbres, on apercevait des multitudes de pigeons
voletants, effarés, dont le bruissement d'ailes mêlé
aux craquements répétés du bois qu'on abattait rap-
pelait le grondement du tonnerre; car les bûcherons
s'étaient mis à l'œuvre, coupant les arbres qui semblaient le plus chargés de nids, et s'arrangeant de
façon à ce que leur chute en entraînât d'autres; de
manière qu'un seul gros arbre en tombant pût fournir
jusqu'à 200 jeunes pigeons de très peu inférieurs,
pour les dimensions, à leurs parents, et tout bourrés
de graisse. Sur quelques-uns de ces arbres on trouva
jusqu'à cent nids, chacun ne contenant qu'un petit,
circonstance qui n'était pas généralement connue des
naturalistes [1]. Il était dangereux de passer sous ces
millions d'ailes tendues ou voletantes, à cause des
écroulements de branches sous le poids des multi-

---

1. De plus récentes observations ont prouvé qu'il y a, habituellement,
deux œufs qui produisent deux jeunes. Mais il est possible que, dans la
plupart des cas, un seul parvienne à la maturité.

tudes, victimes souvent elles-mêmes de cette sur-
charge ; quant aux vêtements de ceux qui traversaient
le bois, les excréments des pigeons en faisaient un
dépôt ambulant de guano [1].

Je tiens ces détails de plusieurs personnes dignes
de foi, et ce que j'ai vu moi-même les a en partie confirmés. Je traversai, sur un espace de plusieurs milles,
cette sorte de couvoir, où chaque arbre était mou-
cheté de nids, ou plutôt des restes des nids dont on
m'avait parlé. J'en ai pu compter jusqu'à 90 sur un
seul arbre. Mais les pigeons avaient abandonné le
gîte pour un autre, 60 ou 80 milles plus loin, vers
Green River, où on les disait tout aussi nombreux.
Je ne doute point de l'exactitude de cette assertion,
dont les masses nombreuses qui passaient au-dessus
de nos têtes dans cette direction étaient une preuve
vivante. Tout le fruit avait été consommé dans le
Kentucky ; les pigeons, chaque matin avant le lever
du soleil, partaient pour le territoire d'Indiana, dont
le point le plus rapproché était à soixante milles.
Beaucoup d'entre eux revenaient à dix heures, et le
principal corps d'armée peu après midi. J'avais quitté
la grande route pour visiter les restes de la colonie
de Shelbyville, et, me dirigeant vers Frankfort [2], je
traversais les bois, le fusil sur l'épaule quand, vers
dix heures, les pigeons que j'avais remarqués, le matin,
volant vers le nord, commencèrent à revenir en nombres tellement immenses que rien encore n'avait pu
m'en donner l'idée. En arrivant à une clairière, à un
détour de la route, où la vue n'était plus interrompue,

1. Le guano est un amas d'excréments d'oiseaux. On en trouve en
grande quantité dans certaines îles du Pacifique où les oiseaux de mer
ont coutume de se réunir à l'époque de la ponte des œufs.

2. Il s'agit ici d'un Frankfort situé en Amérique. On rencontre beaucoup de noms de villes européens en Amérique : il y a un Paris et un
Versailles dans un des États du Centre.

je fus étonné de leur apparition. Ils volaient avec une rapidité et une régularité extraordinaires, hors de portée de fusil, en plusieurs rangées de profondeur, et si serrés les uns contre les autres que si l'on eût pu les atteindre, un seul coup en eût fait tomber plusieurs. A droite, à gauche, aussi loin que l'œil pouvait les apercevoir, la largeur de cette vaste procession s'étendait, partout aussi serrée en apparence. Curieux de déterminer la durée de ce passage, je pris ma montre, et m'assis à les observer. Il était une heure et demie; pendant plus d'une heure, au lieu de constater une diminution dans cette prodigieuse procession, il me sembla qu'elle augmentait, en nombre et en rapidité; désireux de gagner Frankfort avant la nuit, je me levai et continuai ma route. A quatre heures de l'après-midi je traversai la rivière de Kentucky, dans la ville de Frankfort, et à ce moment le torrent vivant au-dessus de ma tête paraissait aussi fourni, aussi abondant que jamais. Longtemps après, j'observai de grandes bandes qui passaient et qui duraient six ou huit minutes, suivies ensuite d'autres détachements, tous dirigés vers le même point sud-est, jusqu'à six heures du soir. La grande largeur de l'ordre de bataille que maintenaient ces puissantes multitudes semblait indiquer des dimensions correspondantes dans leur couvoir, qu'en effet quelques personnes qui l'ont récemment traversé, estiment large de plusieurs milles.

ALEX. WILSON [1].

---

1. Cité par A.-R. Wallace dans *le Darwinisme*, p. 45 (Lecrosnier, 1891). — De ces diverses observations, Wilson conclut que le nombre d'oiseaux contenus dans la masse de pigeons qu'il vit en cette occasion, était au moins de deux milliards, et ce n'était qu'une seule de plusieurs colonies semblables existant en diverses parties des États-Unis.

L'engraissement forcé des volailles.

L'engraissement ordinaire se fait en plaçant les animaux dans des *épinettes* ou cases étroites dont les unes sont à claire-voie, les autres à fond plein avec paille ou mieux sable sec. Les cases destinées à recevoir les oies et canards doivent être si étroites que ces animaux ne puissent se remuer; mais il est barbare et sans utilité de leur clouer les pattes au plancher et de leur crever les yeux. La nourriture est déposée dans des augettes, à heures fixes, et on laisse les prisonniers manger à même. On leur donne des pâtées de pommes de terre cuites pour débuter, puis des pâtées de farine de maïs, de sarrasin, de froment, d'orge, délayées dans du lait pur ou écrémé, ou dans du petit-lait. On termine par des pâtées de farine d'avoine avec lait pur; on ajoute un peu d'avoine ou de maïs en grains.

L'engraissement artificiel ou *gavage* se fait avec des pâtées délayées dans le lait ou l'huile, façonnées en boulettes, et introduites dans le jabot. Pour cela, une femme prend l'oiseau, lui ouvre de force le bec, et y introduit successivement des pâtons qu'elle fait descendre un à un dans le jabot en pressant sur l'œsophage. Quand ce réservoir est rempli, on donne à boire du lait ou un peu d'eau et on replace dans la case. Dans le Midi, le gavage de l'oie et du canard s'opère avec le maïs, tantôt donné en nature, tantôt gonflé dans l'eau ou le lait, et on fait boire un peu d'eau salée. Nous avons vu achever l'engraissement du dindon en lui faisant ingérer des tourteaux, de l'huile, de l'axonge et des noix. Les tourteaux [1],

---

1. Amas de graines oléagineuses qui ont été comprimées pour l'extraction de l'huile qu'elles contiennent, et qui peuvent dans certains cas servir à l'alimentation du bétail.

surtout ceux de colza, communiquent à la chair un goût d'huile désagréable. Le gavage doit se faire au moins deux fois par jour, quelquefois on va à trois. Lorsqu'il porte sur un nombre élevé de bêtes, il nécessite du personnel et devient coûteux ; aussi, a-t-on songé à l'opérer mécaniquement.

C'est vers 1837, à Strasbourg, que la première idée de la gaveuse mécanique fut réalisée, mais elle a subi depuis de grands perfectionnements. Elle consiste essentiellement en un vase cylindrique, de capacité variable, qu'on emplit de bouillie suffisamment claire ; à la partie inférieure une ouverture communique avec un tube de caoutchouc terminé par une canule. Une sorte de piston fonctionnant à l'intérieur du vase est actionné par une pédale. A chaque coup de celle-ci, il presse sur la bouillie et en projette une quantité déterminée dans le tube. Les animaux étant placés dans des épinettes spéciales, il suffit de les prendre un à un, de leur introduire la canule dans la gorge, de donner un nombre de coups de pédale fixé à l'avance pour qu'ils reçoivent une ration déterminée de bouillie.

Lorsque l'engraissement touche à son terme, il devient de plus en plus difficile, parce qu'à l'appétit et à l'avidité des premiers temps succède une satiété qui prend parfois les proportions du dégoût. Il faut s'ingénier de toutes façons à faire manger et boire les animaux sous peine de recul dans l'opération.

Il est utile de varier l'alimentation tous les vingt jours environ, sauf à revenir aux aliments primitifs. On recourt aussi aux condiments ; les plus usités sont le sel dénaturé donné soit sous forme de pains ou de briques placés dans les râteliers, et que les animaux lèchent à leur loisir, soit dissous dans de l'eau dont on asperge les aliments, l'aloès à petites doses, la gentiane, quelques graines chaudes.

CH. CORNEVIN [1].

SECTION VI

LES MAMMIFÈRES

Le Mammouth et le Rhinocéros en France.

Ils y ont tous deux vécu, soyez en bien assuré. Mais il y a de cela longtemps, bien longtemps,... quelque chose comme 40 ou 50 siècles. Le Mammouth, qui était un éléphant couvert de laine et de poils au lieu de présenter la nudité des éléphants actuels, le mammouth était abondant il y a 4,000 ou 5,000 ans dans l'Europe centrale, dans la France d'alors, c'est-à-dire une solitude où erraient quelques petites familles de sauvages, à peine vêtues, peut-être anthropophages : mais quels qu'aient été leurs... défauts, respectons-les : ce sont nos grands-parents. Le Mammouth était plus abondant encore dans le nord de l'Europe, en Sibérie, par exemple, mais notre ancêtre sauvage le connut en France : les cavernes de Périgord nous fournissent des ornements, où l'un a gravé ou sculpté des représentations de l'autre. Le Mammouth n'y était pas seul...

1. *Traité de Zootechnie générale*, p. 717. J.-B. Baillière.

Le Rhinocéros lui tenait compagnie : il y avait même plusieurs espèces de ce dernier, et j'imagine que ces animaux gambadaient volontiers sur les bords de la Seine. L'Hippopotame, lui, ne venait guère autour de Paris : le climat était trop frais pour lui ; et cette disgracieuse bête préférait l'Italie où elle a été abondante. Par contre nous possédions l'Ours, et une vingtaine d'espèces de Tigre ou de Lion, sans compter le Lion actuel. Il y avait des Hyènes, des Buffles (Urus), des Cerfs, des Élans, des Rennes, et une foule d'autres animaux. Il est permis de penser qu'à l'époque où le Rhinocéros et le Mammouth se baignaient dans la Seine, tandis que le lion rôdait dans la plaine de Saint-Denis en quête de quelque gibier, et que l'Ours grimpait aux arbres des forêts qui couronnaient Passy, Montmartre et la colline Sainte-Geneviève, au grand effroi des Rennes et des Buffles, la vie de nos aïeux n'allait pas sans quelques difficultés sérieuses, et le trajet de Montmartre à Montrouge, ou même de l'Odéon à Clichy offrait des dangers dont nous avons sans doute perdu la mémoire. Peut-être convenait-il de les rappeler en passant?

HENRY DE VARIGNY [1].

1. A propos du Mammouth, Cuvier nous a laissé un récit fort intéressant, que j'abrège. En 1799, dit-il, un pêcheur tongouse remarqua sur les bords de la mer Glaciale, près de l'embouchure de la Léna, au milieu des glaçons, un bloc informe dont il ne put reconnaître la nature. L'année d'après, il s'aperçut que cette masse était un peu plus dégagée ; mais il ne devinait pas encore ce que cela pouvait être. Vers la fin de l'été suivant, il s'aperçut que c'était un énorme animal : c'était un mammouth ; le flanc tout entier de l'animal et une des défenses étaient distinctement sortis des glaçons.

La cinquième année les glaces ayant fondu plus vite que de coutume, cette masse énorme vint échouer sur un banc de sable. Au mois de mars 1804, le pêcheur enleva les défenses, dont il se défit pour une valeur de cinquante roubles. On exécuta à cette occasion un dessin grossier de l'animal. Deux ans après, M. Adams, adjoint de l'Académie de Pétersbourg, se rendit sur les lieux ; il y trouva l'animal déjà fort mutilé. Les Iakoutes du voisinage en avaient dépecé les chairs pour nourrir leurs

Un tigre malfaisant.

Je ne conseillerais à personne de rechercher spécialement la société d'un tigre quelconque, si doux et si apprivoisé puisse-t-il paraître; mais il est un de ces animaux qu'il sera bon de toujours éviter. C'est un certain animal qui habite un district de l'Inde — celui de Nizagapatam — et qui en 1889 a consommé à lui seul cinquante-deux hommes. Un par semaine! En 1890 il a paru avoir meilleur appétit encore, et du 1er au 20 janvier il en a mangé six, ce qui fait deux par semaine... Il est sans scrupules et sans peur. Il attaque une bande d'hommes sans la moindre hésitation, et un de ses derniers exploits a consisté à briser la porte d'une cabane où une mère et sa fille se chauffaient paisiblement; il est entré, et jugeant sans doute la mère trop peu savoureuse, il a enlevé la fille. Inutile de dire que nul n'a jamais revu la malheureuse créature.

HENRY DE VARIGNY.

Une momie de chien.

Chacun sait que les Égyptiens embaumaient leurs cadavres; ils ne les ensevelissaient qu'après les avoir dépouillés des organes internes, et les avoir entourés de bandelettes

chiens, des bêtes féroces en avaient aussi mangé; cependant le squelette se trouvait encore entier, à l'exception d'un pied de devant. La tête était couverte d'une peau sèche; une des oreilles, bien conservée, était garnie d'une touffe de crin. On retira plus de trente livres pesant de poils et de crins que les ours blancs avaient enfoncés dans le sol humide en dévorant les chairs. Cet animal, mort depuis des milliers d'années probablement, avait été conservé par le froid de la Sibérie, et c'est grâce à cette circonstance que ce fossile — car c'en est un véritablement — a pu parvenir à nous dans cet état.

nombreuses imprégnées de substances propres à écarter la putréfaction. Ils faisaient de même pour leurs animaux sacrés, et aussi pour leurs favoris domestiques ainsi qu'on l'a récemment découvert.

Les journaux ont annoncé, en 1890, la découverte, en Egypte, de quelques milliers de momies de chats, et l'expédition des dites momies en Angleterre, où les matous sacrés ou tendrement aimés, brutalement arrachés au linceul de goudron et de bandelettes qui les abritait, se sont trouvés tout à coup pilés, broyés et dispersés dans les champs, pour aller faire de l'herbe ou du blé, et, en fin de compte, revenir à l'existence sous forme d'un Anglais. Parmi les momies de chats, il s'en est trouvé quelques-unes de différentes, qui renfermaient des chiens, et l'une de celles-ci fut expédiée en Allemagne, où elle fut défaite et examinée. Le chien était un petit chien d'appartement, des dimensions d'un chat. Le corps était emmailloté avec grand soin, d'une étoffe blanche et fine, intermédiaire au lin et à la soie, recouverte de bandelettes croisées. La tête était recouverte d'un masque représentant un chien, avec des oreilles dressées, en une sorte de carton modelé sur place, probablement, et peint. En déshabillant la momie, on trouva, après les bandelettes extérieures, une enveloppe en étoffe, puis une sorte de châle enroulé autour du cou et des épaules. Là-dessous, un lien de roseau fort long, qui recouvrait tout le corps en l'encerclant sans laisser du tout de vides, et qui comprimait le cadavre en lui donnant une forme cylindrique. Cette enveloppe enlevée, on trouva une enveloppe, la dernière, une sorte de toile grossière, appliquée contre le corps et maintenue par des bandelettes agglutinées d'asphalte. Cette asphalte imprègne aussi l'enveloppe, et de la sorte a collé celle-ci aux poils et à la peau, si bien qu'on ne peut les séparer. Une série de figures montrant la même momie à différents degrés de dépouillement fait bien voir comment étaient disposées les différentes enveloppes. Pour l'animal même, la peau fait partie de l'asphalte; muscles et tendons ont disparu; les viscères se sont transformés en une masse pulvérulente, mais le squelette est parfait. C'est le squelette d'un chien de dix-huit mois environ, qui avait eu une fracture mal guérie d'une des pattes de devant, et qui était de la race des levrettes. Les Égyptiens avaient des chiens d'appartement tout comme des chats, et les familles riches faisaient embaumer les animaux favoris tout comme les membres de la famille. Peut-être auraient-elles préféré la crémation, si elles avaient pu deviner que les amis de la maison devaient un jour être transformés en vulgaire fumier.

HENRY DE VARIGNY [1].

Erreurs et vérités sur le Gorille.

Je regrette d'être obligé de détruire d'agréables illusions; mais le Gorille ne s'embusque pas sur les arbres de la route pour saisir avec ses griffes le voyageur sans défiance; il ne l'étouffe pas entre ses pieds comme dans un étau; il n'attaque pas l'éléphant et ne l'assomme pas à coups de bâton. Il n'enlève pas les femmes de leur village; il ne se bâtit pas une cabane de branchages dans les forêts, et ne se couche pas sous un toit, comme on l'a rapporté avec tant d'assurance; il ne marche pas non plus par troupes, et, dans ce que l'on a raconté de ses attaques en masse, il n'y a pas l'ombre de la vérité.

---

1. *Revue Scientifique*, 1891.

Il vit dans les parties les plus solitaires et les plus sombres des jungles épaisses de l'Afrique, et de préférence dans les vallées profondes bien boisées ou sur les hauteurs très escarpées ; il se plaît aussi sur les plateaux, quand le sol est parsemé de gros quartiers de rochers, dont il fait alors ses repaires favoris. Les cours d'eau abondent dans cette partie de l'Afrique, et j'ai remarqué que le Gorille se trouve toujours dans leur voisinage.

C'est un animal vagabond et nomade, errant de place en place ; on ne le trouve guère deux jours de suite sur les mêmes terrains. Ce vagabondage provient en partie de la difficulté qu'il trouve à se procurer sa nourriture préférée. Le Gorille, malgré ses énormes dents canines, malgré sa force prodigieuse, capable de terrasser et de tuer tous les hôtes de la forêt, est exclusivement frugivore. J'ai visité l'estomac de tous ceux que j'ai eu la bonne chance de tuer, et jamais je n'y ai rien trouvé que des fruits, des graines, des noix, des feuilles d'ananas ou d'autres substances végétales. C'est un gros mangeur, qui sans doute a bientôt fini de dévorer toute la provision d'aliments à son usage dans un espace donné, et qui se trouve bien forcé d'en aller chercher ailleurs, aiguillonné sans cesse par le besoin. Sa vaste panse, proéminente quand il est debout, témoigne assez de son active consommation, et d'ailleurs une si forte charpente et un développement musculaire si puissant ne pourraient se sustenter par une alimentation médiocre.

Il n'est pas exact de dire qu'il vit habituellement sur les arbres, ni même qu'il y séjourne jamais. Je l'ai presque toujours trouvé à terre, bien qu'il grimpe souvent sur un arbre pour cueillir des baies ou des noix. Mais, quand il les a mangées, il redescend à terre. Ces énormes animaux ne pourraient pas, en effet, sauter de branche en branche comme les petits singes.

. . . .

Pendant que nous rampions, au milieu d'un silence tel que notre respiration en sortait bruyante, la forêt retentit du terrible cri du gorille.

Puis, les broussailles s'écartèrent des deux côtés et, soudain, nous fûmes en présence d'un énorme gorille mâle. Il avait traversé le fourré à quatre pattes ; mais quand il nous aperçut, il se redressa de toute sa hauteur, et nous regarda hardiment en face. Il se tenait à une quinzaine de pas de nous. C'est une apparition que je n'oublierai jamais. Il paraissait avoir près de six pieds [1] ; son corps était immense, sa poitrine monstrueuse, ses bras d'une incroyable énergie musculaire. Ses grands yeux gris et enfoncés brillaient d'un éclat sauvage, et sa face avait une expression diabolique. Tel apparut devant nous ce roi des forêts de l'Afrique.

Notre vue ne l'effraya pas. Il se tenait là, à la même place, et se battait la poitrine avec ses poings démesurés, qui la faisaient résonner comme un immense tambour. C'est leur manière de défier leurs ennemis. En même temps, il poussait rugissement sur rugissement.

. . . .

Il avança de quelques pas, puis s'arrêta pour pousser son épouvantable rugissement ; il avança encore, et s'arrêta de nouveau à dix pas de nous, et comme il recommençait à rugir en se battant la poitrine avec fureur, nous fîmes feu et nous le tuâmes.

1. Le pied anglais est de 30 centimètres.

Le râle qu'il fit entendre tenait à la fois de l'homme et de la bête. Il tomba la face contre terre. Le corps trembla convulsivement pendant quelques minutes, les membres s'agitèrent avec effort, puis tout devint immobile ; la mort avait fait son œuvre. J'eus tout le loisir alors d'examiner l'énorme cadavre ; il mesurait cinq pieds huit pouces, et le développement des muscles de ses bras attestait une vigueur prodigieuse.

Du Chaillu [1].

De quoi se nourrit la Baleine.

Dois-je rappeler que la Baleine est le plus gros des animaux vivants, actuellement connus? Que ce n'est pas un poisson, mais un *mammifère*, et qu'en cette qualité la Baleine allaite ses petits, et a du sang chaud?...

Dans les parages de pêche, on voit souvent la mer colorée en rouge sur une étendue de plusieurs lieues. Cette coloration est due à de tout petits animaux longs à peine de deux millimètres, formant des bancs épais de plusieurs mètres, et constituant la *boëte*, c'est-à-dire la nourriture des Baleines franches, qui doivent en engloutir des quantités à effrayer l'imagination la plus hardie. L'étroitesse de leur gosier, dont le diamètre n'est guère que de 4 ou 5 centimètres, ne leur permet d'avaler que des aliments très peu volumineux. Quelquefois il arrive qu'on rencontre des baleines franches dans des parages où il n'y a pas de ces bancs de *manger*, et comme on remarque que, dans ce cas, elles restent plongées plus longtemps que de coutume, on suppose qu'alors la boëte est

---

1. Cité par Brehm, *Mammifères*. J.-B. Baillière.

entre deux eaux, et qu'elles se nourrissent sous l'eau, ne venant à la surface que lorsque cela leur est impérieusement indispensable pour respirer.

Quelquefois les grandes taches qui couvrent la mer sont verdâtres ou jaunâtres, comme si l'on avait répandu en immense quantité, de la sciure de bois sur l'eau ; elles sont produites également par de tout petits animaux ; mais beaucoup de baleiniers sont d'avis que les Baleines franches dédaignent cette boëte, qui serait le partage d'autres espèces ; leur unique alimentation consisterait dans les petits animaux rouges, et à cela serait due la couleur rouge très foncée de leurs excréments. Cette règle, peut-être rigoureusement applicable aux Baleines franches des mers tempérées, ne l'est pas, d'après l'imposante autorité de Scoresby, aux Baleines des régions polaires de l'hémisphère nord. Dans ces parages, on voit d'immenses étendues d'eau verte, ou plutôt olive foncé ; cette teinte est due à des bancs épais de toutes petites méduses, de mollusques Ptéropodes (*Clios*), de petits crustacés : les Baleines engloutiraient le tout pêle-mêle.

H. JOUAN [1].

Notes sur l'Orang-Outang.

L'Orang-Outang est un singe qui habite les fôrets des îles de Bornéo et de Sumatra. F. Cuvier a pu en observer un de très près, et c'est de celui-ci qu'il s'agit dans les lignes suivantes.

Cet animal employait ses mains comme nous employons généralement les nôtres, et on voyait qu'il

---

1. *La Chasse et la Pêche des animaux marins*, p. 24-25. Alcan.

ne lui manquait que de l'expérience pour en faire l'usage que nous en faisons dans un très grand nombre de cas particuliers. Il portait le plus souvent ses aliments à sa bouche avec ses doigts; mais quelquefois aussi il les saisissait avec ses longues lèvres, et c'était en humant qu'il buvait, comme le font tous les animaux dont les lèvres peuvent s'allonger. Il se servait de son odorat pour juger de la nature des aliments qu'on lui présentait, et qu'il ne connaissait pas, et il paraissait consulter ce sens avec beaucoup de soin. Il mangeait presque indistinctement des fruits, des légumes, des œufs, du lait, de la viande. Il aimait beaucoup le pain, le café et les oranges; et une fois, il vida, sans en être incommodé, un encrier qui tomba sous sa main. Il ne mettait aucun ordre dans ses repas, et pouvait manger à toute heure comme les enfants.

Sa vue était fort bonne ainsi que son ouïe.

On a eu la curiosité de voir quelle impression ferait sur lui notre musique, et comme on aurait dû s'y attendre, elle n'en a fait aucune; elle n'est même pour nous qu'un besoin dû à notre perfectionnement. Jamais elle n'a fait sur les sauvages d'autre effet que celui de bruit.

Pour se défendre, notre Orang-Outang mordait et frappait de la main; mais ce n'était qu'envers les enfants qu'il montrait quelque méchanceté, et c'était toujours par impatience plutôt que par colère. En général, il était doux et affectueux, et il éprouvait un besoin naturel de vivre en société. Il aimait à être caressé, et donnait de véritables baisers. Son cri était guttural et aigu; il ne le faisait entendre que lorsqu'il désirait vivement quelque chose. Alors tous ses signes étaient expressifs : il secouait sa tête en avant pour montrer sa désapprobation, boudait lorsqu'on ne lui obéissait pas, et, quand il était en colère, il criait très fort en se roulant par terre. Alors son cou se gonflait singulièrement.......

Nous avons déjà vu qu'un des principaux besoins de notre Orang-Outang était de vivre en société, et de s'attacher aux personnes qui le traitaient avec bienveillance. Il avait pour M. Decaen une affection presque exclusive, et il lui en donna plusieurs fois des témoignages remarquables. Un jour, cet animal entra chez son maître pendant qu'il était encore au lit, et, dans sa joie, il se jeta sur lui, l'embrassa avec force, et lui appliquant ses lèvres sur la poitrine, il se mit à lui téter la peau comme il faisait souvent du doigt des personnes qui lui plaisaient.

Dans une autre occasion, cet animal donna à M. Decaen une preuve plus forte encore de son attachement. Il avait l'habitude de venir à l'heure du repas qu'il connaissait fort bien, demander à son maître quelques friandises.

Pour cet effet, il grimpait par derrière à la chaise sur laquelle M. Decaen était assis, de sorte qu'il ne pouvait le voir, de manière à le reconnaître, qu'après être arrivé à la partie la plus élevée du dossier de la chaise. Là, perché, il recevait ce qu'on voulait bien lui donner. A son arrivée sur les côtes d'Espagne. M. Decaen fut obligé d'aller à terre, et un autre officier du vaisseau le remplaça à table. L'Orang-Outang. comme à son ordinaire, entra dans la chambre, et vint se placer sur le dos de la chaise sur laquelle il croyait que son maître était assis, mais aussitôt qu'il s'aperçut de sa méprise, et de l'absence de M. Decaen, il refusa toute nourriture, se jeta à terre et poussa des cris de douleur en se frappant la tête.

. . . .

Notre animal avait pris pour deux petits chats une

affection qui ne lui était pas toujours agréable : il tenait ordinairement l'un ou l'autre sous son bras, et d'autres fois, il se plaisait à les placer sur sa tête ; mais comme dans ces divers mouvements les chats éprouvaient souvent la crainte de tomber, ils s'accrochaient avec leurs griffes à la peau de l'Orang-Outang, qui souffrait avec beaucoup de patience les douleurs qu'il en ressentait. Deux ou trois fois, à la vérité, il examina attentivement les pattes de ces petits animaux, et, après avoir découvert leurs ongles, il chercha à les arracher, mais avec ses doigts seulement : n'ayant pu le faire, il se résigna à souffrir plutôt qu'à sacrifier le plaisir qu'il trouvait à jouer avec eux.

. . . .

Pour manger, il prenait ses aliments avec ses mains ou avec ses lèvres : il n'était pas fort habile à manier nos instruments de table, et, à cet égard, il était dans le cas des sauvages que l'on a voulu faire manger avec nos fourchettes et avec nos couteaux, mais il suppléait par son intelligence à sa maladresse ; lorsque les aliments qui étaient sur son assiette ne se plaçaient pas aisément sur sa cuiller, il la donnait à son voisin pour la faire remplir. Il buvait très bien dans un verre en le tenant entre ses deux mains. Un jour qu'après avoir reposé son verre sur la table, il vit qu'il n'était pas d'aplomb et qu'il allait tomber, il plaça sa main du côté où ce verre penchait, pour le soutenir.

. . . .

Notre animal avait été habitué à s'envelopper dans ses couvertures, et il en avait presque un besoin continuel. Dans le vaisseau, il prenait pour se coucher tout ce qui lui paraissait convenable : aussi lorsqu'un matelot avait perdu quelques hardes, il était presque toujours sûr de les retrouver dans le lit de l'Orang-Outang.

F. CUVIER.

Un éléphant célèbre.

L'Éléphant habite l'Inde et l'Afrique. C'est un animal assez intelligent qui s'apprivoise sans grande difficulté, et qu'on utilise à de nombreux travaux.

En juillet 1810 parut l'annonce de l'arrivée en Angleterre de l'éléphant le plus gros qu'on y eût jamais vu. Aussitôt qu'Henry Harris, l'administrateur du théâtre de Covent Garden, en eut connaissance, il résolut de se procurer l'animal, s'il y avait moyen, pensant que sa présence serait un attrait dans une pantomime toute nouvelle qu'il était en train de monter à grands frais. Bref, Henry Harris en devint acquéreur au prix de 900 guinées. Mme Henry Johnston devait monter sur l'animal, et Miss Parker, en Colombine, devait faire le jeu. Un matin que Young se trouvait au bureau de location attenant au théâtre, il entendit un tintamarre inusité, dont le bruit provenait de l'intérieur, et comme il en demandait la raison à un machiniste, celui-ci lui répondit que c'était l'éléphant qui regimbait. Il faut dire qu'à cette époque, quand la première d'une pièce était annoncée pour un certain jour, et que le temps manquait pour la monter, il était d'usage de la mettre en répétition chaque soir, aussitôt après la représentation ordinaire, et le départ des spectateurs. Or, à une représentation de ce genre, la veille du jour en question, on avait voulu s'assurer de la docilité de l'éléphant qui devait porter Mme Henry Johnston, et passer sur un pont au milieu d'une suite nombreuse.

Mais en arrivant au pont, édifié sans solidité et construit à la hâte, le prudent animal s'était arrêté, et sourd à toutes les remontrances, avait absolument refusé de faire un pas de plus. Devant son entêtement, le directeur se décida à ajourner l'affaire au lendemain, dans l'espoir qu'il y serait mieux disposé, et c'était pendant cette nouvelle tentative que mon frère, frappé du bruit qu'il entendait, vint sur la scène pour en connaître la cause. Le spectacle qui s'offrit à ses yeux le remplit d'indignation. Les yeux baissés, les oreilles pendantes, l'énorme animal supportait patiemment les coups furieux que son gardien lui portait au-dessous de l'oreille, avec un aiguillon en fer. Le plancher était couvert de sang, et cependant l'un des propriétaires, irrité d'un entêtement qu'il prenait pour de la mauvaise volonté, excitait le gardien à des cruautés encore plus grandes, lorsque Charles Young, poussé par son amour pour les animaux, lui fit des remontrances et, s'approchant du pauvre martyr, lui prodigua ses caresses. Mais le gardien n'entendait pas céder, et, levant son instrument de torture, il allait redoubler ses coups, si mon frère ne lui avait pas saisi le poignet comme dans un étau. Pendant l'altercation qui s'ensuivit, survint le capitaine Hay qui avait amené Chuny (c'est ainsi que s'appelait l'éléphant) dans son vaisseau l'*Ashel*, et qui s'y était beaucoup attaché durant le voyage. A peine s'était-il enquis de ce qui se passait, que l'animal qui s'était aperçu de l'arrivée de son ami, s'approcha de lui d'un air suppliant, lui prit doucement la main avec sa trompe, la plongea dans la plaie saignante qu'on lui avait faite, et la ramena devant ses yeux. Le geste disait aussi clairement qu'aurait pu le faire la parole : « Vois de quelle manière ces cruelles gens traitent Chuny ; tu ne saurais l'approuver, toi. » Le cœur des spectateurs les plus endurcis fut touché, en particulier celui du propriétaire qui s'était acharné contre la malheureuse bête. Sous le coup de son émotion, il courut dehors acheter des pommes qu'il offrit à Chuny, mais celui-ci, le regardant de travers, prit son offrande, la jeta à terre et, après l'avoir réduite en compote, la repoussa dédaigneusement. Young, qui était aussi allé acheter des fruits au marché de Covent Garden, revint bientôt après, et, à son tour, présenta son emplette à l'éléphant. Au grand étonnement de tous, Chuny l'accepta et, après s'en être régalé, enlaça doucement la taille de Young avec sa trompe, comme pour montrer que, s'il se souvenait d'une injustice, il n'oubliait pas un acte de bonté.

. . . .

Quelques années plus tard, la carrière théâtrale de Chuny prit fin, et dès lors, il en fut réduit à une vie de captivité dans l'une des cages de la ménagerie. Un jour, un élégant, après s'être bêtement amusé à taquiner l'animal en lui offrant de la laitue, légume qui lui était notoirement antipathique, finit par lui donner une pomme et lui enfonça du même coup une grosse épingle dans la trompe, en ayant soin de s'esquiver promptement. Voyant que l'éléphant commençait à se fâcher, et craignant qu'il ne devînt dangereux, le gardien pria le mauvais plaisant de s'éloigner, ce qu'il fit en haussant les épaules. Mais après avoir passé une demi-heure à persécuter de plus humbles victimes, à l'autre bout de la galerie, il revint du côté de Chuny, et, comme il ne se souvenait plus des tours qu'il lui avait joués, il s'approcha sans méfiance d'une cage qui se trouvait vis-à-vis. A peine avait-il tourné le dos à l'éléphant, que celui-ci, passant sa trompe à travers les barreaux de la prison, saisit le chapeau du personnage, le déchira, et lui en jeta les morceaux à

la face avec un bruyant ricanement de satisfaction.
L'assistance fut ravie de cet acte de représailles, et
le niais qui l'avait provoqué n'eut d'autre ressource
que de sauter dans un fiacre et de se faire conduire
chez un chapelier pour se procurer un nouveau couvre-
chef. Nombre de nos lecteurs doivent se souvenir de
la fin tragique du pauvre Chuny : il devint enragé sans
qu'on en ait jamais su la cause, et comme on ne pouvait réussir à l'empoisonner, on le fit fusiller par un
détachement des gardes; il ne fallut rien moins que
cent cinquante-deux balles pour l'achever.

J. Young [1].

Encore l'Éléphant.

Un soir que je me trouvais dans le voisinage de
Candy, me dirigeant vers le théâtre du massacre de
l'expédition du major Dabies en 1803, mon cheval
s'effaroucha d'un bruit qui venait de l'épaisse jungle,
et qui faisait l'effet d'une sorte de grognement répété
d'un ton mécontent. Poussant une pointe dans la
forêt, j'eus la clef du mystère. Je me trouvai face
à face avec un éléphant apprivoisé qui cheminait
sans son gardien. Il portait péniblement une énorme
poutre reposant sur ses défenses, et comme le chemin
était étroit, il était obligé de pencher la tête de côté
pour présenter la poutre en long, procédé laborieux
dont il se plaignait à sa manière. Nous voyant faire
halte, il leva la tête, nous examina pendant un instant, puis, jetant la poutre à terre, il s'enfonça à
reculons dans les broussailles pour nous faire place.
Comme mon cheval hésitait, l'éléphant s'enfonça

---

1. *Memoir of Ch. Young* (cité par J.-G. Romanes, *Intelligence des Animaux*, t. II, p. 145. Alcan).

encore davantage en manifestant quelque impatience et répéta son grognement : *urmph*, pour nous encourager à passer. Mais mon cheval ne paraissait point encore rassuré, et je crus l'occasion bonne d'observer l'intinct des deux bêtes sans intervenir. Quant à l'éléphant, il était évident que nous l'agacions ; il n'en eut pas moins la bonne grâce de reculer encore dans la broussaille et mon cheval finit par se décider à marcher en avant. Lorsque nous eûmes passé, je vis le sage animal se baisser, reprendre son lourd fardeau, l'ajuster sur ses défenses et continuer son chemin, grognant comme auparavant en signe de mécontentement.

Sir E. Tennent [1].

Ce que coûte la nourriture d'un lion.

Le Lion habite l'Afrique. Il n'y a pas très longtemps encore on le rencontrait fréquemment en Algérie, mais comme beaucoup d'autres espèces il tend à disparaître. M. de Tchihatchef montre pourtant qu'il en reste encore quelques individus dans notre colonie.

Quand on voit la plaine de Jemmapes si bien cultivée, mais où les taillis répandus sur les hauteurs sont très clairsemés, on ne s'attendrait guère à voir de telles localités affectionnées par le Lion ; or, ce carnassier, jadis beaucoup plus fréquent, n'y est cependant pas très rare, surtout dans l'endroit nommé Fontaine-Chaude. En hiver, sa voix retentit quelquefois tout près de la ville, et fait trembler les Arabes pour leurs troupeaux, moins bien enfermés et gardés que ceux des Européens ; même en été, pendant les nuits éclairées par la lune, il arrive aux habitants

____

1. *Natural History of Ceylon.*

de Jemmapes d'apercevoir leur importun voisin traversant tranquillement la plaine. Aussi la présence du lion dans une campagne ouverte, cultivée et habitée, telle que la plaine de Jemmapes (et tels que plusieurs autres endroits en Algérie fréquentés par le lion et la panthère) prouve une fois de plus combien on se trompe en associant l'idée du lion à celle de solitude et de sombres forêts ; c'est plutôt le contraire qui est vrai, car ce carnassier n'aime la forêt qu'autant qu'elle abonde en animaux dont il puisse se nourrir ; mais ce qu'il aime beaucoup plus, ce sont les régions bien irriguées, où la présence de l'homme suppose celle du bétail, et où la culture exclut les fourrés trop épais et trop étendus pour empêcher de découvrir la proie et de lui faire la chasse ; en un mot, il faudra désormais bannir cette locution de *lion du désert*, accréditée par les poètes et les voyageurs fantaisistes.

Sans doute, avec l'accroissement de la population, la place réservée au Lion ira toujours en se rétrécissant, et finira par disparaître complètement ; mais pendant longtemps encore le Lion se maintiendra dans les localités qu'il affectionne sur plusieurs points de l'Algérie, particulièrement dans la province de Constantine qui continue à payer à cet hôte importun un large tribut dont M. Niel calcule ainsi le montant : « Un lion mange ou tue, dit-il, une grosse bête tous les cinq jours, et tous les autres jours un mouton ou une chèvre. La valeur moyenne d'un bœuf, d'une vache, d'un cheval ou d'un mulet est de 150 francs, celle d'un mouton ou d'une chèvre est de 10 francs. Dans un an, le lion s'octroie 75 têtes de gros bétail et 292 têtes de menu bétail, ce qui représente une valeur totale de 13,870 francs. Voilà ce que coûte un seul lion. En supposant qu'il vive trente ans, ce qui est la moyenne de son existence, on atteint le chiffre énorme de 416,000 francs. On peut évaluer à cinquante le nombre des lions existant actuellement dans le département de Constantine, chiffre qui certes n'est pas exagéré ; on serait plutôt au-dessous qu'au-dessus de la vérité, en attribuant seulement la moitié de ce chiffre à chacune des deux autres provinces, et, par conséquent, cent lions pour l'Algérie tout entière. Ce prince des animaux ne coûterait donc à la colonie africaine pas moins de 1,387,000 francs par an, sans compter les Panthères, qui sont plus nombreuses que les Lions.

P. DE TCHIHATCHEF [1].

Attaqué par un lion.

Il est rare qu'on sorte des griffes d'un lion. Cela est pourtant arrivé au célèbre voyageur et missionnaire anglais, Livingstone, qui a vécu de nombreuses années en Afrique et nous a laissé un récit de ses impressions durant sa rencontre avec l'animal. Est-il besoin d'ajouter qu'on vint à temps mettre fin à celle-ci ?

Tressaillant et regardant autour de moi, j'aperçus le lion en train de s'élancer sur moi. J'étais sur une petite éminence ; il me saisit l'épaule dans son bond et nous roulâmes ensemble sur le terrain au-dessous. Grognant horriblement près de mon oreille, il me secoua comme un chien terrier secoue un rat. Le choc me causa une stupeur pareille à celle que paraît éprouver une souris après la première secousse du chat. C'était une sorte d'engourdissement, dans lequel n'entraient ni sensation douloureuse, ni sentiment de terreur, bien que j'eusse entièrement conscience de

1. *Espagne, Algérie et Tunisie*, p. 352-3. Paris. 1880. J.-B. Baillière.

ce qui se passait. Cela ressemblait à ce que disent éprouver les patients soumis en partie à l'action du chloroforme, qui suivent toute l'opération, mais ne sentent pas le bistouri. Ce singulier état n'était le résultat d'aucun processus mental. La secousse avait supprimé la peur, et ne laissait subsister aucune impression d'horreur en présence du fauve.

LIVINGSTONE [1].

Le Chien berger.

Le passage qui suit a trait à un séjour que C. Darwin fit sur les côtes du Brésil il y a cinquante ans, au cours de son voyage autour du monde. Une *estancia* est une ferme, une exploitation agricole.

Pendant mon séjour dans cette estancia j'étudiai avec soin les chiens bergers du pays, et cette étude m'intéressa beaucoup. On rencontre souvent, à une distance de deux ou trois kilomètres de tout homme ou de toute habitation, un grand troupeau de moutons gardé par un ou deux chiens. Comment une amitié aussi solide peut-elle s'établir? C'était là un sujet d'étonnement pour moi. Le mode d'éducation consiste à séparer le jeune chien de la chienne, et à l'accoutumer à la société de ses futurs compagnons. On lui amène une brebis pour le faire téter trois ou quatre fois par jour; on le fait coucher dans une niche garnie de peaux de mouton; on le sépare absolument des autres chiens et des enfants de la famille. Il n'a donc plus aucun désir de quitter le troupeau et, de même que le chien ordinaire s'empresse de défendre son maître, l'homme, de même celui-là dé-

---

1. Cité par A.-R. Wallace : *Le Darwinisme*, p. 52. Lecrosnier, 1891.

fend les moutons. Il est fort amusant d'observer, quand on s'approche, avec quelle fureur le chien se met à aboyer, et comment tous les moutons vont se ranger derrière lui, comme s'il était le plus vieux bélier du troupeau. On apprend aussi très facilement à un chien à ramener le troupeau à la ferme à une heure déterminée de la soirée. Ces chiens n'ont guère qu'un défaut pendant leur jeunesse, celui de jouer trop fréquemment avec les moutons, car, dans leurs jeux, ils font terriblement galoper leurs pauvres sujets.

Le chien berger vient chaque jour à la ferme chercher de la viande pour son dîner; dès qu'on lui a donné sa pitance il se sauve, tout comme s'il avait honte de la démarche qu'il vient de faire. Les chiens de la maison se montrent fort méchants pour lui, et le plus petit d'entre eux n'hésite pas à l'attaquer et à le poursuivre, mais dès que le chien berger se retrouve auprès de son troupeau, il se retourne et commence à aboyer; alors tous les chiens qui le poursuivaient tout à l'heure se sauvent à leur tour à toutes jambes. De même une bande de chiens sauvages affamés se hasarde rarement (on m'a même affirmé jamais) à attaquer un troupeau gardé par un de ces fidèles bergers. Tout ceci me paraît constituer un curieux exemple de la souplesse des affections chez le chien. Que le chien soit sauvage ou élevé de n'importe quelle façon, il conserve un sentiment de respect ou de crainte pour ceux qui obéissent à leur instinct d'association. Nous ne pouvons, en effet, comprendre que les chiens sauvages reculent devant un seul chien accompagné de son troupeau, qu'en admettant chez eux une sorte d'idée confuse que celui qui est ainsi en compagnie acquiert une certaine puissance, tout comme s'il était accompagné d'autres

individus de son espèce. F. Cuvier a fait observer que
tous les animaux qui se réduisent facilement en
domesticité considèrent l'homme comme un des membres de leur propre société, et qu'ils obéissent ainsi
à leur instinct d'association. Dans le cas ci-dessus
cité le chien berger considère les moutons comme
ses frères, et acquiert ainsi de la confiance en lui-
même ; les chiens sauvages, bien que sachant que
chaque mouton pris individuellement n'est pas un
chien, mais un animal bon à manger, adoptent sans
doute aussi en partie cette même manière de voir,
quand ils se trouvent en présence d'un chien berger
à la tête d'un troupeau.

C. DARWIN [1].

La vérité sur le Dromadaire.

Le Chameau vrai, qui a *deux* bosses, habite l'Asie. Le
Dromadaire à *une seule* bosse habite l'Afrique, la Perse et
l'Arabie. Le *Méhari* algérien et africain est un dromadaire.
Il n'y a donc pas de vrai Chameau en Afrique bien que le
Dromadaire algérien soit sans cesse désigné sous ce nom.
— On sait que les bosses — ou *la* bosse — de ces animaux
sont des amas de graisse.

Un Chameau de somme est la bête la plus horrible
qu'on puisse imaginer. Avec son allure à l'amble son
cavalier est ballotté d'avant en arrière, et de droite à
gauche. On ne peut mieux se figurer ces mouvements
qu'en les comparant à ceux d'un magot chinois ; c'est
de cette façon que l'homme est promené sur sa selle.
Au trot, il en est autrement, si le cavalier sait bien
maîtriser sa bête. Le ballottement à droite et à
gauche disparaît à mesure que les mouvements de

---

1. Darwin : *Voyage d'un Naturaliste,* p. 160. Reinwald.

l'animal sont plus rapides, et si l'on se tient bien en selle, on n'est pas plus secoué que sur un cheval. Mais le galop est encore plus insupportable que le pas. Lorsqu'il est très excité, un chameau peut prendre cette allure; il ne la soutient pas longtemps, il est vrai, mais il n'en a pas besoin; car d'ordinaire avant trois minutes le cavalier est à terre, et le chameau s'en va ensuite joyeux, de son pas ordinaire. Aussi les Arabes ont-ils habitué leurs chameaux de selle à n'aller qu'au trot.

La voix du Chameau est un hurlement vraiment affreux, difficile à décrire. Grondements, grognements, cris, beuglements, rugissements, tout y est mêlé.

Il faut considérer le Chameau comme un animal stupide. Rien ne vient témoigner en faveur de son intelligence. Je veux citer quelques faits à l'appui de mon dire. Pour juger le Chameau, il faut le voir dans les circonstances où il peut faire preuve d'intelligence; en deux mots, il faut le voir à l'œuvre. Portons-nous à cet effet en esprit dans un village à l'entrée d'une des routes du désert.

Les Chameaux de somme sont arrivés la veille; de l'air le plus innocent, ils mangent les murs d'une cabane de chaume, que les propriétaires, absents en ce moment, ont négligé d'entourer d'une haie d'épines. Les chameliers sont occupés à faire peser les ballots; ils crient de toutes leurs forces, et avec une telle fureur apparente, qu'on craint à chaque instant de voir se commettre un assassinat. Quelques Chameaux les accompagnent de leurs hurlements; les autres sont encore silencieux, ils ont l'air de dire : « Notre temps n'est pas encore venu, mais il va venir. »

Et il vient en effet. Le soleil marque le moment

de la prière de midi. De tous côtés, arrivent des
hommes à la peau brunie, pour chercher leurs Chameaux, en train de dévorer une maison ou de causer
quelque autre dégât. Chaque Chameau est conduit
devant la charge qui lui est destinée, et est prié
d'une voix rauque, appuyée de quelques coups de
fouet, de se mettre à genoux. Il obéit, mais avec
résistance ; il prévoit toute une suite de jours malheureux. Il hurle de toute la force de ses poumons ; il
refuse de présenter son dos. Le juge le plus favorable
chercherait en vain un éclair de douceur dans ses
yeux farouches. Il se soumet cependant à la nécessité,
non pas avec obéissance et résignation, non pas avec
patience et magnanimité, mais avec tous les signes
de la colère, roulant les yeux, grinçant des dents,
poussant, frappant, mordant. Il fait entendre tous les
sons les plus discordants, sans s'inquiéter de leur
timbre, ni de leur rythme ; il mêle ensemble majeur
et mineur ; il massacre impitoyablement tout en con-
servant quelque semblant d'harmonie ; il dénature
toutes les notes que lui a données la nature. Enfin,
ses poumons paraissent épuisés ; mais non ! il n'a
fait que changer de voix et prendre un ton plus
plaintif. La rage qui remplissait le cœur de ce char-
mant animal, paraît avoir fait place à des sentiments
de douleur ; il semble faire des réflexions sur l'esclavage et sur ses tristes conséquences. Les rugissements
se sont transformés en plaintes.

Je crois m'être mis au point de vue du Chameau,
et avoir ainsi prouvé mon impartialité. Mais il est
juste aussi de nous mettre au point de vue de l'homme.
Les choses ici deviennent un peu différentes. On ne
peut nier que le chameau ne soit admirablement
doué pour mettre l'homme continuellement en colère.
Je ne connais aucun animal qui, en cela, lui soit com-

parable. A côté de lui, le bœuf est une créature charmante ; le mulet, qui pourtant réunit les défauts de
tous les métis [1], est un animal on ne peut plus doux ;
le mouton est prudent, l'âne est aimable.

Bêtise et méchanceté vont d'ordinaire ensemble :
si l'on y ajoute la paresse, la stupidité, une mauvaise
humeur continuelle, l'entêtement et l'obstination, la
répugnance à toute chose raisonnable, la haine ou
l'indifférence vis-à-vis de son gardien et de son bien-
faiteur, et mille autres défauts encore ; si on les réunit,
tous développés à leur maximum chez une créature,
l'homme qui a affaire à elle peut à bon droit devenir
furieux. L'Arabe soigne ses animaux domestiques
comme ses enfants ; mais le Chameau le met souvent
en colère. On le comprend bien quand soi-même on
a été jeté à bas d'un Chameau, trépigné, mordu,
abandonné dans les steppes ; quand des jours, des
semaines entières, cet animal vous a continuellement
excité avec une persévérance et une patience remarquables, quand on a essayé tous les moyens de dres-
sage et d'amélioration, qu'on a dépensé en vain tous
les jurons qui peuvent rafraîchir la tension électrique
de l'âme.

Le Chameau répand une odeur auprès de laquelle
celle du bouc est un parfum ; il écorche l'oreille par
ses hurlements, il blesse l'œil par la vue de sa tête.
de son long cou. Mais tout cela n'est pas à considérer. Ce que je veux relever, c'est que, intention-
nellement, il résiste à toutes les volontés du chame-
lier. De tous les milliers de Chameaux que j'ai pu
observer dans mes voyages en Afrique, je n'en ai vu
qu'un qui montrait quelque attachement à son maître :

---

1. Les métis et les hybrides sont les produits de l'union d'animaux ou
de plantes d'espèce ou de variété différente, comme le mulet qui résulte
de l'union des espèces chevaline et asine.

tous les autres ne travaillaient que forcés et contraints.

La seule qualité qu'ait le Chameau, c'est sa sobriété. Son intelligence est très bornée; il ne témoigne ni amour, ni haine; il est indifférent à tout, si ce n'est à sa nourriture et à son petit. Il est irrité dès qu'il s'agit de travailler; s'il voit que sa colère ne lui sert à rien, il se soumet au travail avec l'indifférence qu'il apporte à toute autre chose. Il est méchant et dangereux quand il est en colère; sa lâcheté est sans bornes, le rugissement d'un lion suffit pour disperser une caravane; chaque Chameau dans ces circonstances jette bas sa charge et s'enfuit. Le hurlement d'une hyène l'épouvante; un singe, un chien, un lézard lui font peur. Je ne connais nul animal avec lequel il vive en amitié. L'âne est en assez bons rapports avec lui, mais l'amitié n'y a aucune part. Le cheval semble voir en lui l'animal le plus laid. De son côté, le Chameau paraît regarder tous les autres animaux avec la même mauvaise humeur qu'il regarde l'homme.

Pour exprimer en deux mots mon opinion, je dirai : le Chameau est au-dessous de tous les autres animaux domestiques; il n'a rien pour lui du côté de l'intelligence, et ne fait que rendre l'homme furieux.

BREHM [1].

Les vertus du Renard.

Le Renard est devenu proverbial : son nom est synonyme d'astuce ou de ruse, et sa réputation est peu enviable. Il a pourtant des qualités, des vertus même d'après un homme

---

1. *La Vie des animaux illustrée*, Mammifères, p. 113. J.-B. Baillière, éditeur, Paris.

qui l'a admirablement observé. Écoutons donc ce qu'il en
dit pour porter un jugement plus équitable.

La seule passion qui fasse oublier au Renard une
partie de ses précautions ordinaires, c'est la tendresse pour sa famille : la nécessité de la nourrir,
lorsqu'elle est enfermée dans le terrier, rend le père
et la mère, mais surtout celle-ci, plus hardis qu'ils
ne le sont pour eux-mêmes, et cet intérêt pressant leur fait souvent braver le péril. Les chasseurs
savent bien profiter de cette tendresse du Renard pour
sa famille. La communauté de soins et d'intérêts
suppose une sorte de morale dans l'amour, et des
affections qui s'étendent au delà des besoins physiques
proprement dits. Ces animaux familiarisés avec des
scènes de sang n'entendent pas sans être émus les cris
de leurs petits souffrants. Les poules ont sans doute
le droit de ne pas les regarder comme des animaux
compatissants, mais leurs femelles, leurs enfants, et
même tous ceux de leur espèce, n'ont pas du moins
à s'en plaindre. Cette tendre inquiétude qui porte la
renarde à s'oublier elle-même la rend infiniment
attentive à tous les dangers qui peuvent menacer ses
petits. Si quelque homme approche du terrier, elle les
transporte pendant la nuit suivante; et elle est souvent exposée à déloger ainsi, parce que, dans ces
temps, les Renards signalent leur voisinage par des
ravages plus grands, et qu'on est plus intéressé à
s'en défaire.

C.-G. LEROY [1].

---

1. *Lettres philosophiques sur l'intelligence et la perfectibilité des animaux*,
p. 31-32. Paris, an X (1802),

La Belette.

La Belette est un petit carnivore fort redouté des poules et autres volailles qu'il étrangle sans pitié pour s'abreuver de leur sang. Malgré sa petite taille, elle est très courageuse comme le montre le récit suivant.

Un groupe de faneurs étaient occupés à battre et remuer le foin près du lac de Sainte-Marie en Écosse, quand ils virent un aigle s'élever au-dessus des hautes montagnes qui dominent la prairie où ils travaillaient. Ce n'était point un spectacle à dédaigner : la spirale qu'il décrivait dans les airs enveloppait, pour ainsi dire, de cercle en cercle tout l'horizon, et fascinait les habitants de la terre.

Les spectateurs s'aperçurent pourtant bientôt qu'il y avait quelque chose d'extraordinaire dans le vol de l'oiseau. Il agitait ses ailes avec violence, et en donnant des coups répétés. Les faneurs, qui s'étaient rassemblés, se consultaient sur la cause de ce qui se passait là-haut. Ils eurent les yeux fixés sur l'aigle jusqu'à ce qu'il fût tout à fait hors de la vue, son ascension continuant toujours. Bientôt cependant ils virent que l'oiseau regagnait la terre, mais non plus de la même manière qu'il s'était élevé — c'est-à-dire en cercles majestueux. Cette fois, il avait l'air d'un corps qui tombe, et cela avec une grande rapidité. A mesure qu'il se rapprochait de la terre, les faneurs reconnurent qu'il ressemblait, dans sa chute, à un oiseau percé d'une balle. Les mouvements convulsifs, rapides et irréguliers de ses puissantes ailes, retardaient la descente, mais faiblement. Enfin, il tomba à une courte distance des hommes et des enfants qui travaillaient dans le pré, et qui s'empressèrent d'accourir, car leur curiosité était singulièrement excitée par cet événement. Au moment où ils arrivèrent une Belette de forte taille se dégagea des serres de l'aigle, se tourna sur ses pattes avec la nonchalance et l'imprudence habituelles à sa race, se dressa sur ses pattes de derrière, croisa ses pattes de devant sur son nez, regarda un moment ses ennemis en face (comme fait souvent cet animal lorsqu'il n'y a pas de chiens à côté de l'homme), puis sauta d'un bond dans un buisson. Le roi des airs était mort. On le trouva tout couvert de son propre sang. Une plus ample exploration fit connaître que sa gorge était coupée. La belette fut soupçonnée de régicide, mais tout le monde admira le courage de cette faible bête, qui avait étranglé l'aigle, lequel est d'ailleurs un lâche oiseau.

. . . .

Un Écossais — M. Brown — revenait de Gilmerton, près d'Édimbourg, par le chemin de Dalkeith, quand il vit sur une hauteur, à une distance considérable. un homme se livrant à une gymnastique si violente qu'il ressemblait plutôt à un fou qu'à une personne raisonnable. M. Brown pensa que ce pourrait bien être, en effet, quelque pauvre maniaque, et alla droit à lui. En se rapprochant il s'aperçut que cet homme avait été attaqué, et qu'il se défendait contre les assauts d'une petite bande de petits animaux, que M. Brown prit d'abord pour des rats, mais qui, vus à plus courte distance, étaient bien une colonie de quinze ou vingt Belettes, dont le malheureux cherchait à repousser les atteintes. M. Brown se joignit au combattant : ayant un bâton il en frappa plusieurs, et les étendit sans vie sur le sol. Voyant leur nombre décroître, les animaux s'intimidèrent, se sauvèrent vivement, et disparurent dans les fentes d'un rocher.

Le pauvre Écossais était exténué de fatigue; il

avait soutenu contre les belettes (autant qu'il pouvait en juger) une lutte de plus de vingt minutes. Les affreux animaux en voulaient à sa gorge, et, sans l'assistance de M. Brown, il fût inévitablement tombé victime de leur furie. C'était pourtant un homme robuste. Il raconta lui-même les circonstances de son aventure. Il se promenait tranquillement dans le parc lorsqu'il avait aperçu une belette ; il avait couru vers elle, et avait fait de vains efforts pour l'abattre. Arrivé près du roc dont nous avons parlé plus haut, il mit le roc entre lui et l'animal et lui coupa ainsi tous moyens de retraite. La Belette poussa un cri ; à ce signal, une sortie instantanée avait été faite par toute la colonie, et l'attaque avait commencé.

BREHM.

De Charybde en Scylla.

Il y a une dizaine d'années, les Rats s'étaient surabondamment multipliés dans les plantations de cannes à sucre de la Jamaïque où ils rongeaient les tiges sucrées, abandonnant la canne attaquée, dès que l'incision en avait déterminé la chute, pour aller recommencer sur une autre. Cette manière d'opérer entraînant une perte très sensible pour les planteurs, ils résolurent d'agir énergiquement. Sur ces entrefaites, un propriétaire de l'île, M. Bancroft Erpent, ramena de l'Inde six Ichneumons [1], espèce qui s'est faite l'ennemi héréditaire des rats et des serpents, et

---

1. Il s'agit ici de l'*Herpestes Ichneumon* ou Rat de Pharaon, sorte de rat spécial à l'Égypte, la Palestine et la Tunisie, qu'il ne faut pas confondre avec l'*Ichneumon*, insecte hyménoptère, qui dépose ses œufs dans les tissus de beaucoup de chenilles ou d'autres insectes et les tue ainsi en grand nombre.

15.

ces animaux, s'étant rapidement multipliés, eurent bientôt chassé les rongeurs des plantations. Les Rats envahirent alors les fermes et les villages, les Ichneumons les y poursuivirent, détruisant surtout leurs nombreux rejetons dans les nids. Obligés à une nouvelle retraite, les Rats ne trouvèrent d'autre abri que le sommet des nombreux cocotiers qu'on venait de planter dans l'île : les Ichneumons ne purent les y poursuivre. Depuis cette époque, les Rats vivaient tranquilles au haut de leurs cocotiers, mais les planteurs, préférant les empêcher de s'y établir, se mirent à garnir le bas des arbres d'une enveloppe de tôle de deux mètres de haut, clouée sur le tronc. La suppression de ce dernier refuge les fait donc diminuer de plus en plus. Quant aux Ichneumons, si utiles à leur arrivée, n'ayant plus de rats à dévorer, ils se sont retournés contre les poulaillers, où ils détruisent œufs et poussins; ils ont, en outre, totalement anéanti les cailles et les perdrix de l'île, dont les œufs déposés à terre leur offraient une proie facile. Ils les vidaient en y pratiquant une petite ouverture, et la mère ignorante continuait à couver ses œufs stérilisés. Les Jamaïcains, sauvés des Rats par l'Ichneumon, cherchent, maintenant, un nouvel animal qui les débarrassera de leurs sauveurs [1].

Les invasions de Souris.

A des intervalles assez réguliers, il se produit des invasions de Souris dans certaines parties du Brésil. Ces souris appartiennent au genre *Hesperomys* : leurs dimensions varient de celles de la souris ordinaire à

1. *Revue des Sciences Naturelles Appliquées*, p. 960, 1890.

celles des plus gros rats. Elles ne fréquentent les habitations que tout à fait exceptionnellement, vivant ordinairement dans des terriers aboutissant à une grande chambre tapissée d'herbe. Elles sont omnivores, vivant principalement de graines, herbes et viande. En temps ordinaire, elles sont rares; les naturalistes ne se les procurent qu'avec peine; aussi le nombre prodigieux qui en apparaît certaines années n'en est-il que plus frappant. A Lourenço, voici les faits observés en 1876. En mai et juin, on a remarqué tout à coup un nombre immense de ces rongeurs. Ils envahirent les champs de maïs, détruisant en peu de jours tout ce qu'il s'y trouvait de comestible; de là ils passèrent aux plants de pommes de terre, déterrant et dévorant, ou mettant en réserve tout ce qu'ils purent trouver. Les potirons et les cucurbitacées de toute sorte furent ouverts et vidés; les champs d'avoines, de seigle furent dévastés et ravagés. Puis ce fut le tour des maisons. Les chats furent mis en déroute; on eut beau tuer des centaines de souris dans chaque habitation, le nombre en fut invincible. Tout ce qui n'était ni fer, ni verre, ni pierre, fut rongé et détruit : meubles, habits, chapeaux, souliers y passèrent successivement. Les sabots des vaches furent enlevés; les porcs gras dévorés; les cheveux mêmes des dormeurs ne furent pas à l'abri des indiscrets envahisseurs. Ce qu'il y a de très intéressant, c'est la relation existant entre ces invasions et l'histoire biologique d'une certaine plante herbacée, qui fournit aux souris leur principal aliment, et ne vient à maturité et ne fleurit qu'à des intervalles réguliers, variant entre six et trente ans. Les Souris ne sont abondantes qu'aux époques où a lieu cette floraison; après quoi elles disparaissent pour un temps. On se rend compte de l'immense influence qu'exerce la proportion des aliments disponibles sur le nombre des souris quand on réfléchit qu'en un seul été, un seul couple de souris peut engendrer directement ou indirectement 23,000 individus. Si, pendant quelques années de suite, la plante en question venait à fleurir et porter graine, comme elle le fait à des intervalles espacés, la production des souris serait suffisante pour chasser du pays tous les êtres vivants [1].

Des souris qui gagnent leur vie.

Un ouvrier s'est amusé à Kirkaldy, petite ville d'Écosse, à employer les souris au filage du coton. La machine motrice dans laquelle il avait placé ses petites bêtes avait une espèce de roue mise en mouvement par la marche de la souris, et il remarquait que chaque jour une souris faisait de 16 à 18 kilomètres, et filait une centaine de fils de coton. Sa nourriture, qui consiste en farine d'avoine, coûte annuellement tout au plus 60 centimes ; par contre le travail de la souris représente dans une année la valeur de 8 fr. 50, et en déduisant le prix de la nourriture et 1 fr. 25 pour réparation à la machine, il resterait un bénéfice de 6 fr. 25 pour chaque animal.

Un fabricant, voulant mettre cette découverte en pratique, a loué une maison où il a placé 1,000 petites roues qui sont mues par des souris. Ce qui lui fera un bénéfice de 55,000 francs au bout de l'année [2].

G. DALLET.

1. *Revue Scientifique.*
2. *Le Monde vu par les Savants du XIXe siècle*, p. 794. J.-B. Baillière, 1890.

LIVRE III

L'HOMME ET L'ANIMAL EN GÉNÉRAL

L'Homme entre en scène.

Il est désormais prouvé que l'homme existe sur la terre depuis une époque très reculée. Les documents écrits ne nous ramènent qu'à trente ou quarante siècles en arrière; les restes des plus anciens des édifices bâtis à une époque antérieure, et qui sont aussi des archives de pierres, datent peut-être de deux mille ans auparavant; mais par delà cette courte période historique, comprenant à peine la durée de cent cinquante générations successives, s'étend la période, certainement beaucoup plus longue, de la tradition pure. Alors l'humanité, naissant à la conscience d'elle-même, rattachait les siècles aux siècles par les légendes, les hymnes, les formules symboliques; les souvenirs des grands événements, migrations, guerres de races, alliances, exterminations, conquêtes du travail, s'incorporaient dans la religion même et, sous une forme de plus en plus altérée, se transmettaient d'âge en âge comme l'héritage des peuples.

Plus anciennement encore, dans le lointain inconnu des temps, nos ancêtres vivaient de la vie des bêtes fauves dans les forêts et les cavernes. La tradition, non moins que l'histoire, est muette sur cette période de la race humaine ; mais les assises de la terre, interrogées de nos jours par les géologues, commencent à nous révéler à la fois l'existence et les mœurs de ces aïeux, naguère inconnus.

Sans parler de trouvailles faites à diverses époques, alors que la science, timide encore, se refusait à reconnaître l'ancienneté de l'homme, tant de débris humains, tant de produits de l'industrie primitive ont été découverts dans les derniers temps, qu'il ne reste plus de doute relativement à la longue durée de notre espèce. Non seulement nos barbares aïeux habitaient les forêts en même temps que le bœuf *urus* refoulé maintenant dans le Caucase, et représenté dans quelques parcs d'Europe par de rares individus, mais par delà cet âge, ils vivaient aussi pendant la période glaciaire, alors que la France et l'Allemagne avaient l'aspect de la Scandinavie, et que les rennes, aujourd'hui relégués dans le voisinage de la zone boréale, parcouraient les glaciers des Alpes et des Pyrénées.

Antérieurement encore, à une époque où le climat européen, qui plus tard devait tellement se refroidir, était au contraire beaucoup plus chaud que de nos jours, l'homme des cavernes avait pour contemporains des espèces de rhinocéros et d'éléphants actuellement disparues, et déjà des artistes, humbles devanciers des Phidias et de Raphäel, s'essayaient à graver sur leurs outils des figures de Mammouths qui se sont conservés dans l'argile des grottes.

Avant cette époque, l'homme se retrouve encore, luttant pour la domination contre un redoutable ennemi, le grand Ours des cavernes, dont il nous a laissé également des dessins sur la pierre, et plus loin, dans l'immense ténèbre des âges, d'autres restes. ceux des Éléphants *antiquus* et *meridionalis* [1] nous apprennent que nos ancêtres étaient déjà nés, durant une période de la vie terrestre que l'on croyait naguère avoir été séparée de l'époque actuelle par une série de brusques renouvellements. Combien de milliers ou combien de millions d'années se sont écoulés depuis lors? Nul ne peut encore le dire.

ELISÉE RECLUS [2].

L'Homme fait la conquête du globe.

Selon toute probabilité, l'Homme a apparu dans le nord de l'Asie à un moment encore indéterminé de l'époque tertiaire [3]. Là, il vécut sans doute d'abord de fruits et de racines, à la façon des *Diggers* [4] de Californie. Mais il se développa rapidement, et en vint à attaquer les plus grands mammifères, le Renne, le Mammouth, le Rhinocéros, que nous savons avoir habité alors ces régions. Or, tout peuple chasseur a besoin de vastes espaces, l'histoire des Peaux-Rouges l'attesterait au besoin. En outre, ce genre de vie surexcite les instincts migrateurs. De hardis pionniers franchirent les limites du centre d'apparition, et durent irradier en tous sens. Quelques-unes de ces

1. Espèces d'éléphant éteintes, fossiles.
2. *Nouvelle Géographie Universelle.* Hachette, Paris.
3. On distingue dans la géologie, c'est-à-dire dans l'étude des couches successives et différentes dont est faite l'écorce terrestre, quatre grands groupes de terrains : primaires (les plus anciens), secondaires, tertiaires et quaternaires. Paris et ses environs immédiats reposent sur des couches tertiaires et quaternaires.
4. Peuplades sauvages d'Amérique.

familles aventureuses pénétrèrent jusque dans les contrées occidentales et méridionales de ce qui devait devenir l'Europe. Mais il est évidemment impossible d'admettre que la Lombardie et le Cantal aient seuls reçu à cette époque quelques-uns des colons qui peuplèrent les premiers les solitudes du vieux monde. On ne saurait surtout supposer que les contrées placées entre ces termes extrêmes et le point de départ n'aient pas reçu leur part d'habitants.

Bon nombre de ces émigrants primitifs durent se répandre en Asie, et en atteindre les régions centrale et méridionale. Là, ils perdirent de vue les espèces animales qui avaient d'abord servi à leur nourriture, mais ils en rencontrèrent d'autres et, parmi celles-ci, il s'en trouva que leurs instincts prédisposaient à subir l'empire de l'homme. Peut-être dès cette époque quelques tribus plus intelligentes que les autres surent-elles en profiter.

Un jour, vinrent les froids glaciaires, dont la cause s'est jusqu'ici refusée, selon moi, à toute explication. M. de Lapparent pense que leur apparition fut subite. Il se fonde sur ce fait que la chair musculaire s'est conservée intacte dans les cadavres de mammouth, découverts de nos jours dans les glaces de la Sibérie, si bien que cette chair a pu servir de nourriture aux chiens des tribus voisines. « Ces cadavres, dit-il, étaient enfouis quelquefois *debout*, dans les alluvions des steppes; et pour que la chair en ait été conservée sans avoir subi sa transformation en *adipocire* [1] que produisent les tourbières, il faut que, peu de temps après la chute de l'animal dans le marais où il avait péri, la gelée ait pour toujours pris possession du sol. » — Je ne vois pas quelle objection on pourrait

---

1. Gras de cadavres : substance graisseuse dans laquelle se transforme parfois la chair des corps morts.

faire à cette argumentation. Aussi, ne puis-je accepter aucune des explications données par divers savants, qui toutes supposent des actions plus ou moins lentes se rattachant d'ordinaire à l'hypothèse d'un climat maritime analogue à celui que présente de nos jours la Nouvelle-Zélande.

Il est facile de comprendre les terribles effets de cette invasion du froid. Les végétaux périssaient, les animaux fuyaient; les hommes ne purent qu'émigrer en masse, à la fois pour fuir le fléau et pour ne pas perdre de vue leur gibier habituel. Affolés par cette étrange catastrophe, ils allèrent droit devant eux en tous sens. Une partie franchit alors le détroit de Behring sur la glace, pénétra en Amérique, poussa à l'ouest jusqu'au bassin de la Delaware, au sud jusqu'en Patagonie. D'autres, par des routes dont on peut déjà soupçonner quelques-unes, traversèrent l'Asie, atteignirent l'Afrique; et, tandis que certaines tribus en occupaient le nord le long de la Méditerranée et remontaient le Nil, d'autres, par des voies encore inconnues, arrivaient jusqu'aux environs du Cap. Un flot suivit les grands mammifères sibériens; et voilà comment ces émigrants arrivèrent chez nous avec les mammouths et les rhinocéros, comment notre Europe occidentale, qui n'avait eu jusque-là que des habitants bien rares, se trouva presque subitement peuplée, au moins par places, à peu près autant que le permet la vie des peuples chasseurs.

Voilà comment, dès l'époque quaternaire, l'espèce humaine se trouva disséminée sur la surface entière du globe, et atteignit les points extrêmes des deux continents.

A. DE QUATREFAGES [1].

1. *Introduction à l'Encyclopédie d'Hygiène*, 1890, t. 1, p. 85. Vve Babé et Cie.

Les cités lacustres de l'Homme fossile.

Au début l'homme s'abrita dans les cavernes. Avec le temps cependant, il apprit à construire des demeures très simples, des huttes souvent informes. Dans les régions des lacs, il apprit même à se faire des demeures sur pilotis : des demeures édifiées sur des pieux plongeant dans l'eau à proximité du rivage, et ces demeures étaient souvent agglomérées en villages ou cités. On passait de la maison au rivage au moyen d'une planche ou d'un bateau rudimentaire.

Dans les parties basses de plusieurs lacs de Suisse, en des points où la profondeur atteint 1^m,50, ou 4^m,50 au plus, on a observé d'anciens pilotis de bois, renversés quelquefois sur le fond de vase, et quelquefois le dépassant légèrement. Ils ont évidemment servi de supports à des villages, presque tous d'une date inconnue, mais dont les plus anciens appartenaient certainement à l'âge de la pierre [1], car des centaines d'instruments semblables à ceux des monticules de coquilles et de tourbières du Danemark ont été retirés de la vase dans laquelle les pilotis étaient enfoncés.

La première description historique relative à des habitations de cette nature est la relation que nous a donnée Hérodote d'une tribu de la Thrace qui habitait, en l'an 520 avant J.-C., le lac Prasias : c'est un petit lac des montagnes de la Péonie, pays qui maintenant fait partie de la Roumélie moderne.

Leurs habitations étaient construites sur des plates-

---

1. Avant de savoir se servir des métaux, du fer, du bronze en particulier, l'homme sauvage a appris à tailler et à polir la pierre pour s'en faire des pointes de flèches, des haches, des couteaux et des scies. On distingue généralement les étapes successives de la civilisation de l'homme préhistorique par les matériaux dont il avait appris à tirer parti.

formes élevées au-dessus du lac, et reposant sur des pilotis. Elles étaient reliées au rivage par une étroite chaussée de construction analogue. Ces plates-formes doivent avoir couvert une étendue considérable, car les Péoniens y vivaient avec leurs familles et leurs chevaux. Leur nourriture se composait en grande partie du poisson que le lac produisait en abondance.

Un pareil poste, isolé comme dans une île, devait, à cette époque grossière et peu tranquille, offrir une sûre retraite, toute communication avec la terre étant interceptée excepté par bateaux ou par des ponts de bois construits de façon à pouvoir s'enlever facilement.

Les habitations lacustres de la Suisse paraissent avoir pour la première fois attiré l'attention pendant l'hiver très sec de 1853-1854 où les rivières et les lacs atteignirent le niveau le plus bas qu'on leur eût jamais connu, et où les habitants de Meiler, sur le lac de Zurich, entreprirent d'élever la surface d'un certain espace et de la transformer en terrain émergé, en y jetant la vase qu'ils draguaient dans les eaux basses environnantes. Pendant les travaux de draguage on découvrit une grande quantité de pilotis de bois profondément enfoncés dans le lit du lac, et, entre eux, beaucoup de marteaux, de haches et d'autres instruments. Tous ces objets appartenaient à l'âge de pierre, sauf deux exceptions, un bracelet en fil de laiton et une petite hachette de bronze.

Les fragments de poterie grossière façonnée à la main étaient abondants, ainsi que les morceaux de bois carbonisés ayant probablement fait partie de la plate-forme sur laquelle reposaient les cabanes de bois. Ces morceaux de bois de charpente carbonisés se trouvèrent en telle quantité en ce point et en d'autres explorés ensuite, qu'on est conduit à conclure que la majeure partie de ces établissements ont dû périr par le feu. Hérodote nous rapporte que les Péoniens cités plus haut conservèrent leur indépendance pendant l'invasion des Perses, et défièrent les attaques de Darius, grâce à la position particulière de leurs habitations.

Ce qui les sauva, remarque M. Wylie, c'est probablement la position de leurs demeures au milieu du lac, tandis que les anciens habitants de la Suisse étaient forcés par l'accroissement rapide de la profondeur de l'eau sur les bords de leurs lacs, de construire leurs habitations à une faible distance du rivage; ils se trouvaient ainsi à petite portée d'arc de la terre, et par conséquent à portée aussi des projectiles enflammés contre lesquels des toits de chaume et des murs de bois étaient une faible protection.

C'est probablement à ces circonstances et aux incendies accidentels que nous devons la conservation fréquente, dans la vase environnant les emplacements de ces anciennes demeures, des outils et des objets travaillés les plus précieux, et tels qu'il n'en a jamais dû être jeté dans les monticules de coquilles du Danemark, qu'on a fort bien comparés à de modernes trous à fumier.

Lyell [1].

Comment l'Homme se perfectionnera-t-il?

L'Histoire montre surabondamment que, entre l'homme sauvage primitif et l'homme civilisé, il y a un pas énorme, un progrès considérable en intelligence, en industrie et en moralité. Ce progrès continuera-t-il? Il n'y a point de raison de croire l'homme arrivé a son apogée; tout indique

---

1. *The Antiquity of Man.*

au contraire qu'il se modifiera encore. Mais comment se modifiera-t-il?

Sera-ce en force? Il n'est pas probable que la force de l'homme augmente beaucoup. Les appareils mécaniques tendent rapidement à supplanter la force brutale et, sans doute, ils continueront à s'y substituer. Pour le moment, il est vrai, des nations civilisées dépendent beaucoup pour leur conservation de la vigueur des membres, et il en sera probablement ainsi tant que l'on continuera à se faire la guerre; mais l'adaptation progressive à l'état social qui met fin aux guerres, permettra à la quantité de force musculaire de s'adapter aux conditions d'un régime de paix. Bien que, tout compte fait, la force musculaire que ce régime exige ne soit peut-être pas moindre qu'à présent, il n'y a pas de raison de supposer qu'il en faille davantage.

Sera-ce en rapidité ou en agilité? Probablement non. — Ces qualités sont chez les sauvages des éléments importants de la conservation de la vie; mais chez l'homme civilisé elles n'y concourent qu'à un bien plus faible degré, et il ne paraît pas y avoir de circonstance qui ait des chances d'en nécessiter l'accroissement. Par des jeux et des concours de gymnastique on pourrait accroître ces attributs d'une façon artificielle; mais un accroissement artificiel qui ne procure pas un avantage proportionnel ne saurait être permanent, puisque, toutes choses égales, les individus et les sociétés qui consacrent la même somme de force à des moyens qui entretiennent la vie plus utilement, doivent peu à peu prédominer.

Sera-ce en adresse mécanique, c'est-à-dire dans une meilleure coordination de mouvements complexes? Très probablement il en sera quelque chose. La maladresse est sans cesse une cause de lésions et de mort.

En outre les outils compliqués que la civilisation met en usage demandent de plus en plus de l'adresse à ceux qui les manient. Tous les arts industriels et esthétiques, en se développant, supposent un développement correspondant de facultés de perception et d'exécution chez les hommes. Les deux ordres de facultés agissent et réagissent nécessairement.

Sera-ce en intelligence? Grandement, sans aucun doute. Il y a pour le progrès dans ce sens un vaste champ à parcourir, et la demande d'intelligence sera très grande. L'ignorance est une cause qui abrège universellement la vie. L'acquisition de la connaissance complète de notre propre nature et de celle des choses ambiantes, la constatation des conditions d'existence auxquelles il faut que nous nous conformions, et la découverte des moyens de nous y conformer dans toutes les variations de saison et de circonstance, ouvrent au progrès intellectuel une vaste carrière.

Sera-ce en moralité, c'est-à-dire en un plus grand empire sur soi-même? Grandement aussi, plus grandement peut-être. La bonne conduite reste d'ordinaire au-dessous de ce qu'elle devrait être plus par faute de volonté que par faute de connaissance. Pour coordonner convenablement les actions complexes qui constituent la vie humaine dans sa forme civilisée, non seulement il faut remplir une condition préalable, reconnaître la marche qu'il convient de suivre; mais il faut encore une condition, un penchant convenable à suivre cette marche. En songeant que nous manquons tous les jours à accomplir des résolutions souvent répétées, nous nous apercevons que le manque du désir nécessaire est, plutôt que celui de l'aperception nécessaire, la principale cause de nos fautes. Il est nécessaire que nous recevions une nouvelle collation des sentiments que la civilisation développe en nous, c'est-à-dire des sentiments qui répondent aux exigences de l'état social, des facultés émotionnelles qui trouvent leur satisfaction dans les devoirs qui nous sont imposés, avant que les crimes, les excès, les maladies, l'imprévoyance, l'improbité, la cruauté, qui aujourd'hui dominent si fort la durée de la vie, puissent cesser.

Ainsi, en considérant les diverses possibilités, et en demandant quelle direction l'évolution de l'avenir — cet équilibre mobile plus parfait, cette adaptation meilleure des relations internes aux externes, cette coordination d'actions plus parfaite — prendra probablement, nous concluons qu'elle doit prendre surtout la direction d'un développement supérieur de l'intelligence et des sentiments.

HERBERT SPENCER [1].

Comment l'Homme doit-il s'alimenter?

Helvétius prétend que l'homme doit être carnivore, J.-J. Rousseau soutient, au contraire, qu'il est herbivore comme les anthropoïdes [2], comme les primates en général, et tend à devenir carnivore à mesure qu'il évolue. L'homme préhistorique était donc herbivore et frugivore. Plus tard, l'invention des instruments de pierre lui permit de se livrer à la chasse et à la pêche. Enfin, la domestication de certains animaux lui fournit une provision constante de viande. C'est ainsi que, d'herbivore qu'il était, il devint

---

1. *Principes de Biologie*, trad. Cazelles, t. II, p. 588. Alcan.
2. *Anthropoïdes* et *Primates* sont les singes supérieurs les plus voisins de l'homme par leur structure.

omnivore [1], mais pendant longtemps la viande ne joua qu'un rôle très secondaire dans l'alimentation des races supérieures. Ce n'est que depuis un siècle que ce rôle a augmenté dans des proportions telles que l'Européen actuel est beaucoup plus carnivore qu'herbivore. En France, par exemple, l'alimentation qui était presque exclusivement végétale, il y a cent ans, tend à devenir de plus en plus animale.

La consommation de la viande de boucherie, qui était en moyenne de 19 kilogrammes par tête de 1812 à 1829, s'est élevée à 20 kilogrammes en 1840 et à 25 kilogrammes en 1875. Nos paysans qui, en 1840, ne mangeaient, en fait de viande, qu'un peu de porc, les jours de fêtes carillonnées, mangent actuellement de la viande de boucherie toutes les semaines. M. de Montalivet, dans sa brochure intitulée : *Un heureux coin de terre*, nous apprend que la commune de Sainte-Bouize qu'il habite, dans le département du Cher, ne possède un boucher que depuis 1863. Dans le département de la Somme, la consommation de la viande a doublé depuis vingt ans.

Parmi les races humaines actuellement existantes, les plus inférieures sont herbivores et les supérieures sont carnivores. Les peuples carnivores, comme les Anglais, règnent sur les herbivores, comme les Hindous; les Anglais, en effet, font chaque jour trois repas à la viande. « L'histoire, dit Herbert Spencer, montre en général que les races énergiques et conquérantes sont toujours les races bien nourries. » Or, une race ne peut être bien nourrie qu'autant qu'elle est carnivore.

---

1. C'est-à-dire mangeur de viande et de végétaux (fruits et légumes). Du reste l'homme est omnivore par sa dentition, il l'est aussi par ses sucs digestifs, qui le mettent en état de digérer les aliments végétaux presque aussi bien que les aliments animaux.

Voici, d'après Maurice Block, la consommation moyenne des divers États de l'Europe, par habitant et par an : Espagne, 12 kilogr. 900; Belgique, 16 kilogrammes; Prusse, 16 kilogr. 923; Autriche, 20 kilogrammes; Suède, 20 kilogr. 200; Bavière, 21 kilogr. 100; Angleterre, 27 kilogr. 546; Danemark, 27 kilogr. 640. La consommation est, à Londres, de 52 kilogrammes; à Vienne, de 57 kilogrammes, et à Paris, de 75 kilogrammes. D'après Letheby, de toutes les capitales, c'est Paris qui consomme le plus de viande.

Paris consomme, chaque année, proportionnellement, autant de viande de boucherie et de charcuterie que Londres, et, de plus, 1,600,000 kilogrammes de viande de cheval. C'est la France qui, de toutes les nations, consomme le plus de viande. En effet, la consommation y est de 15 kilogrammes dans les campagnes et de 63 kilogrammes dans les chefs-lieux de département.

G. Delaunay [1].

Les globules du sang.

Dans le sang d'un homme adulte circulent plus de soixante billions de corpuscules rouges [2], et pour 360 de ces globules on compte en moyenne un seul globule blanc. Le nombre des globules blancs croît par

---

1. *Études de Biologie Comparée*, 2ᵉ partie, 1879, p. 34. Lecrosnier.
2. Ce sont ces globules qui donnent au sang sa couleur : privé de ceux-ci, le sang est incolore. Leurs dimensions sont très réduites : ils ont 7 millièmes de millimètre de largeur, et 19 dix-millièmes de millimètre d'épaisseur. Ces globules rouges ou *hématies* sont renfermés dans cinq litres de sang environ. C'est ce que renferme le corps d'un adulte, et mises bout à bout les hématies d'un seul adulte formeraient une chaîne capable de faire 4 fois le tour de la terre. Si petites qu'elles soient, elles représentent une surface énorme : près de 3,000 mètres carrés!

rapport aux rouges après les repas; il décroît pendant le jeûne. Il est plus grand pendant l'enfance que dans l'âge adulte, et des expériences comparatives que j'ai faites avec quelques élèves choisis dans mon laboratoire privé de Heidelberg, sur des enfants, des jeunes gens, des hommes d'âge mûr, et des vieillards, il résulte que leur rapport va en décroissant avec l'âge; le sang de la femme, toutes choses égales d'ailleurs, contient un plus grand nombre de globules rouges que celui de l'homme, pour un même nombre de globules blancs.

Les globules blancs du sang constituent la formation la plus récente dans le corps de l'homme adulte. Leur nombre va en augmentant après chaque repas, parce qu'ils proviennent des substances que les aliments introduisent dans le sang.

Dans un temps relativement court, ces globules blancs se transforment en globules rouges; on n'a pas encore pu réussir à surprendre cette transformation dans un vaisseau déterminé.

Toujours est-il que cinq ou six heures après les repas, la proportion des globules blancs par rapport aux rouges a déjà commencé à diminuer.

La formation des globules blancs a lieu principalement dans les glandes mésaraïques[1], c'est-à-dire dans des organes où l'abondance du sang, jointe au mouvement lent du chyle, favorise l'action du sang sur le chyle. J'ai comparé ces glandes à des collèges de jeunes globules de sang, collèges où des centaines de professeurs élèvent un seul disciple. A côté des glandes mésaraïques, la rate contribue pour une large part à la formation des globules blancs.

---

1. Glandes situées au voisinage de l'intestin, et où débouchent les chylifères qui portent le chyle de l'intestin dans le sang

En les observant sous le microscope, dans une goutte de sang frais légèrement comprimée entre deux plaques de verre, vous les voyez se transformer lentement, mais d'une manière continue : vous les voyez pousser çà et là des prolongements simultanément dans plusieurs directions, devenir ovoïdes, piriformes, triangulaires, avec des angles arrondis, découpés ou étoilés, avec de petits rayons, retirer leurs prolongements pour devenir de nouveau sphériques ; en somme, vous admirez une agitation analogue à celle qu'on a observée chez certains animalcules très petits de la classe des Rhizopodes [1], par exemple chez les Amibes. J'ai pu observer ces métamorphoses pendant plusieurs heures de suite sur des globules d'un homme sain. C'est là un autre exemple instructif de ce fait, que des phénomènes dont la description n'est souvent accueillie que par un sourire de pitié, sinon de dédain, réunissent ensuite, après de longs détours, les suffrages de tous les savants. Il me semble donc de toute justice de rappeler que c'est Stannius (de Rostock) qui, le premier, a parlé des mouvements des globules blancs du sang humain.

Nous ne savons rien de certain sur la durée de la vie des corpuscules sanguins dans leur climat naturel. Leur jeunesse dure certainement très peu, parce que ces corpuscules blancs, qui pénètrent dans le courant sanguin, n'y subsistent que pendant quelque temps. Dans le but de me faire au moins une idée approchée de la durée de l'existence des corpuscules rouges, j'ai cherché, de concert avec un de mes élèves, M. Marfels, à déterminer le temps pendant lequel les globules rouges d'une brebis se conservent dans le sang d'une

---

1. Rhizopodes et Amibes sont des Protozoaires, des animaux généralement aquatiques. très simples, consistant en un corps très petit, mou, mobile, sans organes, parfois revêtu d'une coquille de forme très variable.

grenouille vivante. Les globules sanguins de la plus grande partie des mammifères ressemblent tellement à ceux de l'homme, tant par leur forme que par leur composition, qu'il semble permis de supposer qu'il existe aussi une grande analogie dans les phénomènes de leur vie. Nous n'avions d'autres raisons, pour donner la préférence aux globules de la brebis sur ceux de l'homme, dans nos recherches, si ce n'est les petites dimensions de ceux-ci. Un des plus savants physiologistes allemands, Georges Meissner, nous a blâmé d'avoir étudié la durée de la vie des globules du sang d'un mammifère dans un milieu aussi peu convenable que l'est le sang d'une grenouille. Il a comparé notre tentative à celle d'un savant qui voudrait déterminer la durée moyenne de la vie humaine sur un homme né sous les tropiques et transporté dans les régions polaires. Je suis le premier à reconnaître la justesse de cette critique; je vais même plus loin, et je crois que la comparaison de Meissner est encore trop favorable pour l'application qu'il a osé faire des faits observés par nous. Cependant, je me permettrai de faire la question que voici : Supposez qu'il nous soit donné d'observer la durée de la vie d'un nègre dans les régions polaires, cette observation ne serait-elle pas digne de quelque intérêt si nous étions privés de faits plus concluants? Telle était notre opinion quand nous avons admis que la durée moyenne de la vie des globules colorés monte environ à quinze jours, et cela sans prétendre le moins du monde mesurer d'une manière absolue leur durée vitale. Je me suis contenté de déduire de nos expériences une confirmation de la conjecture émise par Kölliker. Je crois que les corpuscules en mouvement dans le sang ne meurent pas aussi rapidement que quelques savants étaient tentés de l'admettre. En remarquant que la température du sang de grenouille est relativement basse, et que les échanges de matières s'y font beaucoup plus lentement, on peut dire que la durée que nous avons déterminée approximativement par nos expériences est probablement trop longue.

MOLESCHOTT [1].

Les dangers de l'air confiné.

Lorsqu'un certain nombre d'individus respirent dans une atmosphère qui ne se renouvelle pas, ou se renouvelle mal, en vertu des échanges incessants qui s'opèrent entre le sang et cette atmosphère, la proportion relative des éléments constitutifs de l'air se modifie [2]. Ces changements qui se produisent dans la composition de l'air, par suite de la respiration dans une *atmosphère confinée*, sont multiples. Il y a d'abord diminution d'oxygène; la proportion normale de 21 p. 100 peut tomber à 18 ou 19 et même au-dessous.

Ensuite, et c'est là la plus importante des modifications qui se produisent, il y a présence ou excès d'acide carbonique. D'après Andral et Gavarret, l'exhalation pulmonaire fournit, par heure, 9 litres d'acide carbonique chez l'enfant de huit ans, 12 litres chez la femme adulte, et 20 litres chez l'homme. En même temps, il est démontré que la peau exhale une quantité mal déterminée de ce gaz.

On comprend donc que la respiration empoisonne

---

1. *Une ambassade physiologique : les globules du sang.* (*Revue Scientifique* 1867, p. 167.)

2. Les échanges consistent en ce que l'air respiré cède une partie de son oxygène au sang du poumon, et reçoit de celui-ci de l'acide carbonique. Il perd donc son élément vivifiant, et se charge d'un élément toxique.

16.

rapidement l'atmosphère, et fait augmenter le chiffre d'acide carbonique dans une proportion fort considérable ; mais l'acide carbonique n'est pas le seul élément que dégage la respiration ainsi que la transpiration cutanée. (Un adulte bien portant en fournit dans les vingt-quatre heures, une quantité que l'on peut évaluer entre 750 et 1,200 grammes.)

En même temps, une dose plus ou moins considérable de matières organiques [1] s'échappe dans l'air. Elles se composent principalement de débris épidermiques et de graisse, ainsi que d'une substance particulière qui s'échappe des poumons et de la bouche.

L'odeur pénétrante et fétide de cette substance est ce qui constitue surtout l'odeur de renfermé ; elle devient perceptible lorsque la proportion d'acide carbonique s'élève à 0,7 p. 1,000, et devient très forte lorsque cette proportion s'élève à 1 millième.

Telles sont les altérations que produit dans l'atmosphère l'accumulation d'un certain nombre d'individus dans un espace confiné, ou d'un seul individu dans un espace trop étroit.

On admet généralement deux degrés dans les accidents produits par l'air confiné ; à un premier degré, on observe simplement du malaise, du mal de tête, des vertiges ; la respiration est gênée ; il y a des nausées, parfois des syncopes : ce sont là les signes d'une asphyxie commençante. A un degré plus avancé, on observe des sueurs abondantes, une soif vive, des douleurs thoraciques, de la dyspnée, parfois du délire et bientôt la mort.. C'est ce qu'on observa dans plusieurs faits connus d'asphyxie.

---

1. Les matières organiques sont celles qui ne se trouvent que dans les corps organisés, vivants ou ayant vécu : elles sont d'ailleurs composées d'éléments inorganiques ou minéraux, d'Oxygène. de Carbone. d'Hydrogène, de Chaux. d'Azote, de Soufre, etc.

Aux Indes, 146 prisonniers anglais, renfermés dans un lieu clos de vingt pieds carrés, succombèrent pour la plupart, après avoir présenté une soif vive, de la suffocation, un besoin d'air si pressant qu'ils se battirent pour s'approcher des soupiraux. Au bout de huit jours, vingt-trois seulement restaient vivants. Rappelons encore qu'après la bataille d'Austerlitz, 300 prisonniers autrichiens ayant été enfermés dans une cave, 260 succombèrent d'asphyxie en peu de temps. Enfin, dans le fait fameux des assises d'Oxford, juges, spectateurs, accusés, furent frappés d'asphyxie mortelle.

Chez les individus qui vivent habituellement dans une atmosphère insuffisante, on observe des accidents d'un autre ordre que ceux que nous venons de signaler, et qui, pour n'être pas foudroyants, n'en sont pas moins redoutables. La santé de l'homme, comme celle des animaux, s'altère promptement dans un milieu insuffisamment ventilé, et des faits nombreux nous en fournissent la preuve.

On ne sera pas étonné de voir la phtisie pulmonaire exercer ses ravages surtout chez les individus qui habitent des locaux trop étroits, chez les soldats casernés dans des baraquements insuffisants, chez des ouvrières qui travaillent dans de petits ateliers, chez les classes pauvres, enfin, dont les habitations n'offrent qu'un espace très insuffisant.

A. Proust [1].

L'eau et la vie.

L'eau forme une partie considérable du corps humain, les neuf dixièmes environ. Cette proportion

1. *Douze Conférences d'Hygiène*, 1891, p. 39. Masson.

a été indiquée par divers expérimentateurs, et par Chaussier notamment. Chaussier fit placer dans un four, à une température assez peu considérable pour ne pas produire la carbonisation, un cadavre humain qui pesait 60 kilogrammes, et lorsque la dessiccation fut complètement opérée, le cadavre ne pesait plus que 6 kilogrammes. C'est donc bien neuf dixièmes de liquides pour un dixième seulement de parties solides.

L'eau est donc une condition essentielle de la vie. Tout organisme vivant doit contenir de l'eau, et doit même en contenir des proportions déterminées. C'est ainsi qu'il faut une certaine proportion d'eau pour maintenir l'élasticité des tissus. M. Chevreul a fait de nombreuses expériences sur la dessiccation des divers tissus, et il est arrivé à des résultats fort intéressants. Il a vu, par exemple, que la cornée transparente de l'œil devait sa transparence à une certaine proportion d'eau, et que la cornée opaque[1] devait son opacité à une autre proportion du même liquide.

Si l'on desséchait ces deux membranes, la cornée transparente devenait opaque et la cornée opaque devenait transparente; mais lorsqu'on les remettait dans l'eau, chacune d'elles reprenait ses propriétés ordinaires. Le cristallin[2] de l'œil devient également opaque par la dessiccation, et il recouvre aussi sa transparence lorsqu'on le plonge dans l'eau. On a donc produit par ce moyen une sorte de cataracte artificielle, et l'on voit en même temps que la transparence du cristallin dépendait de la proportion d'eau que contenaient ses tissus.

Mais ce qu'il y a de plus curieux et de plus piquant dans ces expériences, c'est qu'on peut ainsi donner

---

1. La cornée opaque est le *blanc* de l'œil; la cornée transparente est la partie transparente qui est enchâssée dans le blanc.
2. Sorte de lentille transparente située en arrière de la cornée.

véritablement la cataracte [1] à un animal vivant. Seulement on ne peut opérer que sur des animaux assez petits, comme des grenouilles par exemple, et l'expérience s'exécute tout simplement en les desséchant. Pour dessécher un animal, il suffit d'enlever de l'eau à son sang, parce que tous les éléments histologiques tendent aussitôt à rétablir la composition normale du sang, en y déversant l'eau qu'ils contiennent, et s'appauvrissent ainsi spontanément. On donne donc la cataracte à une grenouille en la suspendant simplement dans un panier et en l'exposant à un courant d'air assez actif pour la faire dessécher. On peut encore réaliser l'expérience d'une autre manière, ainsi que l'a fait M. le docteur Kunde. Son procédé consiste à introduire dans le canal intestinal de la grenouille des corps avides d'eau, du sucre ou du sulfate de soude ; il se produit alors au travers des parois intestinales une action endosmotique [2] qui enlève au sang une partie de son eau, et la grenouille perd bientôt la vue. La cataracte disparaît du reste également lorsqu'on rend à l'animal le liquide qu'il a perdu, en le plongeant dans l'eau.

Mais ce n'est point là le seul résultat de cette expérience ; les autres tissus éprouvent comme le cristallin de l'œil l'influence de la dessiccation, et, lorsqu'on dessèche une grenouille, en même temps qu'elle devient aveugle, elle éprouve des convulsions comme si on l'avait soumise à l'influence de la strychnine.

Si l'organisme peut périr par défaut d'eau, il est aussi évident qu'un excès de ce liquide peut apporter

---

1. Maladie de la cornée transparente qui devient opaque, d'où affaiblissement ou même abolition de la vision.

2. On désigne sous le nom d'*endosmose, exosmose* et *osmose* la production de courants à travers une membrane vivante ou morte, mais d'origine organique, séparant deux liquides de composition et densité différentes.

les plus grands troubles dans ses fonctions. Toutefois
la proportion d'eau contenue dans les êtres vivants
peut varier entre des limites assez éloignées : même
dans l'état normal des fonctions, le rapport entre la
quantité des liquides de l'organisme et celle des
solides est fort mobile, car un animal contient beaucoup plus de liquides lorsqu'il est en digestion que
lorsqu'il se trouve à jeun, tandis que la quantité des
parties solides reste sensiblement la même dans ces
deux états. Enfin, on peut injecter dans les veines
d'un animal une assez grande quantité d'eau avant
de produire de graves désordres organiques, et surtout avant d'amener la mort. Nous avons fait autrefois à ce sujet une expérience intéressante. Un chien
pesant deux kilogrammes et demi, et pris en état de
digestion, c'est-à-dire dans l'état physiologique pendant lequel l'organisme contient le plus de liquide,
reçut, par injection dans la veine jugulaire, 800 grammes d'eau à la température normale du corps (35 ou
40 degrés), c'est-à-dire environ le tiers de son poids,
avant de présenter des accidents graves. Toutes les
sécrétions qui s'étaient progressivement ralenties disparurent alors, sauf la bile ; mais l'écoulement fourni
par le canal cholédoque provenait sans doute du passage tout mécanique de l'eau dans la vésicule biliaire ;
l'injection ayant été continuée, l'animal présenta de
temps en temps des convulsions tétaniques d'une
durée plus ou moins longue, et finit par périr après
avoir reçu 1,120 grammes d'eau.

CLAUDE BERNARD [1].

_____

1. Leçons à la Faculté des sciences, en 1865.

La fréquence de la respiration.

Les inspirations sont plus nombreuses chez les espèces inférieures que chez les espèces supérieures. A égalité de taille, le carnassier respire moins vite que chez l'herbivore. Le lapin, à taille égale, respire plus fréquemment que le chien (Paul Bert). Les petites espèces de poissons, d'oiseaux et de mammifères respirent plus fréquemment que les grandes. Un condor respire 6 fois par minute, et un moineau 90 fois. Un rhinocéros a 6 inspirations par minute, et un rat 210. Le nombre des mouvements respiratoires est en rapport inverse avec la taille, mais seulement dans un même groupe zoologique (P. Bert). Les animaux d'une même classe ont une respiration d'autant plus active que leur taille est plus petite (Longet). Le nombre des respirations est en raison inverse de l'absorption d'oxygène ; aussi les oiseaux respirent-ils plus lentement que les mammifères à taille égale. Un moineau respire 90 fois, et une souris plus de 200.

Voici quelques chiffres à l'appui des considérations qui précèdent : baleine, 4 à 5 inspirations par minute (Scoresby); rhinocéros, 6 (Bert); girafe, 8 à 10 (Colin); cheval, dromadaire, 10 (Colin); jaguar, 11 ; lion, 12 (Bert); panthère, 13 ; vautour, mouton, 15 ; bœuf, 15 ou 18 ; chien, 15 ; cerf, chacal, 17 ; homme, 18 ; Macaque, 19 (Bert); lama, alpaca, 20 ; antilope, 22 ; buffle de Valachie, 23 ; chat, 24 ; furet, poulpe, 28 (Bert); colombe, anguille, 30 (Bert); lapin, 55 ; perruche ondulée, 60 ; écureuil de Caroline, lamproie, 70 ; moineau franc, 99 ; serin, 200 ; rat, 210.

G. DELAUNAY [1].

---

1. *Études de Biologie Comparée*, 2ᵉ partie, 1879, p. 55. Lecrosnier.

Un homme qui ne peut aimer la musique.

L'anomalie désignée sous le nom de Daltonisme[1], ou cécité des couleurs, a depuis longtemps attiré l'attention des physiologistes; mais l'anomalie correspondante, affectant les organes de l'audition, n'a encore été l'objet d'aucune étude. Des observations détaillées de M. Grant Allen ont été faites sur un jeune homme qui présentait cette anomalie, désignée par l'auteur sous le nom de *Note deafness* (surdité des notes) à un degré très prononcé. Le sujet est un jeune homme de trente ans, instruit, très apte à répondre à toutes les questions qui entraînent des considérations psychologiques et physiologiques.

Lorsqu'on fait rendre au piano deux notes voisines quelconques, il est incapable de percevoir entre elles aucune différence, même avec la plus grande attention, et les considère comme identiques. Si le piano rend en même temps deux notes qui se suivent, par exemple *do* et *ré*, il est incapable de distinguer le désaccord produit par cette union. Il ne peut même pas établir de distinction entre *do* et *mi* ou *do* et *sol*; il ne distingue que les notes différant d'une octave ou davantage. Lorsqu'on joue une gamme, il éprouve l'impression d'une série de tons se confondant les uns avec les autres et ne peut distinguer aucun d'eux.

On apprendra sans surprise que le sujet de ces expériences ayant essayé pendant son enfance d'apprendre la musique était considéré comme incorrigible. Ses dispositions actuelles pour cet art sont très singulières. Lorsqu'on peut le décider à chanter le

---

1. Ainsi désigné d'après le physicien anglais Dalton, atteint de cette singulière infirmité dans laquelle la distinction des différentes couleurs est imparfaite ou nulle.

God Save the Queen, il le fait à l'aide d'une série de notes qui ne répondent en rien à celles de l'art réel. Il n'est nullement dépourvu de la faculté ordinaire d'audition; il perçoit les sons élevés et bas comme tout le monde et son oreille jouit d'une sensibilité inusitée au bruit que fait une montre. Il est sensible au rythme, et reconnaît beaucoup d'airs d'après la mesure seule, et cela même lorsqu'on les joue tout à fait en dehors du ton. Il éprouve même du plaisir à entendre certains airs purement rythmiques comme beaucoup d'opéras bouffes et de vieux chœurs anglais, mais ces airs lui plaisent également lorsqu'on leur applique des notes tout à fait étrangères à leur véritable composition. Il est susceptible de reconnaître dans une certaine mesure l'expression générale d'un morceau de musique, la gaieté, la tendresse, la force ou la majesté, mais il est surtout guidé en cela par la rapidité relative de la mesure.

Dans les conditions ordinaires, il est tout à fait indifférent à la musique et n'en a même pas conscience; il peut poursuivre un travail intellectuel sans être troublé par les chanteurs ambulants ou les orgues de Barbarie [1]; mais, s'il est obligé d'assister à un concert ou à un office avec chœurs, la musique lui devient absolument intolérable et lui cause un ennui insupportable.

Francis Darwin [2].

---

1. Le nom de *Barbarie* donné à ces instruments vient probablement de la corruption du nom d'un facteur italien, *Barberi*.
2. Original dans le journal anglais *Mind*, traduction dans la *Revue internationale des Sciences biologiques*, t. I, 1878, p. 481. Doin.

L'air et la vie.

Les plantes, les animaux, l'homme renferment de la matière; d'où vient-elle? Que fait-elle dans leurs tissus et dans les liquides qui la baignent? Où va-t-elle quand la mort brise les liens par lesquels ses diverses parties étaient si étroitement unies?

Ce n'est pas sans étonnement qu'on reconnaît qu'aux nombreux éléments de la chimie moderne, la nature organique n'en emprunte qu'un petit nombre; qu'à ces matières végétales ou animales, maintenant multipliées à l'infini, la physiologie générale n'emprunte pas plus de dix ou douze espèces, et que tous ces phénomènes de la vie, si compliqués en apparence, se rattachent en ce qu'ils ont d'essentiel à une formule générale, si simple qu'en quelques mots, on a, pour ainsi dire, tout annoncé, tout rappelé, tout prévu.

N'avons-nous pas constaté, en effet, par une foule de résultats, que les animaux constituent, au point de vue chimique, de véritables appareils de combustion, au moyen desquels du charbon brûlé sans cesse retourne à l'atmosphère sous forme d'acide carbonique; des appareils dans lesquels de l'hydrogène, brûlé sans cesse de son côté, engendre continuellement de l'eau; des appareils d'où s'exhale enfin, sans cesse, de l'azote libre par la respiration et de l'azote à l'état d'ammoniaque par les urines?

Ainsi, du règne animal, considéré dans son ensemble, s'échappent continuellement de l'acide carbonique, de la vapeur d'eau, de l'azote et de l'ammoniaque, matières simples et peu nombreuses, dont la formation se rattache étroitement à l'histoire de l'air lui-même.

N'avons-nous pas constaté, d'autre part, que les

plantes, dans leur vie normale, décomposent l'acide carbonique pour en fixer le carbone et en dégager l'oxygène ; qu'elles décomposent l'eau pour s'emparer de son hydrogène et pour en dégager aussi l'oxygène ; qu'enfin elles empruntent de l'azote, tantôt directement à l'air, tantôt indirectement à l'ammoniaque ou à l'acide nitrique (azotique) fonctionnant ainsi, de tout point, d'une manière inverse de celle qui appartient aux animaux ?

Si le règne animal constitue un immense appareil de combustion, le règne végétal à son tour constitue donc un immense appareil de réduction où l'acide carbonique réduit laisse son charbon, où l'eau réduite laisse son hydrogène, où l'oxyde d'ammonium et l'acide azotique réduits laissent leur ammoniaque ou leur azote.

Ainsi, c'est dans le règne végétal que réside le grand laboratoire de la vie organique, c'est là que les matières végétales et animales se forment, et elles s'y forment aux dépens de l'air. Des végétaux, les matières passent toutes formées dans les animaux herbivores qui en détruisent une partie, et qui accumulent le reste dans leur tissu.

Des animaux herbivores, elles passent toutes formées dans les animaux carnivores qui en détruisent ou en conservent selon leurs besoins. Enfin, pendant la vie de ces animaux ou après leur mort, les matières organiques, à mesure qu'elles se détruisent, retournent à l'atmosphère d'où elles proviennent.

Ainsi se ferme ce cercle mystérieux de la vie organique à la surface du globe.

DUMAS [1].

---

1. Article ATMOSPHÈRE du *Dict. d'Histoire naturelle* de d'Orbigny. Le Vasseur.

Le sens de l'odorat.

Les quantités de substance odorante que nous sommes capables de percevoir sont quelquefois extraordinairement minimes. Une simple trace d'huile essentielle de rose vaporisée suffit à nous faire percevoir une odeur agréable. Une quantité infinitésimale de musc [1] communique à nos habits l'odeur spéciale qui caractérise cette substance, et qui persiste pendant plusieurs années sans pouvoir être enlevée par les courants d'air les plus forts. Valentin a calculé que nous pouvons encore percevoir l'odeur de deux millionièmes d'un milligramme de cette substance. Notre odorat surpasse donc en sensibilité tous les autres organes des sens. Nous ne percevons certainement pas par le goût la petite proportion de substance qui suffit à nous donner une perception olfactive, nous ne pourrions pas la sentir par le tact même si elle était à l'état solide, enfin nous ne pourrions point la voir, même si elle était exposée à la lumière la plus éclatante. Il est même probable qu'aucun réactif chimique n'est capable de déceler des proportions aussi minimes de substance, et l'analyse spectrale [2], qui fait cependant reconnaître des millionièmes de gramme, reste de beaucoup inférieure à la sensibilité de notre odorat. Chez les animaux, le développement de l'odorat est encore bien plus étonnant que chez l'homme : ce sens remplit généralement chez eux un rôle beaucoup plus important que chez nous. Les chiens de chasse recon-

1. Substance à odeur très forte et persistante sécrétée par des glandes spéciales du *Moschus moschiferens*, sorte de Chèvre (*Chevrotain*) du Thibet et de l'Asie septentrionale.
2. Méthode d'analyse des corps basée sur le fait que ceux-ci font éprouver à la lumière solaire qui tombe sur un prisme après les avoir traversés, ou à la lumière artificielle où ils ont brûlé, des modifications caractéristiques.

naissent, par l'odorat, la piste d'un animal, piste absolument invisible à l'œil; et cependant l'odorat du chien est encore surpassé par celui des fauves, qui sont capables de reconnaître le chasseur à des distances énormes, lorsque la direction du vent est favorable. Quelle peut donc être la quantité de substance volatile encore perceptible par ces animaux à des distances si grandes? Son exiguïté est au-dessous de toute appréciation.

Les animaux aquatiques possèdent-ils la faculté de percevoir des odeurs? Nous devons admettre cette possibilité, si nous en jugeons d'après le développement des organes olfactifs chez ces animaux : car les poissons ont un nerf olfactif (nerf de l'odorat) très développé qui tire son origine de la partie antérieure du cerveau, c'est-à-dire du lobe olfactif, et qui se distribue sur la muqueuse des sacs nasaux : ces sacs présentent une ouverture dans la peau de la tête. Chez ces animaux, les substances odorantes n'agissent point sous forme gazeuse, mais à l'état de dissolution dans l'eau, et peut-être la sensation est-elle dans ce cas analogue à celle du goût qui ne peut être éveillée, comme on sait, que par des substances liquides. En tout cas, l'odoration des animaux aquatiques ne peut être tout à fait identique à celle des animaux terrestres.

Il n'est donc pas probable que l'homme serait capable d'odorer sous l'eau, même s'il pouvait sans danger faire passer un courant de liquide à travers le nez. Une expérience très intéressante de E.-H. Weber nous en fournit la preuve. Cet observateur remplit exactement son nez avec de l'eau très chargée d'eau de Cologne. On peut répéter cette expérience sans danger en se couchant horizontalement, et en laissant pendre la tête verticalement en bas, de façon que l'ouverture des narines se dirige en haut. Le voile du palais sépare alors complètement les fosses nasales de la cavité buccale, et l'eau introduite dans le nez ne trouve point d'issue pour s'écouler. Tant que l'eau séjourna dans la cavité nasale, Weber ne perçut aucune odeur, tandis qu'il la percevait parfaitement au moment de l'introduction de l'eau. Il remarqua en outre que l'odorat était aboli pendant quelques minutes après la sortie de l'eau, ce qui du reste se produisait aussi lorsqu'on se servait d'eau pure. Il semble donc que l'eau n'est pas un intermédiaire convenable pour l'odorat de l'homme.

On a fait la remarque que presque toutes les substances à odeur désagréable sont en même temps nuisibles à notre organisme. Les gaz à odeur désagréable, comme l'hydrogène sulfuré, constituent même des agents toxiques violents qui amènent la mort lorsqu'ils sont respirés en certaine proportion. Les aliments en putréfaction que notre goût repousse aussi bien que l'odorat, peuvent occasionner des maladies graves lorsqu'on les consomme. L'odorat est donc un gardien vigilant qui empêche l'introduction de substances nuisibles dans notre organisme. Cependant toutes les substances nuisibles ne sont pas trahies par leur odeur : il en est ainsi de l'oxyde de carbone qui est inodore, quoique délétère, et qui a fait déjà tant de victimes, grâce à l'imprudence humaine.

J. BERNSTEIN [1].

---

1. *Les Sens. (Bibl. Scientifique Internationale*, p. 248-51. Alcan.)

Le sens de la direction ou de l'orientation.

Comment les oiseaux et les insectes transportés à une certaine distance de leur nid, trouvent-ils leur chemin pour y retourner? Voilà une des questions les plus intéressantes, et qui touche de très près aux instincts et aux facultés des animaux. Quelques auteurs leur ont attribué un sens spécial, le « sens de direction ». Darwin a dit qu'il serait intéressant de rechercher l'effet produit sur des animaux placés « dans une boîte circulaire mobile autour d'un axe, que l'on ferait tourner rapidement dans un sens, puis dans un autre de façon à annihiler pour un certain temps tout sens de direction chez les insectes. J'ai pensé, dit-il, que parfois les animaux pouvaient sentir au départ dans quelle direction on les déplaçait. »

En réalité, dans certaines parties de la France, on considère que si un chat a été transporté d'une maison dans une autre dans un sac, il perd sa direction et ne peut retourner à son ancien logis, si l'on a fait tournoyer le sac. M. Fabre a fait quelques expériences intéressantes et amusantes sur ce sujet. Il prit dix abeilles appartenant au genre Chalicodome, les marqua sur le dos par un point blanc, et les plaça dans un sac. Il les porta ensuite dans une direction à un demi-kilomètre, et s'arrêtant en ce point où se trouvait une vieille croix, il se plaça sur le côté de la route et fit rapidement tourner le sac au-dessus de sa tête. Pendant cette opération, vint à passer une bonne femme qui ne parut pas peu surprise de voir le professeur, placé en face de la vieille croix, faire tournoyer solennellement un sac autour de sa tête, et M. Fabre craint d'avoir été fortement

soupçonné de se livrer à des pratiques infernales.
Quoi qu'il en soit, M. Fabre, ayant suffisamment fait
tourner ses abeilles, revint sur ses pas, dans la direction opposée, repassa devant sa maison et transporta
ses prisonnières à une distance de trois kilomètres de
leur nid. Là encore il les fit tournoyer et les laissa
partir, une par une. Elles firent un ou deux tours
autour de lui, et disparurent. Pendant ce temps, sa
fille surveillait. La première abeille fit les 3 kilomètres en un quart d'heure ; quelques heures plus
tard, deux autres retournèrent au nid ; les sept autres
ne reparurent pas.

Dans une autre expérience, il prit quarante-neuf
abeilles. Au départ, quelques-unes seulement prirent
une fausse direction ; autant qu'il put juger par la
rapidité du vol, la plus grande partie parurent se
diriger vers le nid. La première arriva en quinze
minutes. Une heure et demie plus tard, onze étaient
rentrées ; et, cinq heures plus tard, il en était rentré
six de plus : ce qui fait dix-sept sur quarante-
neuf.

Ces expériences paraissent concluantes à M. Fabre.
« La démonstration, dit-il, est suffisante. Ni les mouvements enchevêtrés d'une rotation comme je l'ai
décrite, ni l'obstacle de collines à franchir et de bois
à traverser ; ni les embûches d'une voie qui s'avance,
rétrograde et revient par un ample circuit, ne peuvent troubler les Chalicodomes dépaysés et les empêcher de revenir au nid. »

J'avoue sans honte que, charmé par l'enthousiasme
de M. Fabre, ébloui par son éloquence et son ingéniosité, j'ai été tout d'abord disposé à adopter sa manière
de voir. Un examen plus calme m'a laissé des doutes,
et quoique les expériences de M. Fabre soient très
ingénieuses et décrites très agréablement, elles n'en-

traînent pas la conviction dans mon esprit. Il y a deux points spéciaux à considérer :

1° La direction prise par les abeilles lorsqu'on les lâche ;

2° Le nombre de celles qui réussissent à retourner à leur nid.

En ce qui concerne le second point, remarquons que les abeilles qui ont réussi ont été dans la proportion suivante :

3	sur	10
4	—	10
17	—	49
7	—	20
9	—	40
7	—	15
Au total... 47	sur	144

La proportion n'est pas très élevée ; sur la totalité, 97 paraissent avoir perdu leur route. Ne se peut-il pas que les 47 aient trouvé la leur à l'aide de la vue ou du hasard ; l'instinct, quoique inférieur à la raison, a l'avantage d'être généralement infaillible. Du moment que deux abeilles sur trois font fausse route, il me semble permis d'écarter l'idée de l'instinct. De plus, la distance du nid n'était que de trois ou quatre kilomètres. Et les abeilles connaissent certainement le pays à quelque distance. Nous ne savons pas exactement jusqu'à quelle distance elles vont butiner, mais il me semble raisonnable de supposer que, une fois arrivées à la distance de deux kilomètres de leur nid, elles ont dû trouver quelque point de repère connu qui les aura mises sur la voie. Si nous supposons maintenant que cent cinquante abeilles ont été lâchées à quatre kilomètres de leur nid et qu'elles se sont envolées au hasard dans toutes les directions à peu près également, un simple examen nous mon-

17.

trera que vingt-cinq d'entre elles ont fini par se trouver à un mille de leur nid, et par reconnaître alors leur chemin. Je n'ai jamais fait des expériences sur les Chalicodomes, mais j'ai observé que si on transporte une abeille de ruche à une certaine distance, elle se comporte comme un pigeon dans les mêmes circonstances, c'est-à-dire qu'elle décrit dans son vol des cercles de plus en plus étendus et de plus en plus élevés, jusqu'au moment, je suppose, où les forces lui manquent, ou jusqu'au moment où elle voit quelque objet connu. De plus, si les abeilles avaient été guidées par un sens de direction, elles seraient retournées au nid en quelques minutes. Pour faire un mille et demi ou deux milles, elles n'auraient pas mis cinq minutes. Une abeille sur cent quarante-sept fit le trajet en cinq minutes ; mais il fallut aux autres une, deux, trois ou même cinq heures. Il est donc raisonnable de supposer que ces dernières ont perdu du temps avant de trouver un objet connu.

Le second résultat des observations de M. Fabre ne prête pas aux mêmes remarques. Il fait observer que la grande majorité des Chalicodomes prit d'abord la direction du nid. Il avoue cependant, ainsi que je l'ai déjà dit, qu'il n'est pas toujours facile de suivre le vol des abeilles. Tout en admettant ce fait, il me semble que les abeilles pouvaient reconnaître le point où elles se trouvaient et, quoi qu'il en soit, il ne me paraît pas que nous devions admettre l'existence d'un nouveau sens, qu'il faut réserver comme dernière ressource.

Après tout, il me semble qu'en réalité elles ne s'envolaient pas directement vers leur nid. Si elles avaient pris cette direction, elles auraient été de retour en trois ou quatre minutes, tandis qu'il leur fallait beaucoup plus de temps. Même si elles prenaient la bonne direction, il est clair qu'elles ne la gardaient pas.

Les expériences de M. Romanes confirment, ainsi qu'il le dit lui-même, l'opinion que j'avais exprimée, c'est-à-dire qu'il n'y a pas de preuves suffisantes pour admettre chez les insectes un sens qui puisse être justement appelé « sens de direction ».

Sir John Lubbock [1].

La lumière et la vision sous les eaux.

Lorsque l'eau est transparente et le soleil brillant, on peut distinguer le fond jusqu'à vingt mètres environ, en regardant depuis le bord d'un bateau ; mais la surface doit être absolument calme. J'ai fait placer au fond de mon yacht l'*Amphiaster* un hublot fermé par une glace très épaisse et garanti par une fermeture de sûreté. Il est placé au fond du salon et, en obscurcissant cette pièce, l'on peut voir par ce hublot le fond de la mer, même au delà de vingt mètres, et malgré les vagues, avec une grande netteté.

Vu ainsi de haut en bas, le fond de la mer semble toujours assez plat. Toutes les parties visibles sont également éclairées, et il n'y a pas d'ombres portées, ce qui détruit naturellement la sensation du relief. En descendant en scaphandre [2] l'on est souvent fort étonné de voir que le sol qui semblait presque uni est en réalité tout hérissé de rochers et creusé de

1. *Le prétendu Sens de la Direction chez les Animaux*, par sir John Lubbock, *Revue Scientifique* du 8 novembre 1890, p. 590.
2. Le *scaphandre* est un appareil destiné à permettre à l'homme de respirer sous l'eau, un casque volumineux dans lequel on envoie de l'air par un tuyau de caoutchouc et qui entoure la tête tout entière, de telle sorte que le plongeur qui en est revêtu peut demeurer sans danger plusieurs heures sous l'eau.

vallons profonds. Les ombres sont maintenant visibles, parce que l'éclairage venant d'en haut, les parties rentrantes sous les saillies, les rochers et les touffes d'algues, sont dans l'obscurité.

L'éclairage du fond ressemble à celui d'une salle sans fenêtres qui reçoit le jour par un vitrage occupant le milieu du plafond. Si le scaphandrier, parvenu au fond, regarde en haut par la vitre frontale du casque, il voit un grand espace circulaire lumineux que l'on peut considérer comme la base d'un cône renversé, dont l'œil de l'observateur occupe le sommeil. Ce cône a un angle d'ouverture de 62° 50 environ. Au delà de ce cercle, la surface paraît sombre et présente exactement la teinte et l'aspect de la mer vue de haut en bas depuis le bord d'un bateau ; et c'est naturel puisque la surface vue sous un angle plus grand que celui de la réflexion totale, renvoie simplement dans l'œil comme un miroir l'image de l'eau. Le ciel et les objets situés dans l'air ne sont visibles que dans les limites du cercle lumineux. Les bords de cette grande tache lumineuse sont toujours plus ou moins déchiquetés, puisque la surface n'est jamais absolument calme. Les rayons du soleil sont pâlis et pénètrent par ondées mourantes qui rappellent ce que l'on voit dans une chambre située au bord de l'eau, lorsque les persiennes sont baissées et que les rayons du soleil réfléchis sur la surface mobile viennent éclairer le plafond de la pièce.

La diminution dans l'intensité des rayons solaires est très rapide et à trente mètres ils sont déjà presque complètement diffusés. Au moment où le soleil baisse vers l'horizon, il se produit presque subitement une obscurité telle qu'il m'est arrivé de vite remonter, croyant que la nuit tombait déjà.

En sortant de l'eau, je me voyais avec étonnement inondé des rayons d'un soleil qui n'était pas près de se coucher. Il y a un angle sous lequel la proportion des rayons réfléchis aux rayons réfractés devient si défavorable à ces derniers que l'éclairage du fond diminue brusquement.

La transparence de l'eau varie énormément le long du littoral. Pendant les périodes pluvieuses, l'eau devient trouble par le fait des rivières qui s'y déversent; dans les périodes de sécheresse et de calme, elle devient presque aussi claire qu'en pleine mer. Mais il y a des changements capricieux et brusques provenant des courants qui viennent tantôt de terre, tantôt du large, et qui peuvent amener un grand changement dans l'espace de peu d'heures. Les expériences sur la pénétration de la lumière doivent être faites très au large pour avoir de la valeur; le long de la côte il y a cet élément variable difficile à préciser, du degré de transparence ou de trouble qui peut modifier profondément les résultats.

Lorsque l'eau est relativement claire, elle absorbe encore tant de lumière qu'à trente mètres de profondeur, par un ciel couvert, l'on n'y voit pas assez clair pour récolter de très petits animaux. Dans la direction horizontale, on ne peut pas, dans ces conditions, distinguer un rocher à plus de sept ou huit mètres de distance. Si le soleil brille, et que l'eau soit bien limpide, l'on peut arriver à voir un objet brillant à vingt mètres, peut-être même à vingt-cinq mètres. Mais dans les conditions ordinaires il faut se contenter de la moitié de ce chiffre. Ces faits, constatés nombre de fois dans les fréquentes descentes que j'ai exécutées depuis trois ans avec le scaphandre dont est muni le laboratoire que j'ai installé à Nice, me paraissent importants à plusieurs points de vue.

Il est évident qu'un bateau sous-marin ne peut pas voir son chemin dans ces conditions. Pour peu qu'il soit rapide, il n'aura pas le temps de battre en retraite et de reculer s'il voit subitement quelque grand obstacle se dresser devant lui ; car au moment où il le distinguerait, il n'en serait plus qu'à dix mètres. Il sera toujours obligé de prendre ses directions avant de plonger, et de ne naviguer que sur un terrain connu dont le relevé a été soigneusement fait. La navigation sous-marine se trouve ainsi resserrée dans des limites que le génie de l'homme ne peut pas élargir, puisqu'il ne peut pas modifier la transparence de l'eau.

Au point de vue biologique, ces observations ont aussi un grand intérêt. On peut voir chaque jour que les animaux marins agiles, vivant dans les couches éclairées de l'eau, tels que poissons, langoustes, céphalopodes, ont l'habitude, quand ils sont effrayés, de se livrer à une fuite très rapide pour bientôt s'arrêter ; ils sentent que quelques mètres suffisent à les placer hors de la portée de la vision de leur persécuteur. Quelques-uns ont même soin d'ajouter au trouble de l'eau en déversant leur encre, comme les céphalopodes, ou en soulevant la vase comme le font beaucoup de poissons. Les animaux marins doivent être myopes ; à quoi leur servirait une vue longue, puisque de toute manière ils n'y verraient qu'à quelques mètres ? Aussi leur cristallin est-il bombé au point de devenir sphérique.

Ils vivent dans un monde de surprises, et comme dans un brouillard perpétuel. Les filets qu'on leur tend ne prendraient guère de poissons, de jour surtout, s'ils voyaient au loin comme l'on voit dans l'air.

La nuance de l'eau varie du bleu au verdâtre,

suivant son degré de clarté. Les objets à dix mètres
de profondeur, prennent déjà un ton bleuté, et à
vingt-cinq ou trente mètres, la lumière est déjà si
bleue que les animaux d'un rouge sombre paraissent
noirs, tandis que les algues vertes et bleuâtres semblent très claires par contraste. En remontant rapidement à l'air, les yeux accoutumés à cet éclairage
bleu voient en rouge le paysage aérien.

Les rayons rouges sont éteints les premiers, ce
que des expériences du laboratoire avaient du reste
déjà démontré. Ce sont les rayons bleus qui, étant
les moins absorbés, pénètrent le plus loin, et
ce sont précisément ces rayons qui agissent avec
le plus d'énergie sur la plaque photographique.
Ainsi tombent les objections que certains savants
ont répétées avec une persistance qui ne fait pas
l'éloge de leurs notions de physique, contre l'emploi de la plaque photographique pour trouver la
limite de la pénétration de la lumière du jour dans
l'eau.

Hermann Fol [1].

Les curiosités gastronomiques.

Un Anglais a entrepris de prouver que déjeuner
avec des vers frits, dîner avec des mille-pattes rôtis,
et souper avec des araignées confites, est un excellent
régime.

L'astronome Lalande était, comme on le sait, très
friand d'araignées. Il en avait toujours une provision
dans une charmante tabatière, et il les savourait

1. *Les Impressions d'un Scaphandrier. Revue Scientifique* du 7 juin 1890,
p. 711.

avec délices en guise de pastilles. Il est bien fâcheux pour les amateurs du merveilleux qu'aucun de ses confrères de l'Institut n'ait constaté s'il avait, pour les manger, des jours néfastes et des heures de prédilection.

Certaines races d'Afrique ne toucheraient pas à la chair du lièvre ; en revanche, elles aiment les plats de fourmis.

Il est étonnant, après toutes les étrangetés dévorées à Paris pendant le siège de 1870-1871, que certaines chairs soient encore rejetées de l'alimentation.

Un pâté de souris vaut un pâté de grenouilles, et le rat fricassé est préférable au lapin.

Le chat n'a jamais cessé de faire, paré d'un faux nom, les délices des gargotes.

Quelle différence encore entre une tranche de serpent et une tranche d'anguille? Aucune, sinon que le serpent est plus délicat.

Les insulaires de l'archipel d'Andaman vivent de rats, de serpents et de lézards, qu'ils accommodent finement d'une sauce aux mollusques.

Au bord du Missouri et du Mississipi, le chien est une nourriture de choix, et à Emeraldi, le singe rôti paraît sur la table des plus riches.

Tout le monde connaît la vogue des nids d'hirondelles; ceux de Java sont les plus estimés, mais ce que l'on sait moins, c'est que les Chinois confectionnent avec du chien, du rat, du serpent et des pattes d'ours, des mets à rendre jaloux nos plus illustres Vatels.

Les habitants de nos côtes se laisseraient mourir de faim avant de songer à tirer profit des mouettes, et en Australie une mouette grasse est un plat recherché.

Qui songe, même parmi les plus affamés, à la chair du corbeau? et cependant, coupée menu et bouillie pendant quelques heures, elle forme le plus exquis des potages.

Nous écrasons nos chenilles, et, dans les Indes occidentales, une belle chenille, cueillie sur un palmier, est un friand morceau.

Les Cochinchinois préfèrent les œufs pourris aux œufs frais. Cela nous fait lever le cœur; mais leur cœur se soulève de la même façon à l'exécrable odeur des fromages de différentes formes, que nous goûtons si fort au dessert.

Nous traitons de sauvages les parias de l'Indoustan parce qu'ils mangent les vautours et les milans avancés, et c'est faire preuve d'un goût raffiné que de se régaler d'un faisan où commencent à grouiller les vers.

Laissons aux gastronomes le soin d'apprécier ces considérations et d'en tirer profit; mais il n'est pas plus répugnant de manger une cigale qu'une sauterelle, et une sauterelle est, du reste, fort estimée en Orient : l'Arabie, la Syrie, l'Égypte en font un trafic considérable.

Affaire de mode et de préjugés.

G. DALLET [1].

Les microbes des fromages.

Il y a toutes sortes de microbes; il en est de détestables, comme ceux qui nous donnent la fièvre typhoïde, la scarlatine, la phtisie, et cent autres maux; il en est d'indiffé-

---

1. *Le Monde vu par les Savants du XIXe siècle*, p. 795-796. J.-B. Baillière, 1890.

rents; il en est enfin d'utiles, qui aident à la digestion par exemple, ou qui contribuent à la préparation de certains aliments, comme le vin, la bière et le fromage. Ne les maudissons donc pas en bloc...

Le rôle des microbes dans la maturation des fromages a été démontré, il y a quelques années déjà, par M. Duclaux. Dans le fromage de Cantal, cet auteur avait pu isoler dix espèces différentes.

De nouvelles recherches viennent d'être faites dans cette voie par M. Adametz, en Suisse. Dans ces expériences, qui ont porté exclusivement sur le fromage dit d'Emmenthal, et sur un fromage mou, l'auteur est parvenu à isoler 19 espèces de microbes et 3 levures. L'étude de ces microrganismes n'a malheureusement pas été poussée assez loin pour qu'il soit possible de se rendre compte du rôle exact joué par chacun d'eux dans la maturation du fromage. Toutefois, il faut noter que M. Adametz a rencontré le plus souvent un bacille qui communique une odeur de fromage à la gélatine sur laquelle on le cultive.

Dans le fromage frais d'Emmenthal, l'auteur a trouvé de 90,000 à 140,000 bactéries par gramme. Avec le temps, leur nombre augmente pour arriver à 800,000 par gramme dans le fromage âgé de soixante et onze jours. Le fromage mou est encore beaucoup plus riche en microbes. Dans un fromage de trente-quatre jours, ceux-ci étaient au nombre de 1,200,000 par gramme dans les parties du milieu, et de 2,000,000 dans un fromage de quarante-cinq jours. Les bords en accusaient un nombre encore plus considérable : de 3,600,000 à 5,600,000.

L'auteur a pu démontrer le rôle des microbes en général dans la maturation des fromages par d'ingénieuses expériences, en stérilisant les fromages par divers antiseptiques (créoline, thymol, salol, acide salicylique, sulfure de carbone, vapeurs d'iode, etc.). Quand la dose de l'antiseptique est assez forte pour arrêter tout développement microbien, la maturation ne se fait pas; et le fromage reste blanc, compact, et il ne s'y forme pas de trous [1].

L'odorat chez la femme.

Beaucoup de gens affirment, comme un axiome, l'égalité absolue de la finesse des sens de l'homme et de la femme.

En ce qui concerne celle-ci, notamment, le fait semble être tenu pour si incontestable que les traités de physiologie ne se donnent même pas la peine de l'énoncer. On semble le considérer d'avance comme démontré. Un examen très superficiel suffit pourtant pour révéler, à cet égard, certaines différences notables. Par exemple, le sens du *toucher* est incontestablement plus délicat chez les femmes prises en général que chez les hommes; c'est même ce qui les rend si particulièrement aptes aux travaux d'aiguilles les plus minutieux.

Sur le sens de l'*ouïe* et sur celui de la *vue*, aucun essai comparatif n'a été institué qui permette de se prononcer pour ou contre l'égalité des sexes. Mais en matière de *goût*, au sens propre, les hommes paraissent généralement mieux partagés que les femmes. C'est même ce qui fait de l'art culinaire, dans ses plus hautes parties, le monopole toujours incontesté du sexe fort. On voit rarement les femmes se connaître réellement en vins, et si l'on en trouve souvent de gourmandes, il y en a si peu pour correspondre au gour-

1. *Revue Scientifique* du 4 septembre 1889.

met masculin que le mot n'a même pas de féminin.

Sur le sens de l'*odorat*, enfin, des expériences intéressantes et concluantes ont été faites, aux États-Unis, par MM. Nichols et Bailey, qui en ont rendu compte à l'Association américaine pour l'avancement des sciences.

Ces deux physiologistes avaient choisi un certain nombre de substances fortement odorantes, telles que l'essence de girofle, l'extrait d'ail, l'acide prussique [1], le cyanure de potassium, etc.

Une quantité déterminée de chacune de ces substances ayant été diluée dans l'eau, une série de flacons était préparée de telle sorte que le premier contenant, par exemple, un centigramme d'extrait d'ail pour un litre d'eau, la seconde solution fut moitié moins forte que la première, la troisième moitié moins forte que la seconde, et ainsi de suite jusqu'à disparition complète de l'odeur alliacée dans la dernière dilution. La série une fois complète pour chaque odeur, les flacons, numérotés en dessous, étaient mêlés, et on invitait chaque sujet à les replacer dans l'ordre naturel, en se guidant uniquement par l'odorat. Ce dispositif, très simple, a d'abord fait constater de prodigieuses différences dans la sensibilité de l'odorat, selon les individus.

C'est ainsi que trois sujets masculins ont été reconnus capables de reconnaître l'acide prussique dilué *dans deux millions de fois* son poids d'eau — proportion infinitésimale que l'analyse chimique la plus délicate ne révèle plus. D'autres, au contraire, ne

---

1. Ou acide cyanhydrique, l'un des plus violents poisons qui existent : deux gouttes — peut-être moins — suffisent à tuer un homme. C'est cet acide qui donne aux noyaux de pêches et d'abricots, etc., leur odeur caractéristique. Le cyanure de potassium est une combinaison d'acide prussique et de potassium : c'est aussi un poison des plus violents.

sentaient plus l'acide prussique à la troisième ou quatrième dilution.

Mais le résultat le plus curieux de ces expériences a été d'établir la grande différence qui existe entre les deux sexes pour la finesse de l'odorat. Elles ont porté sur 44 hommes et 38 femmes de toutes conditions, et permettent de conclure qu'en moyenne l'odorat des hommes est deux fois plus fin que celui des femmes.

L'acide prussique, par exemple, cessait d'être senti par toutes les femmes sans exception dans *vingt mille fois* son poids d'eau, tandis que la plupart des hommes la reconnaissaient dans *cent mille fois* ce poids.

L'essence de citron, sentie par les hommes dans deux cent mille fois son poids d'eau, n'était reconnue par les femmes que jusqu'à la dilution précédente, c'est-à-dire plus forte du double. Même résultat pour l'ail et pour les autres odeurs. Il y a évidemment là une loi générale, et cette loi va directement contre l'opinion, très répandue, qui attribue aux femmes une finesse particulière d'odorat, en se basant sur leur goût marqué pour les parfums.

Ce goût provient très vraisemblablement, au contraire, de ce qu'elles sentent moins que les hommes, et sont, par conséquent, moins sujettes à en être incommodées.

Henry de Varigny [1].

Quelques chiffres sur la durée de la vie des animaux.

La durée de la vie des différents animaux est très variable. — Les chiffres qui suivent le démontrent

1. *Revue Scientifique.*

assez. Ils représentent en général les limites extrêmes de la vie, et non le terme moyen.

Baleine	Des centaines d'années.
Cygne	300 ans (?).
Éléphant	200 ans.
Perroquet	150 ans et plus.
Vautour	120 ans.
Aigle, Faucon	Plus de 100 ans.
Oie sauvage	100 ans (?).
Corbeau	100 ans.
Canard Eider	80 ou 100 ans.
Ours	50 ans.
Cheval	40 ans.
Lion	35 ans.
Bœuf	30 ans.
Coucou	30 ans.
Pie	30 ans.
Sanglier	25 ans.
Chardonneret	25 ans.
Moineau	25 ans.
Écrevisse	20 ans.
Chat	20 ans.
Merle	12-18 ans.
Dindon	16 ans.
Poule	10-20 ans.
Serin	12-15 ans.
Mouton	15 ans.
Faisan doré	15 ans.
Fourmi (reine)	15 ans.
Renard	14 ans.
Lièvre	10 ans.
Pigeon	10 ans.
Écureuil et Souris	6 ans.

Chez les animaux inférieurs, la durée de la vie est généralement courte. Les Actinies peuvent pourtant vivre longtemps, comme l'ont vu des naturalistes anglais cités précédemment. Les insectes n'ont le plus souvent qu'une vie adulte très courte, un été en général, c'est-à-dire trois ou quatre mois; beaucoup ne vivent qu'un mois. Certains Orthoptères[1] semblent vivre quatre ou cinq ans; mais les Éphémères[2] ne vivent guère plus de douze heures, et les *Palingenia* femelles n'ont pas une existence adulte de plus de deux ou trois heures.

Aucun papillon ne semble vivre plus d'un an, et cela n'a lieu qu'exceptionnellement : les insectes de ce groupe naissent en mai-juin, pour mourir en septembre-octobre. Mais la vie larvaire peut être très longue : d'après C.-V. Riley, elle peut, pour une sauterelle, la *Cicada septemdecim*, atteindre dix-sept ans (d'où son nom).

Les mollusques d'eau douce ou de terre ont une vie assez courte, trois, quatre ou cinq ans. Mais la Tridacne géante doit vivre de soixante à cent ans; les Céphalopodes peuvent atteindre dix, vingt ans, ou plus encore.

HENRY DE VARIGNY.

La destinée des animaux sauvages.

Que deviennent les milliers d'animaux de toute nature qui peuplent la terre, et qui, subissant la loi universelle, payent à la mort leur tribut obligé? Où vont mourir les chevreuils, les cerfs, les sangliers, les loups, etc., dont on ne trouve presque jamais le plus petit débris? Où sont encore leurs nécropoles?

On peut dire, en effet, qu'à part certains insectes, il est rare de trouver morts des animaux non domestiques. Cela tient à ce que ces animaux-là ne meurent

---

1. Groupe d'insectes *Névroptères* (à quatre ailes membraneuses, transparentes), vivant surtout dans les lieux humides.
2. Groupe d'Insectes à quatre ailes dont les supérieures forment étui; par exemple les Grillons, Sauterelles, Criquets, Blattes, Perce-oreilles, etc.

guère que d'accident. Ils sont en outre peu nombreux, exempts des maladies qu'engendre la civilisation, et s'ils sont trop forts ou trop agiles pour se craindre et se vaincre beaucoup, ils ont en l'homme un destructeur terrible qui, en thèse générale, ne laisse aucun d'eux atteindre le terme naturel de son existence.

Que si un vieux cerf ou un vieux sanglier échappe, dès qu'il sent sa fin prochaine, il se réfugie dans le fourré le plus sombre, et reste là non par un goût suprême pour la solitude, mais par simple prudence, pour ne pas être mangé vif dans les lieux plus fréquentés de ses ennemis et même de ses semblables.

C'est là effectivement le sort naturel de la vieillesse. La société humaine est peut-être la seule où la vieillesse ait un droit moral à l'existence. Partout ailleurs, l'être monstrueux, infirme ou vieux, ne pouvant se défendre, et n'étant point aidé, est condamné à périr. Voyez, par exemple, ce qui est arrivé des chiens qui vivent en troupes dans les villes d'Orient. Tous font assez bon ménage, tant qu'ils sont également forts et dispos ; mais qu'un de ces larrons aux dents toujours longues soit blessé ou devienne vieux, il est étranglé par ses semblables, dépecé, et dévoré séance tenante.

La bête fauve meurt à l'écart, disons-nous, soit dans quelque épais fourré, soit dans quelque trou bien caché, mais la voilà gisante. Son corps se décompose, et ses premières émanations, trop subtiles pour notre odorat, vont annoncer au loin à la foule des intéressés qu'une proie est là. Les affamés accourent, gros et petits, les loups, les renards, et vingt autres bêtes friandes peut-être de viande plus fraîche, mais qui n'en ont pas trouvé, et qui savent fort bien se contenter, au besoin, d'un mauvais morceau.

Quand ceux de la nuit ont fini, ceux du jour arrivent ; il en vient aussi par les airs. On raconte que les vautours d'Afrique furent attirés par l'odeur du carnage de Pharsale.

Puis ce sont les insectes qui font leur tâche. Un millier de mouches, pondant leurs œufs, d'où sortent des vers, ont raison, en quelques jours, d'un cerf ou d'un sanglier. Les os se détachent, tombent sur la terre, traînés çà et là assez loin par d'autres bêtes dépitées peut-être de ne plus rien trouver à sucer.

L'herbe pousse et les cache ; le soleil, la pluie, les effritent, en font de la poussière, et en une ou deux années, la bête, si grosse qu'elle soit, est rentrée tout entière dans le sein de la grande nature.

GEORGES POUCHET.

La greffe animale.

La greffe végétale consiste à introduire dans une fente d'une tige ou d'une branche d'arbre, une longueur d'une autre espèce végétale. C'est ainsi qu'on greffe le néflier sur l'aubépine, les bonnes espèces de poirier sur le poirier sauvage, etc., les bonnes vignes sur des ceps d'autres espèces. On pratique la greffe pour faire profiter des espèces délicates de la vigueur d'espèces robustes, et on ne laisse pousser que la partie greffée qui porte les fleurs et fruits qui la caractérisent. On ne peut pas greffer toute espèce végétale sur toute autre, tant s'en faut. Dans la greffe animale on opère à peu près comme pour les végétaux, ainsi qu'on va le voir.

Les expériences les plus curieuses et les plus rigoureuses qu'on ait faites sur la greffe animale, dans ces dernières années, sont dues à M. Paul Bert. Ce savant physiologiste a montré que si l'on coupe la queue à un jeune rat, et qu'on l'introduise, après l'avoir écorchée, sous la peau de l'animal, dans une région quelconque du corps, elle y adhère et continue à s'y développer. L'organe grandit presque aussi vite que dans les conditions normales. M. Bert a pratiqué aussi des marcottes animales. Il écorche l'extrémité de la queue d'un rat, introduit cette extrémité dans un trou pratiqué sur la peau de l'animal, près de la tête par exemple, et réunit les bords des deux plaies par des points de suture. Les parties juxtaposées ne tardent pas à se souder, et la queue, qui a reçu ainsi la forme d'une anse, conserve sa vitalité. Si alors on vient à la couper en un point quelconque, on voit que le tronçon greffé près de la tête garde ses propriétés physiologiques. Les vaisseaux s'y rétablissent, les nerfs s'y régénèrent, la sensibilité y revient peu à peu. Le rat est ainsi pourvu d'une sorte de trompe aussi vivante que ses autres organes. Le retour de la sensibilité dans cette trompe démontre non seulement la connexion des filets nerveux d'un tel appendice avec ceux du dos, mais encore la possibilité de la propagation de l'ébranlement sensitif dans une direction opposée à celle qu'il suivait auparavant, c'est-à-dire la faculté de conduire les impressions aussi bien dans le sens centripète que dans le sens centrifuge.

La greffe siamoise a été réalisée par M. Bert dans des conditions extrêmement intéressantes. On découpe des lambeaux de peau le long des flancs opposés de deux animaux, et, au moyen de ces bandelettes appliquées face à face et réunies par des sutures, on *coud* ensemble les deux sujets. Au bout de peu de jours, la réunion est faite, et l'on a un couple analogue à celui des frères Siamois. M. Bert a gardé pendant plus de deux mois deux rats blancs ainsi accolés; mais ils vivaient en si mauvaise intelligence qu'il fallut au bout de ce temps les séparer. En empoisonnant l'un des deux animaux d'un couple pareil, on empoisonne l'autre, ce qui prouve qu'il y a entre eux une parfaite communication sanguine.

M. Bert a obtenu des greffes semblables entre rat blanc et rat surmulot, entre rat blanc et rat de Barbarie. Il a essayé d'en pratiquer entre animaux d'espèces différentes, entre rat et cochon d'Inde, entre rat et chat, mais la réussite n'a jamais été complète ; on n'a provoqué que des commencements d'adhérence. Toutefois, l'insuccès paraît tenir moins à l'incompatibilité des tissus eux-mêmes qu'à la difficulté de maintenir dans le calme nécessaire des animaux aussi peu disposés à fraterniser ensemble.

Enfin, M. Balbiani a réussi à souder ensemble deux tronçons de queues empruntées à deux têtards différents, de façon à obtenir une adhérence physiologique d'une certaine durée.

F. PAPILLON [1].

Les animaux domestiques et les animaux sauvages.

Une circonstance montre bien jusqu'où va la diversité chez les races de pigeons : c'est que tous les éleveurs sont unanimes à penser que chaque race particulière de pigeons, chaque race ayant des caractères à elle, descend d'une espèce sauvage spéciale.

Sans doute, chacun admet un nombre divers d'espèces-souches. Néanmoins, Darwin a démontré très nettement, ce qui était fort difficile, que ces races descendent toutes, sans exception, d'une seule espèce sauvage, le pigeon bleu des rochers (*Columba livia*). On peut aussi prouver, de la même manière, que les différentes races de la plupart des animaux domes-

1. *La Nature et la Vie*, p. 304-305. Didier, 1874.

tiques et des plantes cultivées sont la postérité d'une unique espèce sauvage domestiquée par l'homme.

Notre lapin domestique nous donne, pour les mammifères, un exemple analogue à celui des pigeons. Tous les zoologistes, sans exception, considèrent depuis très longtemps comme démontré que toutes les races et variétés de lapins proviennent du lapin sauvage, et par conséquent d'une espèce unique. Et pourtant les types extrêmes de ces races diffèrent tellement l'un de l'autre que tout zoologiste, s'il la rencontrait à l'état sauvage, devrait, sans balancer, déclarer que ce ne sont pas seulement de « bonnes espèces », mais même des espèces appartenant à des genres très distincts de la famille des Léporides. Ce ne sont point seulement la couleur, la longueur des poils et d'autres particularités du pelage, qui varient extraordinairement chez les diverses races de lapins domestiques, et dans des directions absolument opposées; mais ce qui est encore bien plus remarquable, c'est la forme typique du squelette et de ses diverses parties, particulièrement la forme du crâne, celle des dents, si importante pour la classification, ainsi que la longueur relative des oreilles, des os, etc., qui varient également. Sous tous ces rapports, les races des lapins domestiques s'écartent incontestablement plus les unes des autres que toutes les diverses formes de lapins sauvages et de lièvres, reconnues comme de bonnes espèces, et répandues sur toute la surface de la terre. Cependant, en dépit de ces faits si clairs, les adversaires de la théorie de l'Evolution prétendent encore que les derniers types, les espèces sauvages, ne descendent pas d'une seule souche sauvage commune, tandis qu'ils accordent, sans difficulté, la descendance commune pour les premiers types, les races domestiques.

Quand des adversaires ferment si obstinément les yeux à la lumière de la vérité, éclatante comme le soleil, il est sûrement bien inutile de lutter plus longtemps pour les convaincre.

Tandis qu'il est certain que les pigeons et les lapins domestiques, les chevaux, etc., malgré leur remarquable diversité, descendent d'une seule « espèce » sauvage, il est encore plus vraisemblable que les races multiples de quelques animaux domestiques, par exemple du chien, du porc, du bœuf, proviennent de plusieurs espèces sauvages, qui se sont ensuite mêlées ensemble dans l'état de domesticité. Pourtant le nombre de ces types sauvages primitifs est toujours bien inférieur à celui des formes domestiques dérivées, provenant de leur croisement et de leur élevage, et naturellement ces types primitifs eux-mêmes descendent originairement d'une forme ancestrale commune à tout le genre. Jamais une race domestique ne descend d'une espèce correspondante sauvage et unique.

Mais presque tous les agriculteurs et les jardiniers affirment, au contraire, sans hésitation, que chacune des races domestiques qu'ils élèvent descend d'une espèce sauvage spéciale. Cela tient à ce que, connaissant parfaitement bien les différences des races entre elles, et appréciant beaucoup le caractère héréditaire des particularités de ces races, ils ne peuvent s'imaginer que ces particularités soient simplement le résultat d'une lente accumulation de variations à peine perceptibles. Aussi, sous ce rapport, la comparaison des races domestiques avec les espèces sauvages est-elle extrêmement instructive.

ERNEST HAECKEL [1].

<hr>

1. *Histoire de la Création des Êtres Organisés d'après les lois naturelles*, p. 127-129. Reinwald, 2º édit., 1877.

18.

La température des animaux.

Tous les animaux possèdent une température supérieure à celle du milieu gazeux ou liquide dans lequel ils vivent; c'est-à-dire qu'ils jouissent tous de la faculté d'engendrer de la chaleur.

Les animaux à *sang chaud* présentent une température à peu près constante sous toutes les latitudes et dans tous les climats. Ainsi, aux régions polaires, l'homme, les mammifères et les oiseaux ne marquent guère que 1 ou 2 degrés de moins que sous le tropique. La température moyenne des oiseaux est de 41 degrés, et celle des mammifères de 37. Les animaux qu'on appelle à *sang froid* produisent aussi de la chaleur, quoique dans une proportion moindre; mais leur température suit les variations de celle du milieu ambiant, tout en se maintenant plus élevée de quelques degrés. Chez les reptiles, l'excès est de 5 degrés au maximum et de 1/2 degré au minimum; chez les poissons et chez les insectes, il est encore moindre; enfin, dans les espèces tout à fait inférieures, il atteint rarement 1/2 degré. En somme, chez les animaux à température variable, la résistance aux causes extérieures de refroidissement est d'autant plus grande que l'organisation est moins imparfaite. On observe d'ailleurs que chez ces êtres l'activité vitale, et en particulier l'énergie de la respiration, sont en rapport direct avec l'état thermométrique; ainsi, dans un milieu à 7 degrés, des lézards consomment huit fois moins d'oxygène qu'à 23 degrés. Chez les animaux à température fixe, c'est l'inverse : plus il fait froid, plus ils respirent activement; par exemple, un homme qui en été ne consomme que 31 grammes d'oxygène par heure en consomme 44 en hiver.

Indépendamment de l'état du milieu ambiant, beaucoup de circonstances diverses exercent une influence appréciable sur la chaleur animale, et y déterminent des variations assez régulières. Les saisons, les heures de la journée, le sommeil, la digestion, le mode d'alimentation, l'âge, etc., sont aussi des modificateurs constants de l'intensité des combustions respiratoires ; mais il y a un tel ordre, un tel concert et, on peut le dire, une telle prévoyance dans l'organisation de l'économie, que la température y reste en définitive à peu près fixe dans l'état physiologique.

La température de l'homme à la racine de la langue ou sous l'aisselle est d'environ 37 degrés. Ce chiffre exprime la moyenne de ceux qu'on obtient en prenant les températures des différents points du corps, car on trouve à cet égard quelques variations légères en passant d'un organe à un autre. La peau est la partie la plus froide, et elle l'est d'autant plus qu'on se rapproche des extrémités. Au contraire, à mesure qu'on pénètre plus profondément dans l'organisme, on voit la température s'élever ; les cavités sont bien plus chaudes que les surfaces. Le cerveau est moins chaud que les viscères du tronc, et le tissu cellulaire l'est moins que les muscles. Le sang non plus n'a pas la même température dans tous les points du corps. Les travaux de J. Davy et de Becquerel avaient établi que le sang est d'autant plus chaud qu'on l'examine plus près du cœur. M. Claude Bernard a pu mesurer, par des moyens aussi ingénieux que précis, la température des vaisseaux profonds et des cavités du cœur. Il a montré que le sang qui sort des reins est plus chaud que celui qui y entre. Il en est de même pour celui qui traverse le foie. Enfin, il a constaté que le fluide nourricier se refroidit en traversant les poumons, et par suite que la température des cavités gauches du cœur est plus basse que celle des cavités droites de 0°,2 en moyenne. Ce dernier fait prouve clairement que les poumons ne sont pas le foyer de la chaleur animale, et que le sang, dans l'acte de sa revivification, se rafraîchit au lieu de s'échauffer.

F. PAPILLON [1].

La domestication des animaux par d'autres animaux à l'état sauvage.

L'apprivoisement et la domestication des animaux ne sont pas des faits dépendant exclusivement de l'homme. Ils se pratiquent aussi entre d'autres animaux. L'Afrique nous en fournit plusieurs exemples. Nous y voyons des apprivoisements ou domestications s'opérer entre certains oiseaux et de grands mammifères. Ainsi le buffle de Cafrerie, *Bubalus Caffer*, animal très sauvage et très méchant, fait si bon ménage avec un oiseau, qu'on a nommé ce dernier Oiseau des buffles. C'est le *Textor erythrorhynchos*. Il tient compagnie à ses amis, les accompagne, se pose sur eux, et les délivre de leur vermine. Quelle que soit son effronterie, les buffles la supportent, car lorsque l'oiseau s'envole à l'approche d'un danger, le mammifère est averti et se met sur ses gardes. Le *Textor* remplit donc tout à la fois les fonctions de pouilleur ou échenilleur, et de gardien.

Les Rhinocéros ont aussi choisi pour ami un oiseau de la famille des pics-verts ou des étourneaux, le pique-bœuf ou *Buphaga*, qui ne les quitte pas. Il se perche sur leur dos, leur tête et même leur museau; il s'accroche à leur ventre, il grimpe le long de leurs jambes

1. *La Nature et la Vie*, p. 160. Didier, 1874.

et de leurs flancs sans que le gros et puissant mammifère s'en inquiète, trop heureux d'être débarrassé par
le petit oiseau de tous les parasites qui se fixent et
abondent sur son corps. Le *Buphaga* veille aussi à la
sécurité du Rhinocéros. Très prudent, le petit oiseau
prend rapidement sa volée au moindre danger, et, en
partant, avertit et même réveille le gros animal.

On peut se demander si c'est le Rhinocéros qui a
domestiqué le Buphaga, ou le Buphaga qui a domestiqué le Rhinocéros. Évidemment, c'est le petit qui a
domestiqué le gros, seulement le gros s'est laissé
domestiquer parce qu'il y a trouvé son avantage.

Le Buphaga ne fréquente pas seulement le Rhinocéros, mais tous les gros animaux qui ont de la vermine : l'Éléphant, l'Hippopotame, le Buffle, le Chameau, le Cheval et même l'Antilope. C'est donc bien
l'oiseau qui domestique les mammifères. Et la preuve
que c'est bien une véritable domestication, c'est que
les animaux qui ne connaissent pas le Buphaga, qui
sont des animaux encore sauvages à son égard,
s'inquiètent et même s'affolent lorsqu'ils voient leurs
futurs amis pour la première fois s'abattre sur eux;
les chevaux s'emportent, les bœufs se sauvent épou-
vantés.

L'Hippopotame est encore mieux doté que le Rhinocéros. Au lieu d'un ami, il en a plusieurs. Dans le
sud de l'Afrique il partage les faveurs du Buphaga.

Dans le nord, le buphaga est remplacé par un
autre oiseau, le Pluvion ou oiseau des pluies, *Hyas
Aegyptiacus*, espèce de petit échassier intermédiaire
entre les Pluviers et les Coure-vite, qui rôde autour
du gros mammifère amphibie [1] pour enlever de sa

---

1. Amphibie signifie : qui vit dans l'eau et à l'air. Il ne faut pas faire
de confusion avec *Amphibien*, terme qui désigne une importante classe de
Vertébrés (les Grenouilles, Salamandres, etc.). Les Amphibiens jouissent

peau les sangsues et les insectes qui y adhèrent. En même temps, un petit héron, *Ardeola bubulcus*, se promène sur son dos dans le même but. Ces deux amis avertissent aussi l'Hippopotame des dangers. Dès qu'il les sent et les voit agités, il s'empresse de se jeter à l'eau.

L'apprivoisement et la domestication se retrouvent encore bien plus complets parmi les animaux inférieurs, les invertébrés. Certaines Fourmis ont des troupeaux de pucerons qu'elles soignent et élèvent pour pouvoir sucer à leur aise les sucs qu'ils produisent.

Il est impossible d'avoir un fait plus complet de domestication.

GABRIEL DE MORTILLET [1].

Ce que coûtent quelques animaux.

Une paire de faisans roses coûte de.	500 à	1,000 francs.
Un perroquet bleu..................	500 à	1,000 —
Une antilope.......................	2,500 à	3,000 —
Un tigre...........................	3,000 à	3,500 —
Un zèbre...........................	4,000 à	5,000 —
Un lion adulte.....................	4,000 à	6,000 —
Une girafe.........................	8,000 à	10,000 —
Un éléphant........................	10,000 à	12,000 —
Un rhinocéros......................	15,000 à	30,000 —
Un hippopotame.....................	15,000 à	30,000 —

Ce sont les prix d'achat seulement. La nourriture n'est pas moins chère : l'Otarie du Jardin des Plantes,

presque tous successivement d'une vie aquatique durant laquelle ils ne pourraient vivre à l'air, puis d'une vie terrestre durant laquelle ils ne pourraient vivre dans l'eau et y respirer (têtards et grenouilles, par exemple), au lieu que l'animal amphibie, comme certains Crabes, les Phoques, etc., tout en ne pouvant respirer que dans l'air, ou que dans l'eau, passe avec la plus grande facilité de l'un dans l'autre de ces éléments.

1. *Origines de la Chasse, de la Pêche et de l'Agriculture*, par G. de Mortillet, t. I, Bibliothèque Anthropologique, 1890. Lecrosnier et Babé.

mort en 1890-91, consommait pour 4,000 francs de maquereaux par an. Il était donc payé beaucoup mieux que la plus grande partie des fonctionnaires du Jardin!

Pourquoi l'on aime la lumière.

La lumière accélère chez les animaux le mouvement vital et en particulier les actes nutritifs. L'obscurité les ralentit. Ce fait, connu et appliqué depuis très longtemps dans la pratique agricole, est expressément signalé par Columelle. Il recommande, si l'on veut engraisser des volailles, de les élever dans des cages étroites et non éclairées. Le laboureur, pour engraisser son bétail, l'enferme dans des étables entourées de fenêtres petites et basses. Dans le clair-obscur de ces prisons, le travail de désassimilation s'opère avec lenteur, et les matières nutritives, au lieu d'être brûlées dans le torrent circulatoire, s'accumulent plus aisément dans les organes. De même pour développer chez les oies d'énormes foies gras on les plonge dans des caves noires où elles sont gorgées de maïs et maintenues dans l'immobilité. Les animaux s'étiolent comme des plantes. L'absence de lumière tantôt les fait dépérir, tantôt les transforme complètement, et modifie leur organisation de la façon la moins avantageuse au plein exercice des facultés vitales. Ceux qui vivent dans les cavernes sont comme les plantes qui vivent dans les caves. On trouve dans certains lacs souterrains de la basse Carniole des reptiles très bizarres, ressemblant aux salamandres, et qu'on appelle des *Protées*; ils sont presque blancs et n'ont que des yeux rudimentaires. Lorsqu'on les expose à la lumière, ils paraissent souffrir, et leur peau se colore. Il est très probable que ces êtres n'ont pas toujours vécu dans l'obscurité où ils sont aujourd'hui relégués, et que c'est l'absence prolongée de lumière qui a détruit chez eux la couleur de la peau, et anéanti l'organe de la vision. Les êtres privés de jour sont exposés à toutes les faiblesses et à tous les inconvénients de la chlorose et de l'appauvrissement du sang. Ils croissent et se bouffissent comme le champignon blafard, sans connaître le salutaire baiser des effluves lumineuses. William Edwards, à qui la science doit tant de recherches sur l'action des agents physiques, étudia, vers 1820, l'influence que la lumière exerce sur le développement des animaux. Il plaça des œufs de grenouilles dans deux vases pleins d'eau, dont l'un était transparent, et dont l'autre était rendu imperméable à la lumière par une enveloppe de papier noir l'entourant de toutes parts. Les œufs exposés à la lumière se développèrent régulièrement. Ceux du vase obscur ne fournirent que des rudiments d'embryons. Il mit ensuite des têtards de crapaud dans de grands vases, les uns inaccessibles à la clarté du jour, les autres incolores. Les têtards éclairés se métamorphosèrent promptement, et passèrent à l'état d'adultes, tandis que les autres, ou bien demeurèrent à l'état de têtards, ou bien ne passèrent qu'avec une extrême difficulté à l'état d'animaux parfaits. Trente ans plus tard, M. Moleschott fit plusieurs centaines d'expériences dans le but de rechercher comment la lumière modifie la quantité d'acide carbonique exhalé dans la respiration. En opérant sur des grenouilles, il trouva que le volume de gaz exhalé sous l'influence du jour est supérieur d'un quart au volume exhalé dans l'obscurité. Il constata d'une façon générale que la production d'acide carbonique s'accroît proportionnellement à l'intensité de la lumière. Ainsi, pour une intensité lumineuse représentée par 3,27, on obtenait 1 d'acide carbonique et pour une intensité de 7,38, on en obtenait 1, 18. Le même physiologiste pense que chez les batraciens l'activité de la lumière se transmet en partie par la peau, en partie par les yeux.

F. PAPiLLON [1].

Pourquoi les animaux n'envahissent-ils pas la totalité du globe?

On peut dire, d'une manière générale, que le nombre des animaux et des végétaux vivant à la surface de notre planète est en moyenne toujours le même.

Dans l'économie de la nature, le nombre des places est limité, et presque partout sur la terre ces places sont à peu près occupées. Sans doute, il se produit chaque année des oscillations dans le nombre absolu et relatif des individus de toutes les espèces. Mais, si l'on considère ces oscillations d'une manière générale, on voit combien elles ont peu d'importance en regard de la constance approximative du chiffre moyen de la totalité des individus. Le seul changement qui se produise consiste en ce que, chaque année, la prééminence appartient tantôt à tel ordre d'animaux et de plantes, tantôt à tel autre, en ce que, chaque année, la guerre pour l'existence apporte quelque changement à la situation respective de ces ordres.

Je ne connais pas d'espèce animale ou végétale qui n'arrivât, dans un laps de temps très court, à couvrir la terre d'une population très dense, si elle n'avait à

1. *La Nature et la Vie*, p. 143-145, 1874. Didier.

lutter contre une foule d'ennemis et d'influences nuisibles. Déjà Linné calculait que, si une plante annuelle produisait seulement deux graines donnant naissance à deux rejetons, elle aurait engendré en vingt ans un million d'individus. Or il n'y a pas de plante qui produise un si petit nombre de semences.

Darwin suppute à propos des Éléphants, c'est-à-dire des animaux les plus lents à se reproduire, qu'au bout de cinq cents ans, la descendance d'une seule paire compterait déjà 15,000,000 d'individus, en supposant que chaque éléphant produisît, durant la période féconde de sa vie (de 30 à 90 ans), seulement trois paires de jeunes.

De même, un groupe humain, d'après les chiffres moyens de la statistique, double en vingt ans, en admettant que rien ne vienne entraver l'accroissement normal de la population. Dans le cours d'un siècle, la population humaine totale deviendrait donc seize fois plus considérable. Mais nous savons, qu'en fait, le chiffre total de la population humaine grandit très lentement, et que l'accroissement de cette population est très variable suivant les contrées. Tandis que les races européennes se propagent par toute la terre, d'autres espèces humaines tendent chaque année à un anéantissement total. Cela est vrai notamment pour les Peaux-Rouges d'Amérique, et pour les noirs aborigènes de l'Australie. Quand même ces peuples se reproduiraient largement comme la race blanche européenne, tôt ou tard ils n'en succomberaient pas moins devant cette dernière dans la lutte pour l'existence. Mais dans l'espèce humaine, comme dans toutes les autres, le trop-plein de la population disparaît dès les premiers temps de l'existence. De l'énorme quantité de germes que produit chaque espèce, très peu parviennent à se développer, et de ces derniers même une très petite fraction atteint l'âge de la reproduction.

E. Haeckel [1].

Les animaux devant les tribunaux.

Il n'y a pas bien longtemps encore en Europe, les bêtes pouvaient être traduites en justice individuellement, pour des méfaits réels ou supposés. Les chroniques et les mémoires nous ont conservé de nombreux récits de ces singuliers exploits des magistrats du temps.

Les plus fréquents de ces crimes sont des blessures faites par un animal domestique ayant ou non occasionné mort d'homme. Les criminels les plus souvent cités sont des bœufs ou taureaux « ayant fait de leurs cornes un usage meurtrier », des chevaux ou mulets ayant d'une ruade blessé ou tué, et surtout des cochons ou des truies qui avaient la déplorable habitude d'occire et de dévorer de petits enfants tout comme le font encore aujourd'hui leurs collègues du Céleste Empire.

Les animaux étaient aussi parfois accusés et condamnés pour avoir violé les lois de la nature, ils étaient alors, sans doute, considérés comme coupables de sorcellerie, et subissaient la peine ordinaire de ce crime, celle du feu : c'est ainsi qu'un infortuné coq suisse fut accusé, jugé, condamné, et brûlé vif, en bonne et due forme, à Bâle, en 1479, pour s'être permis de pondre lui-même un œuf. Le fait d'un coq pondant un œuf, si invraisemblable qu'il puisse paraître [2], est encore admis de nos jours par nombre de paysans.

---

1. *Histoire de la Création des Êtres Organisés d'après les lois naturelles*, 2ᵉ édit., 1877, p. 227-228. Reinwald.
2. La chose est d'ailleurs impossible. (H. de V.)

Ils ne brûlent plus le coq — les temps sont durs, la foi périclite, et le paysan devient avare — mais ils considèrent l'œuf comme le présage de toutes sortes de calamités. Il est probable que ces soi-disant œufs de coq sont pondus par de jeunes poules qui en sont à leur coup d'essai; les voies sont étroites, l'œuf est petit et mal conformé, et c'est le coq qui en endosse la responsabilité.

En 1386, une truie avait déchiré le visage et les bras du fils d'un manufacturier de Falaise. Elle fut condamnée à être mutilée de la même manière. Quand l'animal fut amené au lieu du supplice, il était accoutré d'une veste, d'un haut de chausses, et de gants et, afin que l'illusion fût plus complète, il portait sur la tête un masque représentant une figure humaine.

D'ordinaire la peine prononcée était la mort, soit par la corde, soit par le feu.

Sur le compte du bailli de Caen, en 1356, on trouve ce singulier article : « pour les dispens et salaire du bourrel [1], pour ardoir un porc le troisième jour de juing, 1356, qui avoit étranglé un enfant à Douvres, pour ce, cinq sous. Pour une somme de genêts à ardoir icelui, six sous. »

En 1406, un porc fut pendu par les jarrets à un des postes de la justice du Vaudreuil, « ce à quoi il avoit été condamné pour ledit cas par le bailli de Rouen aux assises du Pont de l'Arche, par lui tenues le treizième jour dudit mois de juillet, pour ce que icelui porc avoit tué un petit enfant ». Le reçu du geôlier du Pont de l'Arche porte la même somme pour la nourriture des hommes détenus dans sa prison, que pour celle du porc condamné. Si ce n'est l'habitude d'intenter des procès aux animaux, tout

---

1. *Bourrel* ou bourreau ; *Ardoir*, brûler.

au moins celle de les exécuter en grande pompe s'est continuée assez longtemps. Un de mes amis, un docteur en médecine, m'a raconté que son arrière-grand'mère avait assisté à la fin du siècle dernier, en Lorraine, à des exécutions solennelles de chats. On dressait sur la place du marché des bûchers, sur lesquels on plaçait des cages renfermant chacune un de ces animaux : ces malheureuses bêtes étaient sans doute coupables de divers méfaits, principalement de sorcellerie. A un moment donné, le clergé, avec les principaux fonctionnaires de la ville, s'avançait; l'évêque, ayant une torche dans chaque main, mettait le feu aux bûchers, où les pauvres chats rôtissaient pour la punition de leurs crimes imaginaires.

Un de ces procès contre les animaux est tout à fait historique, à cause du rôle qu'y joua, en qualité de défenseur des animaux inculpés, un homme qui occupa les plus hautes charges dans la magistrature de son temps. Comme ce procès eut de fort singulières conséquences, à ce que l'on raconte, et comme, d'un autre côté, le défenseur des accusés écrivit un traité sur ces sortes de procès, il y a un certain intérêt à indiquer rapidement les principaux traits de la vie de ce personnage. « Barthelemi de Chasseneux, seigneur de Prelay, a été, suivant les expressions mêmes d'un de ses biographes, un de ces hommes illustres que son seul mérite fit monter aux premières charges de la robe dans un siècle où la vénalité n'en avait presque pas encore terni l'éclat. »

Il naquit à Autun vers 1480, alla en Italie en 1499, alors que Louis XII venait de faire la conquête du Milanais, y occupa diverses charges, fut chargé de diverses missions, revint à Autun, où il exerça quelque temps la profession d'avocat. Ce fut vers cette époque, de 1520 à 1530, qu'il fut l'avocat de rats, et qu'il écrivit divers ouvrages, entre autres sa consultation sur les procès qui nous occupent. Plus tard, il fut conseiller au parlement de Paris et enfin président du parlement de Provence. Il mourut à Aix, empoisonné très probablement par les ennemis des protestants, envers lesquels il montrait une grande modération. L'histoire du procès des rats se trouve racontée dans les œuvres de l'historien de Thou et dans le Martyrologe des protestants. Il y est dit que l'avocat, espérant donner à la prévention le temps de se dissiper, se jeta au début dans des exceptions dilatoires, soutenant que les rats se trouvant dispersés dans un grand nombre de villages, une simple assignation n'avait pas été suffisante pour les accueillir tous, il demanda et obtint qu'une deuxième assignation leur fût faite par une publication au prône de chaque paroisse. A l'expiration du délai considérable qu'il avait ainsi obtenu, il excusa de nouveau l'absence de ses clients en exposant la longueur de la route, les difficultés du voyage, les dangers que leur faisaient courir les chats, qui, ayant été avertis eux aussi, les guettaient à tous les passages, etc., etc. Enfin il basa sa défense sur des considérations d'humanité et de politique : « Y avait-il rien de plus injuste que ces proscriptions générales qui frappent en masse les familles, qui font porter à l'enfant la peine du crime de ses parents, qui atteignent sans distinction ceux que le bas-âge ou la caducité rendent également ncapables de nuire? »

ÉDOUARD ROBERT [1].

---

1. *Procès intentés aux animaux*, Montpellier, 1889.

La multiplication des Microbes.

Un homme vient de mourir. Autour de son cadavre déjà défiguré, on s'empresse pour éviter aux vivants le spectacle d'une décomposition qui s'accuse rapide et profonde. Il y a trois jours, cet homme rentrait chez lui plein de force et de vie, quand une mouche [1] se posant sur sa lèvre, y fit une imperceptible piqûre, et le voilà, tué par une mouche! Non, la mouche est un être gigantesque comparé à celui dont vous comparez les effets. C'est une bactéridie charbonneuse dont la piqûre du diptère [2] introduisit le germe dans le sang de ce malheureux. Deux heures après le passage de la mouche, vous eussiez compté deux bactéridies seulement dans tout le sang de cet homme, quatre heures après, il n'en contenait que quatre, six heures après, huit. Le lendemain, vingt-quatre heures s'étaient écoulées, et avaient chassé de son esprit le souvenir de la mouche importune, il était alerte et joyeux, vous eussiez peut-être assombri sa gaité si vous lui aviez dit à l'oreille que 4,996 bactéridies [3] roulaient déjà dans son sang. Vous l'eussiez glacé d'effroi et augmenté son malaise, si le surlendemain vous lui aviez appris qu'il portait dans ses veines et ses artères 16,000,000 de bactéridies; de la soixantième à la soixante-douzième heure, il eût été superflu de lui faire comprendre que 71 milliards de

---

1. Une mouche dite *charbonneuse* ayant puisé les sucs de quelque animal mort du *charbon* (maladie assez fréquente chez les bestiaux) et ayant ensuite piqué un homme avec son aiguillon envenimé.
2. Classe des insectes à laquelle appartient la mouche commune, n'ayant que deux ailes, l'autre paire ayant été transformée en organes spéciaux appelés *balanciers*.
3. Catégorie de microbes.

bactéridies empoisonnaient sa vigoureuse constitution, chiffre énorme qui, à la soixante-quatorzième
heure, avait dépassé le nombre de 142 milliards!
Chaque bactéridie ayant 10 millionièmes de mètre de
longueur, cette immense armée aurait pu se développer sur une longueur de 142 kilomètres. Vous
n'êtes plus surpris que l'homme ait succombé. Il s'est
en effet passé dans ses veines une lutte grandiose
dont il était l'enjeu. Quand la bactéridie charbonneuse eut envahi le sang de la victime, elle et son
effrayante lignée entrèrent en lutte contre un des
éléments du sang, le globule. Le globule est cet
organisme, nous allions dire cet être mystérieux,
qui vit et meurt d'oxygène, et transporte ce principe
partout où il faut régénérer la substance vivante. La
bactéridie charbonneuse lui dispute cet oxygène.
C'est une vraie concurrence vitale, et, dans certains
cas, la victoire tient à peu de chose. La bactéridie,
comme tous les organismes vivants, est ardente, de
plus elle vit; le globule, comme tous les organismes
achevés, est doué de résistance. Trop souvent, hélas!
il succombe, car, dans la lutte, la bactéridie se mul-
tiplie sans cesse et porte le nombre de ses individus
au delà de 60 milliards, qui est le chiffre des globules.

A. COUTANCE [1].

La fécondité des animaux.

Les espèces inférieures sont plus fécondes que les
supérieures, et la fécondité diminue à mesure qu'on
s'élève dans l'échelle de l'évolution.

La fécondité des végétaux est considérable. Une

1. *La Lutte pour l'Existence.* 1882, Reinwald.

tige de Maïs porte 2,000 graines, un pied de Soleil 4,000, un Pavot 32,000, un pied de Tabac 40,000, un Platane 100,000, un Orme 300,000.

De même, chez les animaux inférieurs, la fécondité n'a pas de limites. En 42 jours, une seule Paramécie [1] fournit une descendance de 1,384,416 individus nouveaux. Cet animalcule unique, mesurant 2/10 de millimètre, s'est accru de 277 mètres. Une portée ordinaire de Papillon est de 400 œufs ; la femelle du Termite pond 60 œufs par minute, une mouche peut produire 746,496 mouches semblables à elle. La postérité d'un Puceron femelle s'élève à 44 461 010 millions à la huitième génération.

Chez les vertébrés inférieurs, la fécondité est aussi très considérable. Une Morue porte 9,000 œufs, un Hareng, 12,000, une Carpe de quarante centimètres de longueur, 202,224, une Perche, 380,000, une femelle d'Esturgeon, 7,653,200.

G. DELAUNAY [2].

Un menu de dîner pendant le siège de Paris.

Durant le siège de Paris, en 1870, beaucoup d'animaux, qu'on n'a point coutume de manger, furent utilisés au point de vue alimentaire, et beaucoup de personnes constatèrent qu'en réalité on a tort de ne pas se servir habituellement de certains d'entre eux. Les lignes qui suivent ont trait à un repas, fait le 17 novembre 1870, où figurèrent nombre de mets nouveaux : elles sont tirées d'un rapport que M. Geoffroy Saint-Hilaire fit à ce sujet aux membres de la Société d'Acclimatation.

---

1. Espèce de Protozaires (Infusoires) fréquente dans les mares, dans les infusions de végétaux, etc.
2. *Études de Biologie Comparée*, 2ᵉ partie, p. 112. 1879, Lecrosnier et Babé.

Nous étions dix : MM. de Quatrefages et Richard (du Cantal), nos vice-présidents; M. Desmarets, l'illustre avocat, aujourd'hui maire du IIIe arrondissement de Paris; M. Decroix, l'imperturbable propagateur de l'usage alimentaire de la viande de cheval; M. Graux (de Mauchamp), le fils du créateur de la race ovine à laine soyeuse; MM. Dégient, Giraudeau, P. de Grandmont, notre amphitryon et moi. Le menu était le suivant :

Potage.

1° Consommé de cheval au millet.

Relevés.

2° Brochettes de foie de chiens à la maître d'hôtel.
3° Émincé de râble de chat, sauce mayonnaise.

Entrées.

4° Épaules et filets de chien braisés, sauce tomate.
5° Civet de chat aux champignons.
6° Côtelettes de chien aux petits pois.
7° Salmis de rats sauce Robert.

Rôt.

8° Gigots de chiens flanqués de ratons sauce poivrade.

Légumes.

9° Bégonias au jus.

Entremets.

10° Plum-pudding au rhum et à la moelle de cheval.

1° Le potage était parfait, le millet peut-être un peu dur, mais d'une agréable saveur.

2° Les brochettes de foie de chien, plat pour lequel, nous l'avons avoué après, la plupart d'entre nous n'étaient pas sans répugnance, ont été trouvées exquises. La saveur du foie nous a rappelé celle des rognons de mouton ; les morceaux étaient tendres et tout à fait agréables.

3° L'émincé de râble de chat a été très goûté. Cette viande blanche est d'un aspect agréable ; les morceaux étaient tendres, et leur goût pouvait rappeler un peu celui du veau froid.

4° Les épaules et filets de chien étaient tendres ; leur saveur a été comparée, par plusieurs convives, à celle de la viande d'isard ou de chamois.

5° Le civet de chat était de tous points excellent, quoiqu'un peu dur ; mais je crois que si nous n'avions pas eu d'autres devoirs à faire remplir à notre estomac, nous serions tous revenus à ce mets parfait.

6° Les côtelettes de chien avaient été un peu trop marinées ; le goût de vinaigre était trop sensible. La chair n'était pas mauvaise, mais un peu filandreuse.

7° Le salmis de rats nous a semblé très bon. La plupart d'entre nous ont trouvé que cette viande avait le goût de la chair d'oiseau.

8° Les gigots de chien étaient bons, surtout les parties saignantes ; les parties trop cuites avaient perdu de leur saveur et étaient filandreuses. Bonne viande en somme, mieux que mangeable.

Quant aux ratons grillés qui flanquaient les gigots, ils ont paru fades, leur chair a été trouvée molle et filandreuse.

9° Les bégonias au jus ont la plus grande analogie avec l'oseille. Ce nouveau légume est peut-être plus acide encore que l'oseille. S'il était abondant, il serait à recommander, en ce moment plus que jamais, pour lutter contre les effets de la nourriture à la viande salée.

10° Le plum-pudding à la moelle de cheval était exquis.

L'expérience faite hier demande à être poursuivie, et vous devez vous y associer tous, car si nous avons été satisfaits de la plupart des mets que nous avons dégustés, on ne saurait asseoir son opinion sur un seul essai.

Ainsi, pour le chat, quel âge avait celui que nous avons mangé, à quelle race appartenait-il? M. Decroix pense qu'il était âgé, je suis de cet avis; nous savons de plus que c'était un demi-angora à yeux ordinaires. L'angora blanc à yeux bleus, celui à yeux rouges (albinos), le chat espagnol, le chat rouge, le chat gris seront-ils, à égalité d'âge, de même qualité? Je ne le crois pas. Les blancs seront toujours trop délicats. Je ne soulève pas ici la question de régime le chat d'appartement, nourri de pâtées, sera sans aucun doute plus fin que le chat qui se nourrit de proie.

Pour le chien, je ferai les mêmes observations. Celui que nous avons dégusté était un lévrier; nous allons en manger d'autres, la question en vaut la peine. Faites comme nous, et apportez ici le résultat de vos expériences.

Quant aux rats, messieurs, je suis revenu du dîner d'hier satisfait, mais mes préventions contre ce terrible rongeur subsistaient; elles ont été détruites ce matin. J'ai dégusté à mon déjeuner des rats en gibelotte, et je ne conçois pas que j'aie pu rester si longtemps sans user d'un aliment aussi exquis. Nous avions trouvé hier aux rats en salmis le goût d'oiseau; aujourd'hui, en gibelotte, j'ai cru manger d'excellent lapin. Les muscles des membres antérieurs sont plus fins que ceux des membres postérieurs; mais ces derniers sont volumineux et charnus, bien plus qu'on ne saurait se le figurer. Le poids d'un rat dépouillé, vidé, tête coupée, est de 130 grammes environ, et celui du foie, qui est beau et gros, atteint 16 grammes.

Ces chiffres vous montrent qu'il faut peu de rats pour faire un véritable plat. Nous faisons faire actuellement des terrines de rats et des pâtés de foies de rat, ce sera une véritable ressource pour les jours à venir du siège, car il suffit d'avoir mangé une fois ce nouveau gibier pour en vouloir goûter encore. Qu'on se le dise.

A. GEOFFROY SAINT-HILAIRE [1].

Comment se falsifient les aliments.

La plus fréquente falsification du lait consiste à le mouiller, c'est-à-dire à y ajouter une certaine quantité d'eau ; — à elle seule, cette fraude est des plus dangereuses et des plus répréhensibles.

L'eau est en effet, d'après les découvertes les plus modernes, un agent d'infection très puissant, ne fût-ce qu'au point de vue de la fièvre typhoïde. Elle se charge de miasmes, de microbes, de germes qui se développent plus tard après avoir été ingérés avec l'eau de boisson. Que dire alors des laitières établies, à Paris, sous les portes cochères, qui prennent, pour baptiser leur lait, *l'eau du ruisseau qui coule à leurs pieds*, eau chargée d'ordures de toute sorte et de toute provenance, souillée par tous les déchets sur lesquels elle passe, et dont elle entraîne les particules libres? C'est un véritable empoisonnement, de propos délibéré. Du reste, la transmission de la fièvre typhoïde par l'intermédiaire du lait et de l'eau qui lui a été ajoutée n'est pas une simple hypothèse rendue infini-

1. *Un Dîner de Siège* (*Bull. Soc. Zool. d'Acclimatation*), 1870, p. 592.

ment probable par les découvertes les plus récentes :
c'est un fait acquis et bien constaté. On a cité de
nombreux cas de contagion par le lait, parmi lesquels
nous n'en relèverons qu'un, relatif à la scarlatine :
trente-cinq personnes d'un même village, réparties
dans vingt-quatre familles, furent atteintes de la scarlatine. L'enquête révéla qu'elles prenaient leur lait
chez un même nourrisseur; elle montra en outre que
ce lait avait été manipulé par une personne qui donnait ses soins à un enfant atteint de la scarlatine.
Ainsi cet intermédiaire avait évidemment conservé
dans ses habits et sur tout son corps des germes de
scarlatine qu'il avait ensuite laissé pénétrer dans le
lait : de là tout le mal.

Un travail du docteur Huart a établi, de plus, que
le lait aurait été l'agent d'infection dans 50 épidémies de fièvre typhoïde, 14 de scarlatine et 7 de diph-
térie.

Ce lait aurait infecté 3,500 individus avec la fièvre
typhoïde, aurait donné la scarlatine à 800, la diphté-
rie à 700. Le mal, d'après M. Huart, provenait presque
toujours de l'eau infectée ajoutée au lait; mais il peut
provenir également du lait lui-même, infecté directement.

Le lait fourni par une vache saine peut donc
acquérir des propriétés très nuisibles, s'il est infecté
par des germes émanés d'un foyer morbifique voisin,
directement, ou indirectement par de l'eau chargée
de ces germes. Que penser alors du lait provenant
d'une vache tuberculeuse? Les expériences faites sur
cette question sont, il est vrai, très opposées, quant
aux conclusions qu'elles appellent. Cependant il nous
paraît que *le lait provenant de vaches tuberculeuses
doit être absolument prohibé.* Toute vache tuberculeuse devrait être abattue. Cette mesure étant rare-

ment pratiquée — on ne s'y résout qu'*in extremis*, alors que la production du lait est fortement abaissée, et qu'il y a lieu de tuer l'animal afin de l'empêcher de mourir, et de pouvoir vendre sa viande à la bou-cherie — et le nombre des vaches atteintes étant con-sidérable, le palliatif le plus pratique consiste à faire *bouillir* le lait avant de le consommer.

Les principales fraudes dont le lait peut être l'objet sont le mouillage, l'écrémage, le mélange du lait frais et du lait de la veille. Quant aux falsifications, elles sont relativement rares. Elles consistent à ajouter de la fécule, de l'amidon, de la farine, du blanc d'œuf, du sucre, de la cervelle de cheval pilée et broyée avec de l'eau, etc.

Sans aborder cependant ces fraudes grossières, voyons ce que nos laitiers font du lait avant de nous l'apporter.

Le fermier commence par prendre toute la crème formée depuis la traite; ce lait n'en constitue pas moins un lait de première qualité : il est en effet pur, quoique appauvri. Les marchands en gros qui achè-tent aux divers fermiers d'une même région font faire au lait sa seconde étape : ils mêlent plus ou moins les différents laits achetés par eux, de façon à former un lait de même composition. Ce lait a perdu de sa crème et reçoit en outre de l'eau. Enfin les laitières et crémières établies sous les portes cochères livrent aux consommateurs un liquide de saveur plate, qui n'a presque plus rien du lait, si ce n'est l'eau, et dont la crème est presque totalement absente.

Sur 100 échantillons de lait, à Paris, il y en a environ 46 chez qui le mouillage atteint ou dépasse 10 p. 100 ; à Londres on n'en trouve guère que 26 ou 27 dans les mêmes conditions, et dans les autres centres de l'An-gleterre, 20 ou 22 p. 100.

Du lait au café, la transition est facile : nulle part plus qu'en France, ils ne sont associés l'un à l'autre. Mais de même qu'il y a lait et lait, il y a café et café. Si le lait que nous buvons n'est le plus souvent que le simulacre de la sécrétion mammaire de la vache, bien souvent le café n'a qu'une vague parenté avec le fruit du caféier, et a une origine très différente. Ce n'est pas seulement sur le café torréfié et moulu que porte la fraude : le café en grains crus est souvent faux ou altéré.

Tout d'abord il a pu être récolté sur des arbres malades, mais en général il s'avarie plus souvent en route, soit qu'on l'ait emballé pendant qu'il était humide, et alors il se moisit, il est gonflé, piqué, marbré, couvert de poussières ; soit qu'il ait été mouillé par de l'eau de mer. Il arrive souvent que l'on vend un café d'origine médiocre pour un café de bonne provenance : cette fraude ne se ferait point si le public connaissait les particularités des différentes sortes de café dont les fèves présentent pour chaque espèce un ensemble de caractères auxquels on ne se trompe guère, pour peu qu'on ait examiné la question. La fraude la plus importante est celle qui consiste à fabriquer le café sans café. En moulant dans des machines faites spécialement dans ce but, *et brevetées*, des pâtes composées d'argile et de farines diverses, on obtient des produits fort analogues au café, pour l'œil tout au moins. Quelques fabricants, plus consciencieux, y mêlent du marc de café qui communique un vague souvenir du parfum du produit naturel.

Les cafés avariés sont souvent enrobés de caramel, de talc, ou de plombagine [1], ce qui leur donne une belle

---

1. Le *Talc* est un silicate d'alumine et de magnésie hydraté, une roche onctueuse au toucher, qui n'a rien de comestible. La *plombagine* est du

couleur et quelque amertume au goût. Quant au café moulu, c'est lui qui a le plus à souffrir de l'intervention des fraudeurs. On en fabrique avec des espèces avariées, avec du marc additionné de caramel, et avec de la chicorée torréfiée, et falsifiée par-dessus le marché. Du moment qu'une pincée de poudre de café jetée dans l'eau se partage en deux parties dont l'une va au fond, tandis que l'autre surnage, que l'eau se colore rapidement et que les fragments tombés au fond se ramollissent, on est sûr d'avoir affaire à du café falsifié. L'addition de la chicorée pure se connaît facilement au microscope, par suite de la différence des éléments anatomiques. Il en est de même pour les substances que l'on ajoute à la chicorée, telles que débris de vermicelle et poussière de semoule, vieux haricots, fèves, pois, semences de lupin torréfiées, croûtes de pain, glands et figues grillées, cossettes de betterave, ocre rouge[1], brique pilée, cendres de houille, terre végétale, *multaque præterea*. Sur 91 échantillons de café étiquetés : « Sans précédent », « superfin », « Jamaïque extra », « pur café », « incomparable ». et pris chez les épiciers de Londres, on n'en a trouvé que 13 de purs : le reste était falsifié. Sur un même nombre d'échantillons de chicorée en poudre, 31 étaient falsifiés avec des glands, de la betterave, des carottes, de la sciure de bois, de la poudre d'acajou et du sable, sans compter les autres ingrédients. Voilà qui est encourageant pour les amateurs de moka !

Le poivre est encore un produit qu'il est classique de falsifier : cela est si bien entré dans les habitudes des détaillants qu'ils croiraient se singulariser en le

graphite (c'est-à-dire une variété de charbon de terre) qui sert à fabriquer les crayons dits à *mine de plomb*, bien qu'ils ne renferment pas trace de ce métal.

1. Substance argileuse colorée en rouge par des oxydes de fer.

vendant à l'état de pureté. Rien n'est plus facile pour le poivre moulu : on le mélange de fécules diverses, de fleurage de pomme de terre principalement; les plus consciencieux se bornent à ajouter les enveloppes du poivre, des fragments de bois, de terre et du sable. Le poivre même *non falsifié* renferme au moins 5 p. 100 de ces produits accessoires.

Les balayures de magasin, qui contiennent nécessairement « un peu de tout » : ce qui tombe des comptoirs ou des sacs, et ce que les pieds des clients apportent de la rue : les graines de cardamome, les noyaux d'olive pulvérisés, la poudre de feuilles de laurier, de l'argile, de la craie, du plâtre, des os calcinés, telles sont les principales matières qui servent encore à falsifier le poivre. En présence de la constante fraude exercée sur le poivre moulu, bien des personnes, désireuses de limiter le nombre des produits qu'elles avalent sous la commune désignation de « poivre », imaginent d'acheter leur condiment en grains, et de le moudre elles-mêmes. Illusion, hélas! La falsification ne se fait pas tout à fait sur la même échelle que dans le cas du poivre moulu — sur cent échantillons de ce dernier, M. Landrin n'en a trouvé que deux de purs, — mais elle existe toujours. On fabrique des grains de poivre avec des graines de navette recouvertes d'une pâte composée de farine de seigle, de poudre de moutarde, de piment ou de pyrèthre : le tout est moulu dans des machines *ad hoc* et revêt par suite de la dessiccation l'aspect chagriné qui fait dire à l'innocent consommateur occupé à moudre gravement son poivre dans son petit moulin : « Voilà de bon poivre : au moins il est pas falsifié, celui-là! »

Avant de terminer, quelques mots sur des arts plus mondains, sur la parfumerie et la teinture des cheveux et de la barbe.

A propos de parfums, tout d'abord, signalons la façon dont les industriels donnent à certaines confitures des goûts de fruits, que le consommateur ne trouve pas toujours très naturels. Le public s'imagine volontiers dans sa naïveté que la confiture de groseilles doit son goût à la groseille, la confiture de pommes, à la pomme. Ce serait trop beau. Le goût de pomme, de groseille, de framboise, de melon, d'ananas, de cerise, de prune, de pêche, est tout simplement dû à un mélange d'éthers et d'acides fort compliqués. Voulez-vous le goût de framboise? Mêlez, *secundum artem* :

Éther acétique	5
Acide tartrique	5
Glycérine	4
Aldéhyde, éther formique	1
Éther benzoïque, butyrique	1
Éther amyl-butyrique, acétique	1
Éther œnanthique, méthyl-salicylique	1
Éther nitreux (bacylique) et succinique	1

Pour ce qui est des eaux miraculeuses qui font repousser les cheveux des victimes de la calvitie, qui teignent les cheveux en toutes nuances, à la minute, ce sont des produits chimiques généralement inutiles, toujours dangereux ou nuisibles : nitrate d'argent, vitriol, bichlorure de mercure, oxyde de plomb, calomel, acétate de plomb, tels sont les principaux agents offerts par les coiffeurs à la crédulité du public.

En résumé, tout ce qu'on peut demander à une eau de toilette, à un cosmétique, c'est de ne pas être nuisible; mais neuf fois sur dix, au moins, un des éléments du composé est dangereux et vénéneux, quand ils ne le sont pas tous. Pour ce qui est des eaux qui font repousser les cheveux, c'est-à-dire qui vivifient les bulbes pileux épuisés et morts, mieux vaut se commander une bonne perruque.

HENRY DE VARIGNY [1].

Quelques chiffres sur la vitesse.

Voici un tableau de quelques-unes des vitesses scientifiquement connues.

	Mètres par seconde.
Un homme au pas (4 kilomètres à l'heure).	1,11
Un homme à la nage.....................	1,12
Tramways............................	3,00
Rivière à cours rapide.................	4,00
Chameau	4,97
Vent ordinaire................. de 5 à	6,00
Ballon dirigeable (Krebs et Renard)....	6,39
Vol de la mouche.....................	7,62
Renne traînant un traîneau............	8,46
Course en vélocipède...........	9,65
Baleine..............................	11,00
Torpilleur	11,19
Patineur exercé......................	12,00
Train express (60 kilomètres à l'heure).	16,67
Cheval de course (grand prix de Paris).	16,90
Vol de la caille.....................	17,80
Vague de tempête dans l'Océan.........	21,85
Lévrier.............................	25,34
Pigeon voyageur.....................	27,06
Faucon	28,00
Télégraphe pneumatique..............	30,00
Vol de l'aigle.......................... .	31,00
Transmission des sensations dans les nerfs humains......................	33,00
Ouragan.............................	40,00
Vol maximum de la mouche...........	53,00
Vol de l'hirondelle...................	67,00
Vol du martinet.....................	88,00
Vitesse du son dans l'air..............	327,00
Pierres lancées par le Vésuve..........	406,00
Propagation du mouvement des marées dans l'Océan Pacifique...............	800,00
Vitesse du son dans l'eau.............	1435,00
Vitesse du son dans le bois de sapin....	6120,00
Vitesse de la lumière dans l'air........	308,300,000

1. *Revue Scientifique* du 10 mars 1883.

LIVRE IV

LA TERRE ET LE MONDE

Quelques faits relatifs au Soleil.

Nous savons que la distance moyenne de la terre
au soleil est d'environ 150,000,000 de kilomètres, et
que son diamètre est d'environ 1,400,000 kilomètres.
On a comparé le poids du soleil à celui de la terre,
et on a trouvé qu'il contient près de 330,000 fois
autant de matière que la terre, et en rapprochant
ce résultat de son volume énorme, on voit que sa
densité moyenne n'est que d'environ le quart de celle
du globe, et une fois un quart celle de l'eau; en
d'autres termes, la masse du soleil est environ une
fois et quart celle d'un globe d'eau de même dimension.

Mais quoiqu'on puisse établir cette distance sur
des figures, il n'est pas possible de donner une idée
d'un espace aussi grand; c'est tout à fait en dehors
de la puissance de notre conception. Si on essayait
de franchir une telle distance, en supposant que l'on
fît 64 kilomètres à l'heure, pendant dix heures par
jour, on mettrait quarante-deux ans et demi pour
faire un seul million de kilomètres, et plus de
6,700 années pour franchir toute la distance.

Si l'on pouvait imaginer un chemin de fer céleste,

le voyage au soleil, même si nos trains faisaient 960 kilomètres à l'heure jour et nuit, sans s'arrêter, exigerait plus de cent soixante-quinze ans. La sensation elle-même ne pourrait aller si loin pendant la vie d'un homme. Pour nous servir de l'exemple curieux de M. Mendenhall, si l'on pouvait supposer un enfant ayant le bras assez long pour lui permettre de toucher le soleil et s'y brûler, il mourrait de vieillesse avant que la douleur ne l'atteignît, puisque, d'après les expériences d'Helmholtz et d'autres, le choc nerveux se transmet à raison de 30 mètres par seconde, et mettrait plus de cent cinquante ans à faire le voyage.

Le son mettrait environ quatorze ans à faire le voyage, s'il pouvait se transmettre à travers les espaces célestes, et un boulet de canon en mettrait neuf s'il se mouvait uniformément avec la même vitesse qu'au moment où il quitte la gueule du canon.

La surface visible du soleil a reçu le nom de photosphère, et l'observation des taches que l'on y aperçoit de temps en temps nous a fait reconnaître qu'il fait une révolution sur son axe, en vingt-cinq jours un quart environ. Lors d'une éclipse totale, alors que la lune nous cache le milieu du soleil, on peut voir certains phénomènes qui se passent sur les bords et qui sont invisibles à d'autres époques. On aperçoit tout autour de la surface lumineuse une couche de matière gazeuse rosée, à laquelle Frankland et Lockyer ont donné il y a quelques années le nom de *Chromosphère*. Çà et là de grandes masses de cette matière chromosphérique s'élèvent à de grandes hauteurs au-dessus de la surface générale, comme des nuages de flammes, et sont connues sous le nom de *proéminences* ou *protubérances*. Au delà de la chromosphère est la mystérieuse couronne, cercle irrégulier de lumière affaiblie et perlée, composée en grande partie de filaments rayonnés et de banderoles qui s'étendent à d'énormes distances du soleil, souvent à plus d'un million et demi de kilomètres.

Le spectroscope[1] nous apprend que, en grande partie au moins, les éléments qui existent à l'état de vapeur dans les régions inférieures de l'atmosphère solaire, sont les mêmes que ceux qui nous sont familiers sur la terre, il nous fait voir aussi que la chromosphère et les proéminences sont surtout composées d'hydrogène; enfin, il nous permet de les observer même quand le soleil n'est pas caché par la lune. Jusqu'à présent, il n'a pu nous dévoiler le secret de la couronne, bien qu'il nous indique la présence dans cette couronne d'un gaz amené à un état de raréfaction inconcevable.

Le *pyrhéliomètre* et l'*actinomètre* nous donnent la mesure de la chaleur fournie par le soleil, et nous montrent que l'intensité de sa flamme est sept ou huit fois plus grande que celle de n'importe quel four connu dans l'industrie. La quantité de chaleur émise par le soleil est suffisante pour fondre en une seconde une écorce de glace de 25 centimètres d'épaisseur enveloppant toute la surface du soleil; ce qui équivaut à la combustion en une seconde d'une couche de la meilleure houille, de 10 centimètres d'épaisseur.

C.-A. Young [2].

---

1. Appareil à examiner la lumière et qui permet de reconnaître quelles sont les substances dont la combustion concourt à produire celle-ci.
2. *Le Soleil.* (*Bibl. Scient. Internat.*, 1883, p. 6-8 et 28. Alcan.)

La mer en feu.

Ce qu'il y a de plus intéressant pour le touriste, dans Bakou, la capitale du royaume du pétrole, c'est un phénomène qui, paraît-il, ne se rencontre nulle part ailleurs, le feu sur l'eau.

Les recherches scientifiques ont établi que les contrées riches en naphte (pétrole brut), à l'est et à l'ouest de la mer Caspienne, forment un espace ininterrompu, de sorte que le fond de la mer contient, aussi bien que le continent, des réservoirs naturels de naphte. Lorsque des fissures se produisent au fond de la mer, il en sort des gaz de naphte en grande quantité. Ces endroits sont facilement reconnaissables par l'écume et les bulles sans nombre qui se forment à la surface, et qui font bouillonner l'eau. Si l'on y jette un morceau d'étoupe enflammée, le gaz s'allume et brûle sur une étendue énorme, jusqu'à ce qu'il soit éteint par le vent. Aucune illumination n'est comparable à ce spectacle féerique. La mer est couverte de milliers de langues de feu pareilles à la lumière des becs de gaz, mais seulement de plus grandes dimensions et de forme conique [1].

La terre comestible.

Les Indiens des colonies hollandaises de Java et de Sumatra font subir une préparation particulière à l'argile comestible. Ils la réduisent en pâte avec de l'eau, en séparent toutes les matières étrangères et les corps durs, tels que les pierres, graviers et sables, et l'étalent en plaques minces, qu'ils découpent en

1. *Revue Scientifique.*

petits morceaux et font griller dans une casserole de fer sur un feu de charbon. Chacune de ces petites galettes, roulée sur elle-même, figure assez bien une écorce desséchée, dont la grosseur varie de celle d'une plume de pigeon à celle d'un crayon ordinaire ; la couleur est tantôt d'un gris-ardoise, tantôt de nuance cannelle ou rouge brun.

Ils en font aussi des figurines grossièrement modelées, qui rappellent nos bonshommes de pain d'épice et nos sucreries communes. C'est le même art tout primitif, la même naïveté dans les procédés. M. Hekmeyer, pharmacien en chef des Indes orientales hollandaises, avait exposé à Amsterdam, en 1883, des échantillons de terre comestible à l'état naturel, ou préparée, et une dizaine de figurines variées ; il a bien voulu en mettre une partie à notre disposition et nous donner des renseignements précis.

Grâce à M. Hekmeyer, nous avons pu goûter à ce régal des Javanais. Nous avouons avec humilité n'avoir rien trouvé d'attrayant à la saveur terreuse et un peu empyreumatique de ce singulier aliment. Pourtant une sensation assez douce, légèrement aromatique, qui succède à la première impression, est une circonstance atténuante, et elle vient bien de la terre elle-même, puisqu'on n'y ajoute aucun condiment pendant la préparation. D'après les récits de Labillardière, confirmés par les renseignements de M. Hekmeyer, les figurines sont souvent croquées par les enfants et les femmes auxquelles elles servent de poupées, de jouets, et aussi de tirelires ainsi qu'en témoignent les fentes ménagées à la partie supérieure des gros objets, généralement creux. Nous ne possédons pas assez de documents pour remonter à l'origine de cette tradition, qui fait que, depuis des temps reculés, on donne la forme humaine à certaines préparations alimentaires. Des savants ne sont pas éloignés d'y voir comme un vague souvenir des horribles festins qui succédaient aux sacrifices humains chez les peuples primitifs qui tous étaient anthropophages; à défaut de prisonniers et de victimes désignées, on en serait venu peu à peu à une représentation symbolique qui s'est maintenue en perdant son caractère religieux. Nous nous en tiendrons à l'indication sommaire de ce problème fort obscur, n'ayant pas la prétention de le résoudre.

E. FERRAND [1].

Une ascension au Mont-Blanc.

La dernière partie de la montée fut, comme on doit le présumer, la plus fatigante pour la respiration, mais j'atteignis enfin ce but si longtemps désiré. Comme, pendant les deux heures que me prit cette pénible ascension, j'avais eu toujours sous les yeux à peu près tout ce que l'on voit de la cime, cette arrivée ne fut pas un coup de théâtre, elle ne me donna même pas d'abord tout le plaisir que l'on pourrait imaginer; mon sentiment le plus vif, le plus doux, fut de voir cesser les inquiétudes dont j'avais été l'objet; car la longueur de cette lutte, le souvenir et la sensation même encore poignante des peines que m'avait coûtées cette victoire, me donnaient une espèce d'irritation.

Au moment où j'eus atteint le point le plus élevé de la neige qui couronne cette cime, je la foulai aux pieds avec une sorte de colère plutôt qu'avec un sentiment de plaisir. D'ailleurs mon but n'était

1. Cité par G. Dallet : *Le monde vu par les savants du XIXe siècle.* J.-B. Baillière, 1890. En réalité cette terre n'est *pas* comestible; elle ne contient rien de *nourrissant.*

pas seulement d'atteindre le point le plus élevé, il
fallait surtout y faire les observations et les expériences qui seules donnaient quelque prix à ce
voyage, et je craignais infiniment de ne pouvoir faire
qu'une partie de ce que j'avais projeté. Car j'avais
déjà éprouvé même sur le plateau où nous avions
couché que toute observation faite avec soin, fatigue
dans cet air rare, et cela parce que, sans y penser,
on retient son souffle; et que, comme il fallait là suppléer à la rareté de l'air par la fréquence des aspira-
tions, cette suspension causait un malaise sensible :
j'étais obligé de me reposer et de souffler, après
avoir observé un instrument quelconque, comme
après avoir fait une montée rapide.

Cependant le grand spectacle que j'avais sous les
yeux me donna une vive satisfaction.

Une légère vapeur, suspendue dans les régions
inférieures de l'air, me dérobait à la vérité la vue des
objets les plus bas et les plus éloignés, tels que les
plaines de la France et de la Lombardie, mais je ne
regrettai pas beaucoup cette perte. Ce que je venais
voir, et ce que je vis avec la plus grande clarté, c'est
l'ensemble de toutes les hautes cimes dont je désirais
depuis si longtemps connaître l'organisation. Je n'en
croyais pas mes yeux, il me semblait que c'était un
rêve, lorsque je voyais sous mes pieds ces cimes
majestueuses, ces redoutables aiguilles, le Midi, l'Ar-
gentière, le Géant, dont les bases mêmes avaient été
pour moi d'un accès si difficile et si dangereux. Je
saisissais leurs rapports, leur liaison, leur structure,
et un seul regard levait des doutes que des années
de travail n'avaient pu éclaircir. C'est un fait connu
de tous ceux qui ont atteint les cimes des montagnes
élevées que le ciel y paraît d'un bleu plus foncé que
dans la plaine.

La grande pureté et la transparence de l'air, qui sont les causes de cette intensité de couleur, produisent vers le haut du Mont-Blanc un singulier phénomène, c'est que l'on peut y voir les étoiles en plein jour; mais, pour cela, il faut être entièrement à l'ombre, et avoir même au-dessus de sa tête une masse d'ombre d'une épaisseur considérable; sans quoi, l'air trop fortement éclairé fait évanouir la faible clarté des étoiles. L'endroit le plus convenable pour faire cette observation le matin était la montée qui conduit à l'épaule du Mont-Blanc : quelques-uns des guides ont assuré avoir vu de là des étoiles; pour moi, je n'y songeai pas, en sorte que je n'ai point été le témoin de ce phénomène; mais l'assertion uniforme des guides ne me laisse aucun doute sur sa réalité.

Un autre effet singulier de la pureté de l'air et de la couleur foncée du ciel, qui en est la suite, fut un mouvement de terreur qu'il inspira à quelques guides dans une des premières tentatives qu'ils firent pour atteindre la cime. Comme ils gravissaient une pente de neige rapide, ils virent tout d'un coup le ciel par une espèce d'embrasure qui terminait le haut de cette pente ; la couleur noire du ciel leur fit prendre cette embrasure pour un gouffre. Ils rebroussèrent d'épouvante, et rapportèrent à Chamounix qu'ils n'avaient pas pu avancer, parce qu'ils avaient vu un gouffre horrible s'ouvrir devant eux.

Nous ne vîmes à cette hauteur d'autres animaux que deux papillons : l'un était une petite phalène grise qui traversait le premier plateau de neige; l'autre un papillon de jour qui me parut être le myrtil; il traversait la dernière pente du Mont-Blanc, environ à 100 toises au-dessous de la cime. J'ai été quelquefois témoin de la manière dont ces insectes s'engagent sur les glaciers. En voltigeant sur les prairies qui les bordent, ils s'aventurent au-dessus de la neige ou de la glace, et s'ils perdent la terre de vue, ils vont toujours en avant, et ne sachant pas où se poser, pour peu que le vent les soutienne, ils volent jusque sur les sommités les plus élevées, où ils tombent enfin de fatigue et meurent sur la neige.

La nature n'a point fait l'homme pour ces hautes régions; le froid et la rareté de l'air l'en écartent, et comme il n'y trouve ni animaux, ni plantes, ni même des métaux, rien ne l'y attire. La curiosité et un désir ardent de s'instruire peuvent seuls lui faire surmonter les obstacles de tout genre qui en défendent l'accès.

De Saussure.

Les dimensions et les distances des Atomes.

Par l'étude des lois de la physique et de la chimie, on est arrivé à concevoir l'existence de parcelles de matières infiniment petites, qui ne peuvent se partager en éléments plus petits, qui sont en quelque sorte des unités impossibles à diviser en deux. Si ces atomes sont très rapprochés, le corps qui en est composé est solide : si les distances augmentent, le corps est liquide ou gazeux. Un même corps peut être alternativement solide, liquide, gazeux; l'eau par exemple (eau, glace et vapeur) et différents gaz comme l'oxygène, l'acide carbonique, qui peuvent par le froid et la compression devenir liquides et même solides.

M. Thomson est arrivé, par des considérations et des calculs variés, à reconnaître que, dans les liquides et les solides transparents ou translucides, la distance moyenne des centres de deux atomes contigus est comprise entre un dix-millionième et un deux-cent-millionième de millimètre. Il est difficile de se représenter exactement d'aussi petites dimensions dont rien, parmi les objets qui affectent notre sensibilité, ne saurait nous donner une idée. M. Thomson pense que la comparaison suivante peut servir à les apprécier. Si l'on se figure une sphère du volume d'un pois grossie presque à égaler le volume de la terre, et les atomes de cette sphère grossis dans la même proportion, ceux-ci auront alors un diamètre supérieur à celui d'un grain de plomb et inférieur à celui d'une orange. En d'autres termes, un atome est à une sphère de la dimension d'un pois ce qu'une pomme est au globe terrestre. Par des arguments tout différents, les uns tirés de l'étude des molécules chimiques, les autres déduits des phénomènes de capillarité, M. Gaudin a établi, pour la dimension des plus petites particules matérielles, des chiffres très voisins de ceux de M. Thomson.

La distance maxima des atomes chimiques entre eux dans les molécules est un dix-millionième de millimètre. M. Gaudin essaye, comme M. Thomson, de donner quelque idée sensible de la petitesse vraiment étourdissante d'une semblable dimension. Il calcule, d'après ce chiffre, le nombre des atomes chimiques contenus dans le volume d'une tête d'épingle à peu près, et il trouve que ce nombre doit être représenté par le chiffre 8,000,000,000,000,000,000,000, — de sorte que, si l'on voulait compter le nombre des atomes métalliques contenus dans une grosse tête d'épingle, en en détachant chaque seconde par la pensée un milliard, il faudrait continuer cette opération pendant plus de deux cent cinquante mille ans !

F. Papillon [1].

1. *La Nature et la Vie*, p. 8. 1874, Didier.

Le mouvement des glaciers.

Un glacier, c'est une masse de glace formée par la fonte et le regel alternatifs des neiges, et cette masse jouit d'un mouvement appréciable du moment où elle repose sur un plan incliné, ce qui est généralement le cas. Un glacier est donc en définitive un fleuve de glace.

Le glacier entraîne, outre les pierres, les objets qui se trouvent accidentellement à sa surface. En 1788, le célèbre naturaliste de Saussure et son fils, accompagnés d'une caravane de porteurs et de guides, passèrent seize jours sur le col du Géant ; en descendant le long des rochers, du côté de la cascade du glacier du Géant, ils y abandonnèrent une échelle de bois. C'était au pied de l'Aiguille noire, à l'endroit où la quatrième moraine centrale de la mer de Glace prend son origine. Cette ligne indique en même temps la direction suivant laquelle la glace s'éloigne à partir de cet endroit. En 1832, c'est-à-dire quarante-quatre ans plus tard, des morceaux de cette échelle furent retrouvés par M. Forbes et par d'autres voyageurs, un peu au-dessous du point de réunion des trois glaciers de la mer de Glace, sur la moraine centrale dont j'ai parlé. Il s'ensuit que cette partie du glacier avait glissé en moyenne de 377 pieds par an. En 1827, Hugi s'était bâti une cabane sur la moraine centrale du glacier de l'Unteraar, pour y faire des observations. L'endroit occupé par cette cabane fut déterminé par lui et, plus tard, par Agassiz ; chaque année, elle descendait un peu. Quatorze ans après, en 1841, elle se trouvait 4,884 pieds plus bas ; elle avait donc parcouru, en moyenne, 349 pieds de Paris par an. Agassiz trouva plus tard un déplacement un peu plus faible en observant les positions successives de la cabane qu'il avait construite aussi sur le même glacier.

Les observations dont je viens de parler exigeaient un temps très long. Si l'on observe, au contraire, le mouvement des glaciers avec des instruments de précision, par exemple avec les théodolites dont se servent les arpenteurs, on n'a pas besoin d'attendre des années pour reconnaître le déplacement de la glace, un seul jour suffit.

De semblables observations ont été faites, dans ces derniers temps, par plusieurs observateurs, notamment par M. Forbes et par M. Tyndall. Il résulte de leurs mesures que la partie centrale de la mer de Glace, avance, en été, avec une vitesse de 20 pouces par jour, vitesse qui, du côté de la cascade inférieure, monte à 35 pouces. En hiver, la vitesse est à peu près moitié moindre. Sur les bords du glacier et dans ses couches plus profondes, la vitesse, comme celle de l'eau d'un fleuve, est considérablement plus petite que dans la partie centrale de la surface.

Les affluents supérieurs de la mer de Glace sont animés d'un mouvement moins rapide : il est de 13 pouces par jour pour le glacier du Géant, de 9 pouces et demi pour le glacier du Léchaud. En général, la vitesse varie avec les différents glaciers, selon leur grandeur, leur inclinaison, la masse de la neige qui tombe et une foule d'autres circonstances.

Cette énorme masse de glace s'avance ainsi, d'une manière insensible et sans bruit, d'environ 1 pouce par heure. Il faut cent vingt ans à la glace du col du Géant pour atteindre la partie inférieure de la mer de Glace ; son mouvement ne frappe pas les yeux de l'observateur superficiel, et cependant elle s'avance, avec une force irrésistible, brisant comme des brins de paille tous les obstacles que les hommes pourraient

lui opposer, laissant des traces de son passage même
sur les parois granitiques de la vallée, comme nous
le verrons plus tard. Lorsqu'à la suite d'une série
d'années humides, accompagnées de chutes de neige
très considérables dans les hauteurs, la partie inférieure du glacier s'avance, elle pousse devant elle
les demeures des hommes en brisant sur son passage
les arbres les plus vigoureux, elle déplace même,
sans paraître éprouver de résistance sensible, les
remparts formés par les immenses blocs de rochers
qui constituent sa moraine terminale et qui forment
des séries de collines très considérables.

H. HELMHOLTZ [1].

La hauteur des nuages.

MM. Ekholm et Hagström, du 26 juin au 6 septembre 1884, ont fait à Upsal 344 observations de nuages
de toute catégorie au point de vue de leur altitude.

Les nuages inférieurs se trouvent généralement à
une hauteur moindre que 4,000 mètres, les nuages
supérieurs sont à une hauteur plus grande.

Les diverses couches de nuages, au lieu d'être
réparties uniformément dans l'espace, sont rangées
de préférence à certaines hauteurs et se trouvent en
quelque sorte placées en étages les unes au-dessous
des autres. Ces étages ont à peu près les altitudes
suivantes :

1er étage (stratus)............................ 600 mètres [2]
2e   —   (nimbus inférieurs)............... 1,100   —

---

1. Helmholtz, *la Glace et les Glaciers*, dans *les Glaciers et les Trans-
formations de l'Eau* de J. Tyndall. *Bibl. Scient. Internat.*, Alcan.

2. Les *stratus* sont les nuages horizontaux qui se forment (au coucher
du soleil souvent) à l'horizon ; les *nimbus* sont les nuages noirs ou gris qui
nous annoncent une pluie prochaine ; les *cumulus* sont les beaux nuages

3e étage (cumulus) hauteur moyenne.......		1,500	mètres
4e — (alto-cumulus inférieurs)..........		2,000	—
5e — ⎰ (diverses couches ⎰ de 4,200 à..		4,600	—
6e — ⎱ de ⎱ de 5,800 à..		6,600	—
7e — ⎰ nuages supérieurs ⎰ de 8,000 à..		8,600	—

M. Vettin, de Berlin, avait trouvé des résultats à peu près identiques en employant une méthode d'observation différente. Voici, d'après lui, les hauteurs moyennes des cinq couches qu'il distinguait : 490, 1,190, 2,260, 4,010 et 7,220 mètres.

La hauteur moyenne des différentes couches de nuages n'est pas constante : elle varie selon l'heure du jour, probablement aussi suivant les saisons, et même selon le caractère général du temps, c'est-à-dire après la distribution des pressions barométriques [1].

Les grottes empoisonnées.

On connaît un certain nombre de grottes dites empoisonnées, où il est impossible de séjourner plus de quelques minutes. Elles doivent leurs propriétés mortelles à un gaz, l'acide carbonique, qui s'y produit et s'y accumule en abondance. Y pénétrer, c'est entrer dans un bain d'acide carbonique, et cet acide est un poison violent. Une des plus célèbres de ces grottes est la Grotte du Chien en Italie.

La grotte du Chien est située à Pozzolo, sur le penchant d'une petite montagne extrêmement fertile, en face et à peu de distance du lac d'Agnano. L'entrée en est fermée par une porte dont un gardien a la

d'été qui, au loin, rappellent les montagnes de neige ; les *cirrus* sont de petits nuages en filaments, ou chevelure, qui, avec le *cumulus*, forment le ciel moutonné.

1. *Revue Scientifique.*

clef. La grotte a l'apparence et la forme d'un petit cabanon dont les parois et la voûte seraient grossièrement taillées dans le rocher. Sa largeur est d'environ 1 mètre, sa profondeur de 30 mètres, sa hauteur de 1 mètre et demi. Il serait difficile de juger, par son aspect, si elle est l'œuvre de l'homme ou de la nature. L'aire de la grotte est terreuse, noire, humide, brûlante. De petites bulles sourdent dans quelques points de sa surface, crèvent et laissent échapper un fluide aériforme qui se réunit en un nuage blanchâtre au-dessus du sol. Ce nuage est formé de gaz acide carbonique que colore un peu de vapeur d'eau.

La couche de gaz a une hauteur de 20 à 60 centimètres. Elle représente donc un plan incliné dont la plus grande hauteur correspond à la partie la plus profonde de la grotte. C'est là une conséquence toute physique de la disposition du sol. L'aire de la grotte étant à peu près au même niveau que l'ouverture extérieure, le gaz trouve une issue au dehors par le seuil de la porte, et coule comme un ruisseau le long du sentier de la montagne. On peut suivre le courant à une assez grande distance. Une bougie qu'on y plonge s'éteint à plus de deux mètres de la grotte.

Voici l'expérience que le gardien montre aux visiteurs : il a un chien dont il lie les pattes pour l'empêcher de fuir, et qu'il dépose au milieu de la grotte. L'animal manifeste une vive anxiété, se débat, et paraît bientôt expirant. Son maître, alors, l'emporte hors de la grotte et l'expose au grand air, en le débarrassant de ses liens. Peu à peu l'animal revient à la vie ; puis, tout à coup, il se lève et se sauve rapidement, comme s'il redoutait une seconde épreuve.

Voilà plus de trois ans que le chien que j'ai vu fait le service, et qu'il est ainsi, chaque jour, asphyxié et désasphyxié plusieurs fois. Sa santé générale est excellente, et il parait se trouver à merveille de ce régime. Ce chien a un instinct bien remarquable : du plus loin qu'il aperçoit un étranger, il devient triste, hargneux, aboie sourdement, et est disposé à mordre. Il faut que son maître le tienne en laisse pour le conduire à la grotte, et encore se fait-il traîner en baissant la queue et les oreilles; quand, au contraire, l'expérience finie, l'étranger s'en retourne, il l'accompagne avec tous les témoignages de la joie la plus vive et la plus expansive.

Un chien y meurt au bout de trois minutes.

Il y a une source d'acide carbonique non moins curieuse dans les bois qui entourent le lac Laacher, sur les bords du Rhin. Le gaz se fait jour silencieusement à travers le sol, et vient aboutir dans une espèce de fosse ayant de 6 à 9 décimètres de profondeur, pratiquée dans la terre végétale au milieu de broussailles. Lorsque l'air est calme, la cavité se remplit presque uniquement d'acide carbonique, le fond du trou est couvert de débris; les insectes et les fourmis y arrivent en grand nombre pour chercher leur nourriture; mais privés d'air, ils y meurent, pour la plupart, et les oiseaux, à leur tour, apercevant l'appât trompeur, volent vers le piège et y sont pris.

Les bûcherons, connaissant fort bien cette manœuvre, visitent souvent l'endroit, et tirent profit de cette chasse dont la nature fait tous les frais.

A Java, la solfatare ou soufrière éteinte nommée *Gueno-Upas* ou *Vallée du poison*, est, par la même cause, un objet de terreur pour les habitants; il s'en dégage des torrents d'acide carbonique. Le sol est partout couvert de carcasses de tigres, de chevreuils, de cerfs, d'oiseaux, et même d'ossements humains, car tout être humain est asphyxié dans ce lieu de désolation.

Les caves des quartiers de Paris qui avoisinent la plaine calcaire de Montrouge se remplissent d'acide carbonique dans certaines circonstances qui ne sont pas bien connues, à tel point que leur atmosphère devient mortelle en très peu de temps. Dans toutes les *marnières* (excavations que les cultivateurs creusent au milieu des champs pour en retirer de la marne, si utile à l'agriculture), un pareil dégagement a lieu ; aussi apprend-on souvent que des ouvriers ont été asphyxiés pour avoir descendu sans précaution dans des marnières mal aérées ou abandonnées depuis quelque temps.

J. GIRARDIN [1].

Origine et rôle de l'acide carbonique dans la nature.

L'acide carbonique se produit à chaque instant sous nos yeux et se répand continuellement dans l'atmosphère. Cinq sources principales en versent sans cesse dans l'air que nous respirons, à savoir :

1º Les volcans en activité qui en produisent des masses énormes ;

2º Certaines sources minérales et nombre de fissures du sol, dans les terrains d'ancienne formation volcanique et dans les terrains calcaires [2] ;

3º La combustion des substances qui sont employées à fournir de la chaleur et de la lumière [3] ;

---

1. *Leçons de Chimie Élémentaire.* G. Masson, Paris.

2. Il existe, d'après M. H. Lecoq, sur le plateau central de la France, au moins 500 sources dont il évalue la totalité du débit à 14,874 mètres cubes par 24 heures. Il n'estime pas à moins du tiers de ce volume l'acide carbonique dégagé, c'est-à-dire 5,000 mètres cubes par jour, sans tenir compte de tout celui qui peut s'échapper du sol, tout à fait inaperçu, par des fentes qui ne contiennent pas d'eau.

3. On a calculé qu'en Europe le produit de la combustion de la houille équivaut à 80 milliards de mètres cubes d'acide carbonique.

4° La décomposition spontanée des matières organiques à la surface du sol [1];

5° La respiration des hommes et des animaux qui
exhalent constamment des quantités considérables
d'acide carbonique.

Il est bien facile de constater la présence de ce gaz
dans l'air expiré des poumons : il suffit de faire sortir
cet air par un tube de verre qui plonge dans de
l'eau de chaux. En quelques secondes, le liquide est
fortement troublé, et dépose une poudre blanche.
qu'on reconnaît facilement pour un *carbonate*, au
moyen d'un acide qui, versé dessus, produit une vive
effervescence [2].

D'après les expériences de Lassaigne, voici les
quantités d'acide carbonique que l'homme et les
principaux animaux domestiques exhalent dans l'air,
en une heure :

	Litres.
Taureau	271,40
Cheval	219,72
Bélier de 8 mois	55,23
Chèvre de 8 ans	21,48
Chien de chasse	18,31
Homme	17,76
Chevreau de 5 mois	11,60

M. Boussingault a déterminé approximativement la
proportion d'acide carbonique qui se produit, à
Paris, en 24 heures. Il est arrivé aux résultats suivants :

1. Un hectare de terre moyennement fumé et considéré sous l'épaisseur
de 8 centimètres, dégage environ 160 mètres cubes d'acide carbonique par
24 heures.

2. L'acide carbonique en se combinant avec la chaux a formé du carbonate de chaux. (V.)

	Mètres cubes.
Par la population	336,777
Par les chevaux...................	132,370
Par le bois à brûler..............	855,385
Par le charbon de bois............	1,250,700
Par la houille....................	314,215
Par l'huile à brûler	58,401
Par le suif ou les chandelles.....	35,722
Par la cire des bougies...........	1,041
	2,984,611

En admettant, avec MM. Andral et Gavarret, que
chaque homme brûle en moyenne en vingt-quatre
heures, dans l'intérieur de ses poumons, pour entretenir sa vie, 240 grammes de charbon qu'il convertit
en 443 litres d'acide carbonique, il en résulte que la
race humaine répandue à la surface du globe doit
engendrer annuellement environ 160 milliards de
mètres cubes de ce gaz. Les animaux quadruplent au
moins ces résultats.

Les cinq causes de production de l'acide carbonique dont je viens de parler et qui sont toujours en
action, fournissent donc à l'atmosphère une énorme
quantité de ce gaz. Cependant l'expérience démontre
que la proportion contenue dans l'air est infiniment
petite, puisque le maximum n'arrive pas à six dix-
millièmes de son volume.

Cette circonstance remarquable, bien faite pour
surprendre les esprits superficiels, vient de ce que
les parties des végétaux, qui sont colorées en vert,
ont la propriété, sous l'influence de la lumière solaire,
d'absorber l'acide carbonique, de le décomposer, de
s'emparer du charbon qu'il contient et de rejeter
dans l'air la plus grande partie de l'oxygène qui en
provient. Les nombreuses expériences de Priestley,
d'Ingenhouss, de Senebier, de Théodore de Saussure,
ne laissent aucun doute à cet égard.

Par conséquent, les végétaux purifient l'air en décomposant l'acide carbonique formé aux dépens de leur propre substance, et celui qui leur arrive dissous dans l'air ou dans l'eau, et en exhalant ensuite dans l'atmosphère une quantité d'oxygène qui contrebalance celle qui est absorbée par les êtres, vivants ou morts, et les corps en combustion. Cela est si vrai, que Priestley et Ingenhouss ont reconnu qu'un air dans lequel les bougies cessent de brûler à cause de l'acide carbonique qu'il renferme, permet la combustion de ces bougies, après qu'il a été en contact pendant quelques jours, sous l'influence solaire, avec des plantes en pleine végétation.

D'un autre côté, une masse énorme d'animaux inférieurs qui vivent au sein des eaux douces et salées, tels que les mollusques à coquille (huîtres, moules, peignes, etc.,) les oursins, les crustacés (écrevisses, homards, crabes, etc.), se recouvrent d'une enveloppe calcaire, dite *test* ou *carapace*, dont la moitié à peu près est formée d'acide carbonique. C'est l'eau qui après avoir emprunté ce gaz à l'atmosphère, lui sert de véhicule pour l'introduire dans l'organisme sous forme de carbonate de chaux; ce dernier est ensuite excrété, moulé sur le corps des animaux mous qui se trouvent ainsi, sous cet abri protecteur, soustraits aux causes de destruction qui les environnent. Cette minéralisation de l'acide carbonique a lieu sur une échelle que l'imagination ne saurait mesurer, et elle contribue pour une très large part à la purification de l'air atmosphérique. La portion d'acide ainsi solidifiée n'est plus restituée à la masse atmosphérique.

J. GIRARDIN [1].

---

1. *Leçons de Chimie Élémentaire*, t. I, p. 59 et suiv. Il ne serait pas à souhaiter que l'acide carbonique, tout dangereux qu'il est dans certaines conditions, vînt à disparaître de l'atmosphère. S'il disparaissait en effet, les

Une pluie d'encre.

M. L.-A. Eddie, de Graham's Town, Cap de Bonne-
Espérance, donne une description intéressante d'une
pluie d'encre tombée dans la colonie du Cap, le
14 août 1888. Un orage, commencé vers midi et qui dura
jusqu'au lendemain matin assez tard, fut accompagné,
par moments, de fortes averses ; des espaces étendus
se trouvèrent couverts d'une eau aussi noire que de
l'encre. Deux théories, dit M. Eddie, peuvent rendre
compte de ce phénomène : l'une, que l'eau avait reçu
cette coloration des particules volcaniques restées en
suspension dans l'atmosphère à la suite d'une éruption récente ; l'autre, et la plus probable, que la terre,
dans son voyage à travers l'espace, avait rencontré
un essaim de poussières météoriques[1] exceptionnellement épais ; que cette matière extraordinaire consis-
tait en fer météorique, et que, entraînée par la pluie
et mêlée à l'eau des mares et aux débris organiques
que cette eau contient, elle s'était dissoute en donnant
au tout une couleur noire ou *d'encre*. Il y a aussi
l'hypothèse que la couleur noire pouvait provenir
simplement du mélange de cette fine poussière cosmique avec l'eau ; mais l'observateur est plus porté à
penser que la teinte d'encre provenait de ce que le
fer se dissolvait dans de l'eau saturée de débris organiques, bien qu'une partie des particules cosmiques

plantes cesseraient d'exister, ne pouvant plus lui emprunter le carbone
qui leur est indispensable ; les animaux n'ayant plus de végétaux à manger,
mourraient à leur tour, et l'homme réduit à manger ses semblables finirait
lui aussi par disparaître : toute vie sur le globe serait anéantie, parce
que toute vie animale repose directement ou indirectement sur la vie
végétale. (H. de V.)

1. Poussière résultant de la désagrégation des roches provenant des
espaces célestes, qui sont les météorites.

puisse avoir flotté sans se dissoudre dans l'eau et ensuite y être déposée comme sédiment.

L'aspect était celui qu'aurait de l'eau légèrement acidulée après avoir séjourné pendant une nuit dans un vase en fer [1].

Un lac bizarre.

Le petit lac de Märjelen est situé à environ 800 mètres de l'Eggishorn, entre ce dernier sommet et les Strahlhörner. Les Alpes qui contiennent tant de lacs élevés et pittoresques n'en présentent guère qui soient aussi curieux que celui-ci ; on peut même dire qu'il est unique dans le monde alpestre. De trois côtés, il est borné par des pentes rocheuses, mais le quatrième est formé par le flanc gauche du glacier de l'Aletsch qui, grâce à cette disposition, ressemble à un glacier polaire.

Son écoulement a lieu alternativement par deux vallées, la vallée de l'Aletsch à l'ouest, et celle de Viesh à l'est. Ce lac offre une particularité assez singulière sur laquelle nous voulons attirer l'attention : c'est que, de temps en temps, il se vide subitement et presque en entier. Son écoulement le plus habituel a lieu du côté du glacier de l'Aletsch, à travers les crevasses transversales qui, ici, sont presque perpendiculaires à la paroi de glace qui limite le lac à l'Ouest.

Ce sont ces larges ouvertures verticales et béantes qui donnent passage à l'eau du lac ; quant aux chemins qu'elles suivent sous le glacier jusqu'à la Massa, on ne les connaît pas encore. Mais, par suite du mouvement du glacier, les tunnels que s'étaient percés les eaux du lac finissent par changer de forme et

1. *Revue Scientifique* du 24 novembre 1888.

même par disparaître tout à fait. A partir de ce moment, les eaux du lac n'ayant plus aucun écoulement montent jusqu'à ce qu'elles aient réussi à se frayer un nouveau chemin à travers le glacier.

Lorsque le lac se vide, c'est une vraie calamité pour la vallée du Rhône. Les eaux gonflent si rapidement la Massa qui vient se jeter, non loin de Brigue, dans le Rhône, qu'il est rare que les habitants aient reçu la nouvelle de cet événement avant que les eaux n'aient ravagé la vallée. Aussi donne-t-on une paire de souliers neufs au premier berger qui vient annoncer aux riverains du Rhône que le lac de Märjelen se vide.

Pendant que l'eau se fraye un chemin sous le glacier de l'Aletsch, on entend toujours un bruit de tonnerre, et à plusieurs endroits de fortes colonnes d'eau jaillissent des crevasses.

En peu de temps, les terrains situés en aval du confluent du Rhône et de la Massa sont couverts d'eau. Beaucoup de cultures sont détruites. Cependant le voyageur qui contemple pour la première fois ce lac se demande comment une si petite nappe d'eau peut produire de si grands ravages. Il en a ensuite l'explication quand il se rend compte de sa profondeur relativement grande pour sa surface.

Le petit lac de Märjelen jouit donc, par suite, d'une mauvaise réputation auprès des habitants du Haut-Valais qui sont très pauvres et qui n'ont pour vivre que ce qu'ils peuvent retirer de leurs maigres champs.

La seule observation exacte qui en ait jamais été faite date de 1878.

Le lac se vida en trente heures et demie. Le volume de l'eau écoulée était de 9,300,000 mètres cubes, ce qui portait la moyenne de la quantité d'eau écoulée par seconde à 84^{mc},7.

PRINCE ROLAND BONAPARTE [1].

Nuages et pluie à volonté.

Il ne s'agit pas de savoir si l'on aime l'un ou l'autre de ces deux phénomènes météorologiques que les citadins ont coutume de maudire cordialement : les agriculteurs ont besoin de tous deux, et la question qui se pose est celle-ci : peut-on appeler les nuages et la pluie à volonté ?

Oui, on peut appeler les nuages. Mais, entendons-nous, on peut provoquer la formation de nuages d'une certaine sorte, ce qui ne veut pas dire qu'on puisse faire pleuvoir. Toutefois ces nuages sont très utiles dans certains cas. Nous sommes en avril ou mai : le froid revient, et des gelées sont probables. Elles seraient désastreuses pour les bourgeons de la vigne, et les fleurs des arbres fruitiers. Que faire ? C'est bien simple. On allume de grands feux où l'on jette des feuilles de l'automne dernier, des morceaux de bois goudronnés, du bois vert, bref tout ce qui peut faire de la fumée et de la vapeur ; et de la sorte on fait un nuage artificiel qui empêche la gelée, car, interposé entre le sol et le ciel découvert, il empêche le refroidissement du premier, en diminuant le rayonnement de la chaleur de la terre. (Cela réussit..... quelquefois.) Et d'un.

Oui, encore, il semble qu'on puisse faire pleuvoir à volonté. *Il semble*, car la chose est encore à l'étude. Mais des expériences ont été faites en Amérique qui

1. *Le Glacier de l'Aletsch et le Lac de Marjelen*, 1889, p. 9-10-15.

paraissent permettre l'espoir d'une solution favorable. Pour obtenir la pluie, on envoie d'abord dans les airs des ballons chargés d'oxygène et d'hydrogène et on les fait éclater en l'air au moyen de dynamite et de l'électricité. L'hydrogène brûle dans l'oxygène, se combine avec lui, forme de l'eau — en vapeur — puisque l'eau n'est qu'une combinaison de ces deux gaz [1]. Et pour obliger cette vapeur à se condenser en gouttes, on détermine encore de fortes explosions de dynamite. La secousse condense-t-elle les molécules de vapeur, ou se passe-t-il quelque autre phénomène? Toujours est-il qu'il pleut — dit-on. L'avenir nous renseignera, et peut-être un jour l'homme saura-t-il faire pleuvoir quand il lui plaira, ce qui sera précieux pour les pays agricoles. Mais il sera bien aussi utile de chercher le moyen d'empêcher les pluies inutiles et souvent désastreuses qui déterminent les inondations, par exemple.

HENRY DE VARIGNY.

Effets curieux du feu grisou.

Des expériences nombreuses ont prouvé que l'air de la ville de Liège contient plus d'acide carbonique que la plupart des localités étudiées à ce point de vue. Cette forte proportion tient à deux causes : la ville de Liège est le siège d'une production intense d'acide carbonique par suite de l'énorme combustion journalière effectuée dans les foyers domestiques et surtout dans les nombreux fourneaux de l'industrie; en second lieu, le sol du pays, appartenant à la

---

1. L'eau est au point de vue chimique du protoxyde d'hydrogène, une des combinaisons que ces deux gaz peuvent former ensemble.

21.

formation houillère, est le siège d'une assez grande production d'acide carbonique.

Un fait étonnant s'est produit à Liège, et montre l'intensité des phénomènes de combustion dont le sol de cette ville est le siège. Pendant plusieurs années, le sol d'une partie du quartier Saint-Jacques s'est échauffé au point que *le beurre fondait dans les caves des habitations*. L'eau des puits était chaude, et les plantes de tous les jardins de cette partie de la ville ont péri. Les herbes jaunissaient et séchaient sur place, les arbres perdaient leurs feuilles et mouraient ; un sol aride et nu remplaça les pelouses verdoyantes. Lorsqu'on fouillait ce terrain, on trouvait à une faible profondeur une élévation de température qui dépassait celle de la main et qui devenait encore plus intense avec la profondeur. La commission nommée pour étudier ce phénomène étrange, et composée de MM. Dewalque, Schmit, et du célèbre physiologiste Schwann, tous trois professeurs à l'Université de Liège, conclut, à la suite de travaux et d'expériences qui durèrent deux années, que l'échauffement de ce terrain était dû à *une combustion lente du grisou* [1] *exhalé par le terrain houiller*. Elle signala même une explosion qui s'était produite dans une cave au moment où l'on y pénétra avec une lampe allumée.

Il n'est pas invraisemblable que des phénomènes de ce genre se produisent d'une manière continue dans les couches inférieures du bassin de Liège ; ils

---

1. Le *grisou* est un gaz où l'hydrogène tient une place considérable, et qui se produit dans la plupart des mines de houille. Il est combustible, et quand il existe dans une certaine proportion il prend feu à la lampe des mineurs, d'où des catastrophes épouvantables. Il n'est point d'année, malgré l'invention de la lampe de sûreté, où le grisou ne fasse de nombreuses victimes.

sont trop faibles pour qu'une observation superficielle les saisisse facilement.

L'air de cette ville est plus chaud, par un temps calme, que celui des environs, et la campagne voisine est la région la plus élevée du globe, en latitude, où la vigne prospère encore [1].

L'air est pesant...

Nos méthodes d'expérimentation plus précises que celles dont Galilée pouvait faire usage de son temps, où les sciences physiques venaient à peine de naître, nous ont appris le véritable poids de l'air. Nous savons que 10 litres d'air, dans l'état ordinaire, pèsent 13 grammes, ou, en d'autres termes, que 760 litres d'air pèsent à peu près 1 kilogramme. L'air, dans cet état, ne pèse que la 770e partie d'un pareil volume d'eau.

Puisque l'air est pesant, vous concevrez facilement que les couches inférieures de ce fluide, celles par exemple qui sont les plus rapprochées de la terre, doivent supporter le poids de toutes les couches superposées, et que, par conséquent, en raison de sa compressibilité, elles doivent être plus denses, c'est-à-dire peser davantage sous un moindre volume. Mais, puisque l'air est élastique et que ses molécules ont une grande mobilité, vous devez encore comprendre que, nécessairement, les corps sur lesquels s'appuient les couches atmosphériques supportent le même poids dont celles-ci sont chargées à différentes élévations. On donne le nom de *pression atmosphérique* à cette force ou à ce poids qu'exerce l'atmosphère, d'une manière uniforme, sur tous les corps qui sont à la surface de la terre. Cette pression varie, comme vous

1. *Revue Scientifique.*

le pensez bien, suivant la hauteur à laquelle on s'élève au-dessus du niveau de la mer ; elle diminue avec l'élévation, car il est évident qu'un homme placé au sommet d'une montagne élevée ne supporte pas autant de couches d'air qu'un autre assis à la base de ce mont. La théorie nous indique que cette pression ne doit plus se faire sentir aux dernières limites de l'atmosphère. L'allégement que nous éprouvons en gravissant une hauteur, la facilité plus grande que nous avons à respirer à mesure que nous nous élevons, ne dépendent évidemment que de cette diminution successive de pression.

L'expérience suivante montre la présence de l'air et atteste la pression qu'il fait éprouver aux corps qui y sont plongés. Mettez un flotteur, un bouchon de liège par exemple, sur un seau plein d'eau ; puis, renversant une cloche en verre, appliquez-en l'ouverture à la surface du liquide, de manière à y enfermer le flotteur. A mesure que vous enfoncerez davantage la cloche dans l'eau, vous verrez le bouchon s'enfoncer aussi. La surface de l'eau dans la cloche n'est donc plus au même niveau qu'à l'extérieur : jamais l'eau ne pourra s'élever dans ce vase jusqu'à venir mouiller le fond du côté intérieur, et le flotteur sera toujours écarté de ce fond. Il est visible que c'est l'air qui occupe cette place, et en inclinant un peu la cloche, on le voit en effet sous forme de grosses bulles qui viennent sortir et crever à la surface de l'eau après l'avoir traversée.

C'est à cette pression atmosphérique, dont je viens de parler, qu'est due la permanence des liquides à la surface du globe ; c'est elle qui met obstacle à leur réduction en vapeurs. Sans elle, nos conditions d'existence seraient tout à fait changées. C'est elle encore qui produit l'ascension de l'eau dans les corps de pompe, ainsi que celle du mercure dans le *baromètre*, instrument inventé en 1643 par Torricelli, élève de Galilée, et qui sert, comme son nom l'indique (*mesure de la pesanteur*), à mesurer cette pression. Cette force fait équilibre, dans les circonstances ordinaires, à une colonne d'eau de 10 mètres 4 décimètres de hauteur, ou à une colonne de mercure de 76 centimètres.

Chaque point de notre peau est pressé perpendiculairement à sa surface par une force égale à celle d'une colonne de mercure de 76 centimètres de hauteur. Or, comme le centimètre cube de mercure pèse 13 grammes et demi, chaque centimètre carré de la surface de notre corps porte sans cesse, et à notre insu, plus d'un kilogramme de charge. Nous sommes donc perpétuellement pressés de toutes parts, en dehors, par des forces dont l'ensemble produit, sur un homme de taille ordinaire, environ 17,000 kilogrammes. Toutes ces forces de pression, agissant dans divers sens, ne s'ajoutent pas, mais chacune s'exerce sur une partie séparée, qui est destinée par la nature à résister à cette charge. Ce poids énorme semble incroyable, mais l'habitude nous y a rendus insensibles. Si on le supprimait, nous ne pourrions vivre, parce que cette pression permanente est nécessaire à notre existence; nous avons été organisés pour cet état de choses. Notre corps plongé dans l'air est, il est vrai, pressé de toutes parts par l'air qui l'entoure. Mais chaque pression en trouve une autre contraire qui réagit et la détruit, parce que tous les solides et les liquides dont le corps de l'homme est formé servent à transmettre cette pression. C'est ainsi qu'une boule de verre soufflé, extrêmement mince et fermée, n'est pourtant pas écrasée par le poids de l'atmosphère, en raison de l'air qu'elle renferme et qui contre-balance l'influence de la pression extérieure. Lorsque les fluides renfermés dans notre corps n'ont plus une force élastique capable de faire équilibre à la pression atmosphérique, celle-ci fait sentir son influence; c'est là l'origine des effets qu'exercent les variations barométriques sur les phénomènes de la vie organique. » Le savant physicien et minéralogiste Haüy, en rapportant les calculs ci-dessus, ajoutait spirituellement : « Voilà pourtant de quel poids étaient chargés les anciens philosophes qui niaient la pesanteur de l'air. »

J. GIRARDIN [1].

Le Gulf-Stream.

Il y a une rivière dans l'Océan, pendant les plus grandes sécheresses, jamais elle ne tarit, et lors des plus puissantes inondations, jamais elle ne déborde. Les rives et son lit sont d'eau froide, tandis que son courant est d'eau chaude. Le golfe du Mexique est sa source, et son embouchure est dans les mers Arctiques. Il n'existe pas dans le monde une autre masse d'eau courante aussi majestueuse.

Le cours du Gulf-Stream est plus rapide que ceux du Mississipi et de l'Amazone, et son volume est plus de mille fois supérieur aux leurs.

Ses eaux, aussi loin du golfe que des côtes de la Caroline, sont d'une couleur bleu indigo. Elles sont si distinctes que l'œil suit aisément leur ligne de jonction avec l'eau de mer commune.

Telle est la répugnance, si l'on peut s'exprimer ainsi, qu'ont les eaux du Gulf-Stream à se mélanger avec les eaux de la mer, que souvent on peut voir la

---

1. *Leçons de Chimie Élémentaire*, t. I, p. 28 et suiv. Masson.

moitié d'un navire flotter dans l'eau bleue pendant que l'autre est baignée dans l'eau commune.

La quantité de chaleur que le Gulf-Stream répand sur l'Atlantique, dans une seule journée d'hiver, suffirait pour élever toute la masse d'air atmosphérique qui couvre la France et la Grande-Bretagne du point de congélation à la chaleur de l'été.

P. Maury [1].

Quelques faits sur les comètes.

Les Comètes sont des masses de matière circulant dans l'espace. On en ignore l'origine. On y distingue une partie plus brillante ou *noyau*, et une *chevelure* ou queue moins lumineuse, mais parfois très longue et très large. Il semble que les comètes sont formées de matière très peu dense; de poussières peut-être ou de vapeurs, car elles ne diminuent guère la visibilité des étoiles devant lesquelles elles passent.

Parmi les nombreuses comètes qui parcourent notre système dans tous les sens, il est certain que plusieurs ont passé très près de la terre. Une comète peut donc rencontrer notre globe : quelles en seraient les conséquences? Plusieurs géologues ont voulu expliquer les révolutions du globe terrestre par des chocs de comètes. Par suite de la rotation de la terre sur elle-même, la terre est aplatie aux pôles et renflée à l'équateur ; le renflement forme autour de l'équateur comme un immense bourrelet de cinq lieues d'épaisseur. Or, supposez qu'une comète vienne choquer la terre et déplace l'axe de rotation, et, par suite, le plan de l'équateur qui lui est perpendiculaire, immédiatement, les eaux accu-

1. *Physical Geography of the Sea.*

mulées autour de l'équateur actuel se précipiteront vers le nouvel équateur : les terres seront submergées et les mers mises à sec. Mais ce n'est pas tout. Le noyau intérieur, qui est liquide et en fusion, à cause de sa haute température, devra prendre lui-même une nouvelle forme d'équilibre ; il exercera un effort puissant contre la croûte solide très mince qui le recouvre et sur laquelle nous sommes placés : cette croûte sera brisée en plusieurs endroits, et il en résultera le plus épouvantable cataclysme. Mais je me hâte de dire que nous n'avons rien de pareil à redouter. Nous savons aujourd'hui, d'une manière certaine, que les masses des comètes sont extrêmement petites. Ainsi la comète de Lexell, qui s'est jetée deux fois étourdiment à travers les satellites de Jupiter, n'y a pas produit le moindre dérangement ; d'autres comètes ont passé tout près de Mercure sans lui faire éprouver la moindre perturbation. Il est donc impossible à une comète, tellement sa masse est petite, de déplacer par son choc, d'une manière sensible, l'axe de la terre.

Mais il y a un autre danger. Les queues des comètes ont un immense développement ; il doit arriver souvent, quand une comète passe dans le voisinage de la terre, que nous soyons frappés par sa queue, ou même, sans cela, que les vapeurs qui forment l'extrémité de la queue étant retenues faiblement par le noyau et attirées fortement par la terre, entrent dans l'atmosphère et se mêlent à l'air que nous respirons. Si ces vapeurs étaient délétères, nuisibles, il en résulterait pour nous de très graves inconvénients.

Képler, qui, nous l'avons vu, n'avait pas bonne opinion des comètes et les regardait comme formées des impuretés de l'éther, n'augurait rien de bon d'un tel mélange. Il devait produire infailliblement, disait-il, une peste universelle. Mais jusqu'à présent, on n'a rien observé de pareil, et il est probable que nous traversons les queues des comètes sans même nous en apercevoir.

Je m'arrête, il est temps de quitter un sujet entouré de tant de mystère et qui, suivant l'expression d'Herschel, ouvre carrière à des spéculations sans fin.

BRIOT [1].

Le gaz pour rien.

C'est là un des nombreux souhaits de beaucoup d'hommes, mais il ne se réalise que rarement. Il est toutefois exaucé dans une région des États-Unis, celle qui entoure Pittsburg. Depuis quelques années, on s'est aperçu que les puits creusés pour chercher le naphte (ou pétrole) donnaient non du pétrole, mais des gaz qui s'échappaient avec un ronflement bruyant. On constata avec surprise que ce gaz brûlait parfaitement bien. Naturellement on capta ce gaz, c'est-à-dire qu'on adapta à l'embouchure du puits des tuyaux et des robinets, et au lieu de le laisser continuer à brûler pendant des mois ou des années avec une flamme de 15 ou 20 mètres de haut (la hauteur d'une maison à cinq étages) comme une torche colossale, on l'envoya dans les maisons et les usines où on l'utilise actuellement tout comme le gaz artificiel de la houille. Ce gaz est excellent; il ne diminue pas, il est même en excès, et on est obligé d'en brûler beaucoup sans l'utiliser, par prudence, pour n'avoir pas de trop fortes pressions dans les tuyaux, et cette ressource nouvelle et inespérée a beaucoup contribué à la richesse de la région de Pittsburg. Des puits

1. Conférence faite aux *Soirées Scientifiques de la Sorbonne*, en 1866.

à gaz analogues existent autour de la Caspienne où les
Guèbres — ou adorateurs du feu — leur rendaient
autrefois un culte.

H. DE VARIGNY.

Quelques chiffres sur les Océans.

« L'eau est ce qu'il y a de plus grand », écrivait
Pindare il y a vingt-quatre siècles. Quel corps, en effet,
se trouve en telle quantité à la surface de notre globe?
L'atmosphère en renferme de notables proportions,
et nous vivons dans la vapeur d'eau tout autant que
dans l'air; qu'on creuse le sol en un endroit quelconque, on rencontre, à une profondeur souvent très
faible, une nappe d'eau souterraine; presque tous les
corps dont nous sommes entourés contiennent de
l'eau : animaux, plantes, terres en sont également
imprégnés; il n'est pas jusqu'au feu lui-même qui ne
la recèle dans ses flammes les plus éclatantes.

Et tout cela n'est rien à côté de la masse formidable
des neiges éternelles, des glaciers, des torrents, des
fleuves, à côté surtout de l'immensité de l'Océan.

Les mers couvrent en effet les trois quarts de la
rondeur du globe; un simple regard jeté sur une
carte nous montre les masses continentales occupant
moins de la moitié de l'hémisphère du nord et abandonnant la presque totalité de l'hémisphère méridional
aux eaux accumulées.

De plus, le relief continental est, dans son ensemble,
beaucoup moins haut que la mer n'est profonde.

Dans la Manche, la profondeur des eaux salées ne
dépasse pas 30 mètres; mais entre les îles Britanniques et l'Amérique, le lit marin descend jusqu'à
8,000 mètres au-dessous des vagues.

La Méditerranée a, en certains endroits, plus de 4,000 mètres de profondeur.

Enfin, on a trouvé en 1874, au large du Japon, la profondeur de 8,573 mètres: c'est à peu près la hauteur du Gaurisankar, la plus haute montagne du globe. Les anciens sondages de 13,900 et de 15,900 mètres, exécutés, le premier par le capitaine Denham, et le second par Parker, doivent être rejetés comme inexacts. Quant à la profondeur moyenne de toute la masse des eaux, on ne la connaît pas encore exactement. Mais, d'après les derniers calculs de M. Otto Krümmel, elle doit être voisine de 3 kilomètres 1/2, tandis que la hauteur moyenne des continents est à peine de 500 mètres. La masse totale des terres émergées serait donc seulement la vingt-deuxième partie de celle des eaux salées. L'imagination reste confondue dans la contemplation d'une telle immensité.

Regardez le plus majestueux de tous les fleuves, celui des Amazones. Son débit moyen est de 80,000 mètres cubes par seconde, 160 fois le débit moyen de la Seine; il roule parfois à lui seul, dans ses terribles inondations, le cinquième des eaux douces de la terre entière. « Il est si profond que les sondes de 50, de 80 et même de 100 mètres ne peuvent pas en mesurer tous les gouffres; il est si large qu'en certains endroits on n'en distingue pas les deux bords, et qu'on voit l'horizon reposer au loin sur les eaux, comme si l'on se trouvait en pleine mer. Quand on navigue dans l'estuaire de l'embouchure, sur les eaux grises descendant rapidement vers l'Atlantique, on se surprend à demander si la mer elle-même ne doit pas son existence à ce fleuve qui lui apporte incessamment l'immense tribut de ses flots. »

Et pourtant, qu'est-il, le courant des Amazones, auprès de la masse des flots océaniques? Figurez-vous tous les fleuves du monde réunis en un seul : ce cours d'eau prodigieux, véritable « Méditerranée coulante », devrait rouler ses flots sans cesse pendant plus de cinq millions d'années avant d'avoir fourni autant d'eau qu'il y en a dans l'Océan.

La surface totale des mers est de 386 millions de kilomètres carrés, leur volume approximatif 1,284 millions de kilomètres cubes, soit à peu près la 840e partie du volume du globe terrestre.

E. BOUANT [1].

L'art de faire travailler le Soleil.

L'idée d'utiliser la chaleur solaire est née pour ainsi dire en France. Salomon de Caus tenta le premier de l'employer à élever les eaux. Vers 1784, Ducarla, profitant des belles recherches de de Saussure, fit cuire sous des cloches de verre superposées des fruits et de la viande, ainsi que le rapporte Bosc, un des témoins de cette curieuse expérience.

Plus récemment, Franchot, l'inventeur de la lampe qui porte son nom, eut l'heureuse idée de remplacer les miroirs ou les verres ardents qui réunissent les rayons solaires en un point, par des miroirs métalliques à foyer rectiligne, et d'installer à ce foyer une petite chaudière noircie ; malheureusement la chaudière, en s'échauffant à l'air libre, finissait par émettre autant de chaleur qu'elle en recevait du miroir, en sorte que la concentration des rayons solaires n'était pas suffisante.

Dès l'année 1860, un professeur de l'Université, M. Mouchot, se mit à l'œuvre, en partant de ce fait

---

1. *Histoire de l'Eau*, p. 1 et suiv. Alcan.

découvert par Mariotte qu'une lame de verre incolore, une vitre, laisse passer librement la chaleur du soleil, mais devient un écran parfait pour la chaleur obscure et même pour les rayons émanant d'un bon feu de cheminée. Il établit en conséquence, au foyer d'un miroir de fer-blanc ou mieux de plaqué d'argent, une chaudière noircie extérieurement, mais qui se trouvait protégée contre le refroidissement par une enveloppe de verre mince, et bientôt il put constater les bons effets de cette disposition. Les rayons solaires recueillis par le réflecteur traversaient sans difficulté l'enveloppe transparente, se convertissaient en chaleur obscure sur les parois de la chaudière et, retenus prisonniers par le verre désormais imperméable pour eux, ils élevaient rapidement la température de celle-ci. M. Mouchot put de la sorte faire cuire en peu de temps au soleil des légumes, de la viande et du pain. La concentration de la chaleur dans l'appareil était si rapide, qu'un litre d'étain placé dans un bocal de verre au foyer d'un réflecteur de 1 mètre carré se mettait à fondre au bout d'une minute.

Une dernière épreuve restait à tenter : il fallait construire un grand appareil solaire et en apprécier le rendement. Une subvention du conseil général d'Indre-et-Loire permit à M. Mouchot d'atteindre le but et de montrer que le rendement d'un grand appareil, loin d'être moindre que celui des petits, était notablement meilleur.

Maintenant, examinons quelles sont les applications immédiates de la chaleur solaire, laissant de côté les appareils de cuisine, cafetières, petits alambics, etc., appareils qui auront néanmoins leur importance. En ce qui concerne la distillation, on sait quels sont les dangers d'explosion à redouter, surtout dans les pays chauds. Or, les appareils de M. Mouchot sont affranchis de cette cause de danger, puisque ni l'alcool, ni les éthers ne peuvent s'enflammer directement au soleil ; de plus, la régularité de chauffe dispense presque de toute surveillance et donne des produits doués d'un arome remarquable. La rectification se fait surtout avec rapidité et permet de concentrer les alcools au delà de 86° centésimaux.

La fabrication des essences et des parfums se fait aussi d'une façon admirable. N'est-ce pas aussi une charmante et poétique idée que celle d'employer, pour leur extraction, la force qui leur a donné naissance ? Et quelle force plus douce et plus régulière que celle-là ? Aussi ne sera-t-on pas surpris de la suavité des produits que l'on acquiert ainsi. L'eau distillée, soit produite par l'eau ordinaire, soit produite par l'eau de mer, étant obtenue économiquement, est peut-être appelée à jouer un rôle important au point de vue industriel, voire même à celui de l'alimentation d'une ville convenablement située pour l'obtention d'un tel résultat, qui serait un véritable bienfait pour elle, comme c'est le cas pour la ville d'Aden et bien d'autres villes ou régions de la mer des Indes, et toute la côte ouest du Pacifique, qui n'ont pas d'autres ressources pour l'alimentation publique et les besoins journaliers que la distillation des eaux saumâtres ou de l'eau de mer, opération qui est des plus coûteuses par l'emploi des combustibles ordinaires. D'autre part, on remarquera que, sans pousser jusqu'à la distillation, on pourra très économiquement porter à une température élevée, de grandes masses d'eau qu'on débarrassera ainsi des substances calcaires qu'elles renferment, substances qui sont éminemment nuisibles dans un très grand nombre d'industries et même à l'alimentation publique ; nous rappelons à ce sujet que, dans notre colonie de Cochinchine, les eaux ne sont potables pour les Européens qu'après avoir subi l'ébullition qui détruit les animalcules nuisibles qu'elles contiennent.

Quant à la force motrice résultant de la chaleur solaire, il est difficile de prévoir tous les services qu'elle est capable de rendre dans les pays chauds; surtout si on observe qu'à l'encontre des autres forces naturelles comme la chute d'eau et le vent, elle devient maximum à l'époque même où la première est très affaiblie et bien souvent n'existe plus, et où la seconde est devenue presque nulle par suite de la raréfaction de l'air, alors qu'il serait cependant si nécessaire de faire usage d'une force naturelle quelconque. La force solaire est également remarquable en ce qu'elle augmente avec l'altitude du lieu, ce qui constitue un avantage des plus précieux, puisqu'en s'élevant la chute d'eau disparaît, le vent est bien souvent insuffisant et que le prix de tout combustible est par là grandement augmenté. Elle peut donc avoir pour conséquence de faire repeupler les hauts plateaux si favorables au développement des populations qui les avaient autrefois occupés par mesure de simple défense, et qui en étaient descendues ensuite par l'adoucissement du temps pour profiter des forces vives de la nature immédiatement utilisables.

Tout d'abord, la question des irrigations se présente à l'esprit, puis la mise en œuvre des petits moteurs industriels et des machines agricoles. Les moteurs solaires seront une des manifestations les plus remarquables de la force à bon marché, et peut-être auront-ils pour effet de modifier complètement l'avenir des régions intertropicales, car il est certain que la civilisation s'installera dorénavant dans les contrées où le cheval-vapeur coûtera le moins cher. Ainsi, par exemple, considérons les immenses avantages qu'est appelée à recueillir l'agriculture de l'emploi d'une telle force, quand on songe que tous les pays méridionaux, y compris ceux de notre belle France, souffrent horriblement de la sécheresse pendant plusieurs mois de l'année, et que ces mêmes pays, par elle, pourraient devenir d'une fertilité illimitée puisqu'on pourrait irriguer dans de bonnes conditions. Dans ce même ordre d'idées, nous ferons également observer de quel bienfait serait l'obtention, à bas prix, de la glace dans les contrées méridionales et surtout pendant les grandes chaleurs, soit au point de vue du confortable de chaque habitant, soit au point de vue industriel ou agricole.

PAUL BERT [1].

L'aurore boréale.

Pour réunir dans un seul tableau tous les traits qui caractérisent le phénomène, il faut décrire toutes les phases de développement qui signalent une aurore boréale complète. A l'horizon, vers le méridien magnétique du lieu, le ciel, d'abord pur, commence à se rembrunir; il s'y forme une sorte de voile nébuleux qui monte lentement et finit par atteindre une hauteur de 8 ou 10 degrés. A travers ce segment obscur, dont la teinte passe du brun au violet, les étoiles se voient comme à travers un épais brouillard, puis un peu plus tard, sur les bords de ce segment apparaît un arc plus large, d'abord blanc, puis jaune, mais toujours d'une lumière éclatante. Quelquefois cet arc lumineux paraît agité, pendant des heures entières, par une sorte d'effervescence et par un continuel

---

1. *Revues Scientifiques publiées par le Journal* la République Française *sous la direction de M. Paul Bert*, t. I, 1879, p. 38. Masson.

changement de forme, avant de lancer des rayons et des colonnes de lumière qui montent jusqu'au zénith. Plus l'émission de la lumière polaire est intense et plus vives en sont les couleurs, qui du violet et du blanc bleuâtre passent par toutes les nuances intermédiaires au vert et au rouge purpurin. Il en est de même des étincelles électriques ; leur coloration est en raison directe de la force de la tension et de la violence de l'explosion. Tantôt les colonnes de lumière paraissent jaillir de l'air brillant, mélangées de rayons noirâtres semblables à une fumée épaisse, tantôt elles s'élèvent simultanément sur différents points de l'horizon, et se réunissent en une mer de flamme dont aucune peinture ne saurait rendre la magique splendeur, car à chaque instant de rapides ondulations en font varier la forme et l'éclat. A certains moments, l'intensité de cette lumière, accrue par la rapidité du tourbillon magnétique, va jusqu'à rendre parfaitement visibles en plein soleil les jeux et les ondulations de l'aurore boréale.

Autour du point qui répond, dans le ciel, à la direction de l'aiguille aimantée, librement suspendue par son centre de gravité, on voit, quand le phénomène acquiert son plus grand développement, les rayons se rassembler et former ce qu'on appelle la couronne de l'aurore boréale. C'est une espèce de dais céleste brillant d'une lumière douce et paisible. Il est rare que l'apparition soit aussi complète, et qu'elle se prolonge jusqu'à la formation de cette couronne ; mais quand celle-ci paraît, elle annonce toujours la fin du phénomène.

Dès lors, les rayons se raréfient, se raccourcissent et se décolorent. La couronne et les arcs lumineux se dissolvent, et bientôt on ne voit plus sur la voûte céleste que de larges taches nébuleuses immobiles, pâles ou d'une couleur cendrée; elles s'évanouissent à leur tour, ainsi que le segment obscur qui signala les débuts de l'apparition, et bientôt il ne reste plus à l'horizon qu'une faible image blanchâtre, à bords déchiquetés ou divisés en petits amas pommelés, dernières traces d'un des plus étonnants spectacles que les hautes régions de l'atmosphère puissent offrir aux regards de l'homme.

A. DE HUMBOLDT [1].

Les pluies de pierres.

Les phénomènes qui précèdent et accompagnent les chutes de météorites [2] varient dans bien des détails secondaires; ils présentent néanmoins un ensemble de caractères généraux, qui se reproduisent avec constance à chaque apparition et suffiraient pour prouver d'une manière incontestable que l'origine de ces corps est étrangère à notre planète, lors même que leur nature n'offrirait rien de particulier.

D'abord apparaît un globe de feu ou bolide dont l'éclat est assez vif pour illuminer toute l'atmosphère, lorsqu'il survient la nuit, et, s'il arrive le jour, pour être visible en plein midi. A mesure qu'il approche, sa dimension apparente s'accroît. Il décrit une trajectoire que son incandescence permet d'apercevoir au loin et qui, fait digne de remarque, est fortement inclinée à l'horizon. Ainsi, le bolide qui, le 14 mai 1864, vers huit heures du soir, accompagna une chute de météorites à Orgueil, dans le département de Tarn-et-Garonne, fut signalé à Gisors, c'est-

---

1. *Cosmos.*
2. Nom scientifique des pierres qui tombent des espaces célestes sur terre.

à-dire à plus de 500 kilomètres de distance. D'après des observations qui ont pu être faites dans cette circonstance, en beaucoup de points et avec précision, à cause de la sérénité du ciel et de l'heure peu avancée de la nuit, le globe lumineux a été suivi, marchant de l'ouest vers l'est, à partir de Santander et d'autres localités des côtes d'Espagne, jusqu'au point de la chute finale. La hauteur à laquelle commencent à luire les bolides d'où proviennent les météorites a pu être calculée dans plusieurs cas, au moyen de données simultanément recueillies en différents lieux. Elle a été évaluée à 60 kilomètres et plus : elle correspond donc aux parties supérieures de notre atmosphère. Un autre caractère suffirait pour dénoter une provenance cosmique ; c'est leur excessive vitesse, qui surpasse tout ce que nous connaissons sur la terre ; tandis qu'une locomotive parcourt 30 mètres à la seconde et un boulet de canon 500 mètres, le bolide franchit de 30,000 à 60,000 mètres. Une telle vitesse est tout à fait du même ordre que celle des planètes lancées dans leurs orbites.

Après un trajet plus ou moins long, le bolide éclate avec un bruit qui a été comparé à celui du tonnerre, du canon ou de la mousqueterie, suivant la distance à laquelle se trouvaient les observateurs. Rarement la détonation est unique ; il y en a deux, bien plus souvent trois. Parfois elles sont assez violentes pour secouer fortement les maisons, de manière à faire croire à un tremblement de terre, comme il est arrivé, le 12 février 1885, dans l'État d'Iowa. Elles se font entendre sur une grande étendue de pays : celles d'Orgueil ont retenti sur plus de 360 kilomètres. Si l'on réfléchit que ces détonations prennent naissance à des hauteurs où l'air très raréfié se prête fort mal à la propagation du son, on sera convaincu qu'elles doivent être extrêmement violentes. Souvent, on aperçoit une traînée de vapeurs dans les régions de l'atmosphère qu'a traversées le météore.

La configuration extérieure des météorites est avant tout remarquable par un aspect fragmentaire, c'est-à-dire par des formes anguleuses et une ressemblance constante avec des polyèdres irréguliers dont les arêtes auraient été émoussées. Le nombre de pierres d'une même chute est extrêmement variable : souvent on en a ramassé une seule, quelquefois plusieurs, et dans certains cas des centaines et des milliers.

La chute qui eut lieu en Hongrie, près Knyahinya, le 9 juin 1869, en a fourni environ 1,000, et celle de Laigle 3,000. Le 30 janvier 1868, il est tombé aux environs de Pultusk, en Pologne, une grêle de pierres encore plus nombreuse; 900 d'entre elles ont été communiquées au Muséum. Il y a donc comme des essaims ou averses de météorites. Au moment où ces pierres nous arrivent, elles n'ont plus qu'une faible vitesse comparativement à celle que possédait, antérieurement à son explosion, le bolide dont elles ne sont sans doute que des débris. Quand elles sont volumineuses, elles peuvent s'enfouir de quelques décimètres dans un sol peu résistant et y rester inaperçues.

Après des préliminaires aussi intenses de lumière et de bruit, ce n'est pas sans étonnement que l'on constate la petitesse des masses retrouvées sur le sol.

Parmi les plus lourdes, signalons le fer météorique de Charcas, au Mexique, du poids de 780 kilogrammes. Les blocs de fer trouvés au Brésil, à Sainte-Catherine, en atteignaient 25,000; c'est le chiffre maximum connu.

Au moment de leur arrivée sur le sol, les météorites ne sont plus incandescentes, mais encore si chaudes qu'on ne peut les manier.

Toutefois cette chaleur est limitée à leur surface ; à l'intérieur, elles sont extraordinairement froides. Lors d'une chute qui eut lieu dans l'Inde, à Dhurmsalla, le 14 juillet 1860, des spectateurs s'étant empressés de briser des pierres, brûlantes à l'extérieur, furent singulièrement surpris de les trouver glaciales dans leurs cassures et de ne pouvoir, pour des causes contraires, les toucher d'aucune manière : suivant la spirituelle expression d'Agassiz, c'était la reproduction de la glace frite des cuisiniers chinois. Une observation semblable a été faite le 16 mai 1883 sur des pierres tombées à Alfianello, non loin de Brescia. Le contraste entre la partie centrale qui conserve encore le froid intense des espaces planétaires et la partie superficielle qui, quelques instants auparavant, était incandescente, se comprend facilement, à cause de la faible conductibilité des substances pierreuses et du temps très court pendant lequel elles ont été échauffées.

A. DAUBRÉE [1].

Le climat change-t-il ?

De nos jours, le climat moyen de Paris éprouve-t-il quelque variation ?

Rien de plus simple, au premier aspect, que cette question. La température des souterrains un peu profonds dans lesquels l'air extérieur n'a pas un libre accès non seulement ne varie pas, mais elle est, de plus, égale à température moyenne de l'at-

1. *Les Régions invisibles du Globe et des espaces célestes.* 1888. Alcan.

mosphère extérieure prise à la surface. De tels souterrains existent sous le bâtiment de l'Observatoire à Paris; ils sont à 28 mètres de profondeur. Depuis un siècle et demi, on y suit la marche du thermomètre. Il va donc suffire de mettre des observations en regard.

Sans remonter aux plus anciens instruments, car leur graduation n'est pas aujourd'hui bien connue, je dois dire qu'une découverte récente a rendu la solution du problème difficile. Il est maintenant prouvé qu'à la longue, presque tous les thermomètres deviennent faux. Le zéro, je veux dire le terme de la glace fondante, monte le long de l'échelle graduée, comme si la boule contenant le mercure se rétrécissait. Le thermomètre arrive ainsi à marquer $+ 1°$, quand il devrait indiquer zéro; $+ 2°$, quand la température n'est que de $+ 1°$, etc.; l'erreur va même quelquefois jusqu'à un degré et demi. Les nombreuses températures déterminées dans les souterrains de l'Observatoire, à une époque où l'on ne savait pas que les thermomètres doivent être vérifiés sans cesse, sont donc comme non avenues.

J'ai trouvé deux observations cependant, mais deux seulement dont on peut tirer parti. Elles remontent au mois de février 1776. Messier les fit avec un thermomètre construit sous ses yeux et vérifié par lui-même, peu de jours auparavant. Ces deux observations, parfaitement d'accord entre elles, donnent $11°,8$ centigrades.

En 1826, un demi-siècle après, on a trouvé aussi $11°,8$.

Supposons maintenant que dans les observations de Messier, à raison de la petitesse de l'échelle de son thermomètre, il y ait eu une incertitude d'un vingtième de degré. Les deux températures de 1776

et de 1826 qui nous ont paru égales, différeraient
entre elles de cette même quantité. Mais un vingtième
sur cinquante ans, c'est un dixième sur un siècle :
*Ce serait donc seulement un degré entier de variation
pour mille ans!*

ARAGO [1].

La terre s'en va...

Prenez quelques litres d'eau de la Seine, à Paris,
et laissez-la reposer tranquillement dans un vase
bien propre. Si vous la regardez après qu'elle a
reposé plusieurs heures, vous trouverez que l'eau
est beaucoup plus claire, et qu'une quantité de matière
limoneuse s'est déposée au fond du vase, cette quantité
étant plus ou moins grande selon la condition du
fleuve au moment de l'examen. Ce limon était précédemment tenu en suspension dans l'eau, et était
la cause principale de sa couleur trouble; aussi, à
peine les particules vaseuses sont-elles précipitées
que l'eau devient plus claire. Tant que l'eau était
dans le fleuve, les minces particules solides étaient
maintenues en une incessante agitation par le courant du flot, et le dépôt en était ainsi prévenu. Plus
le courant est rapide, plus grand est le pouvoir qu'il
a d'entraîner les matières en suspension, mais à
mesure que le fleuve approche de son embouchure,
le flot se ralentit et le sédiment tombe au fond. Aussi,
dans la partie inférieure du cours de la Seine, surtout dans les coudes du fleuve, y a-t-il de larges
bancs de vase; et cette vase est régulièrement dra-
guée et enlevée pour prévenir la formation d'une

---

1. *Annuaire du Bureau des Longitudes* pour 1834.

barre. Ces particules de vase, qui sont très légères, peuvent se maintenir en suspension dans l'eau jusqu'à ce que le fleuve les entraîne directement à la mer; mais il arrive finalement un moment où celles mêmes qui se sont ainsi maintenues doivent se déposer doucement sur le fond de la mer. Si on fait dessécher, en l'exposant à l'air, un peu du sédiment vaseux déposé par l'eau, on trouve qu'il forme en durcissant une substance voisine de l'argile. L'argile n'est en effet qu'un limon de ce genre durci et peut être différemment altéré.

Il suffit d'un peu de réflexion pour se convaincre que les minces particules de matière solide qui forment la vase sont produites par la détérioration mécanique de la terre. Après une averse abondante, vous observez dans la rue des petits courants bourbeux qui coulent le long des ruisseaux, et chacun sait que la matière vaseuse qui trouble ces courants est simplement la fange dont la pluie nettoie les toits des maisons et les pavés de la rue. De même, chaque averse qui tombe en rase campagne enlève quelque chose à la surface de la terre qu'elle lave. Ce transport de matière s'appelle dénudation parce que les roches sont mises à nu, étant ainsi dépouillées de leur enveloppe superficielle. On nomme dénudation pluviatile la dénudation particulière dont la pluie est l'agent. Une averse abondante tombant sur un champ enlève quelques parties du sol, et les entraîne par des ruisselets fangeux au courant d'eau le plus voisin, d'où elles sont charriées à la rivière. Dans les endroits où la pluie s'abat en déluge, comme il arrive souvent aux tropiques, son pouvoir comme agent de dénudation est presque incroyable, et même en France, surtout dans les régions montagneuses, nous apprenons parfois que des torrents de pluie

ont déraciné des rochers et tout balayé devant eux.
M. A. Tylor et quelques autres géologues ont prétendu que la chute de pluie était jadis supérieure à
ce qu'elle est maintenant; cela admis, il s'ensuivrait
que l'œuvre de la pluie, en tant qu'elle contribue à
détruire la terre, dut être jadis bien plus considérable
que celle dont nous sommes témoins maintenant.

Ces débris enlevés à la terre et entraînés par les
rivières dans leurs cours contiennent des matériaux
de toutes dimensions. Il arrive souvent que des fragments de roc, parfois de proportions considérables,
sont descellés de hauteurs dominant une rivière, par
l'action de la pluie et de la gelée, et s'écroulent dans
le courant. Là ils s'usent lentement par un frottement incessant et peuvent finalement se polir en
forme de cailloux ronds et lisses. Dans le bassin de
la Seine, il arrive fréquemment que les silex si durs
provenant de la craie sont brisés et roulés dans l'eau ;
c'est de la sorte que se forme le gravier. Le gravier
qu'on répand sur nos routes et les allées de nos jardins consiste principalement en petits fragments de
silex qui ont été si bien roulés par les eaux que toutes
les pointes aiguës des cassures des pierres ont été
arrondies. Mais tout le gravier n'a pas été soumis à
un traitement aussi rude ; aussi, tandis que les cailloux sont dans certains cas bien arrondis, dans d'autres, ils conservent plus ou moins leur aspect angulaire, quoique les extrémités ne soient jamais tout
à fait effilées. Les petites pierres formées des fragments de roche, tout en se choquant avec bruit sur
le lit du fleuve, sont roulées jusqu'à ce qu'elles soient
réduites aux dimensions de ces minces grains arrondis
connus sous le nom de sable. En général, le gravier
et le sable sont surtout formés de la substance qu'on
appelle silice, c'est-à-dire de la matière qui constitue

les silex ou cailloux, et qui est chimiquement la même que la matière du cristal de roche pur. Le gravier et les sédiments les plus lourds sont charriés le long du lit de la rivière par le mouvement du courant, tandis que le sable plus fin peut être entraîné en suspension, mais pas aussi loin que les particules plus légères de la vase.

Les fragments les plus pesants tombent naturellement dès l'abord au fond, en sorte que si l'on jette dans l'eau un mélange de gravier, de sable et de vase, on voit le gravier tomber le premier, puis le sable se précipite, et la vase se dépose en dernier lieu.

Th.-H. Huxley [1].

Nouvelles inquiétudes sur notre globe.

Comme la montagne va sans cesse s'usant, et comme les torrents et les fleuves portent graduellement à la mer la terre des montagnes et des vallées, des géologues ont pensé qu'il y aurait quelque intérêt à mesurer cette usure graduelle de la terre ferme. Pour simplifier ce calcul, ils ont commencé par évaluer la masse totale de la terre ferme qui émerge au-dessus des mers, et ils sont arrivés à conclure que si toutes les montagnes du globe étaient étalées en couche uniforme sur les plaines, la terre ferme formerait partout un plateau de 700 mètres de hauteur au-dessus du niveau de la mer.

Eh bien! ce plateau de 700 mètres est l'objet d'attaques incessantes, de la part de l'Océan, d'un côté, et des agents atmosphériques de l'autre. Les rivières ne cessent de transporter à la mer les menus débris des roches que la pluie y entraîne, après qu'ils ont été désagrégés par les alternatives de l'humidité

1. *Physiographie, ou Introduction à l'Étude de la Nature*, 1882. p. 147. Alcan.

et de la sécheresse, du froid et du chaud, de la gelée et du dégel. C'est par l'observation de ce qui se passe à l'embouchure des rivières qu'on arrive à se faire une idée nette de la mesure dans laquelle l'action, pour ainsi dire latente ou du moins silencieuse des agents atmosphériques, parvient à diminuer la masse continentale. M. J. Murray, l'éminent naturaliste écossais, profitant de tous ces travaux auxquels il a lui-même ajouté sa grande part, a énoncé les résultats suivants : si l'on considère les dix-neuf principaux fleuves du globe, on trouve que leur débit annuel est de 3,610 kilomètres cubes. Ces 3,610 kilomètres cubes amènent à la mer, dans une année, une masse de matières solides en suspension égale à 1 kilomètre cube et 385 millièmes, ce qui fait, en volume, une proportion de 38 parties pour 100,000.

D'autre part, les observations météorologiques sont devenues aujourd'hui assez précises pour permettre d'évaluer approximativement le débit annuel de tous les fleuves de la terre. M. Murray le porte à 23,000 kilomètres cubes. Appliquant à ce chiffre la même proportion de 36 pour 100,000, on obtient pour les matières solides annuellement charriées à la mer par les fleuves, 10 kilomètres cubes et 43 centièmes. Tel est l'effet dû à l'action mécanique des eaux continentales. M. de Lapparent croit donc qu'en admettant pour tout l'ensemble du globe une ablation de 3 mètres par siècle, on a chance de se tenir au-dessus plutôt qu'au-dessous de la réalité. Maintenant, quelle est la hauteur moyenne des falaises? Si l'on admet qu'elle soit de 50 mètres, il s'ensuivra qu'une ablation annuelle de 3 centimètres fera disparaître 1 mètre cube et demi par mètre courant, soit 1,500 mètres cubes par kilomètre. Or, l'étendue des côtes terrestres peut être calculée très facilement, grâce aux chiffres qui sont donnés dans l'ouvrage d'Élisée Reclus (*les Continents*) sur la proportion qui relie, dans chaque unité continentale, la surface de la terre ferme et l'étendue des côtes. Appliquant ces chiffres à ceux qui expriment la superficie, aujourd'hui bien connue, des diverses contrées, on trouve que l'étendue totale des côtes sur le globe peut être évaluée à 200,000 kilomètres. Dès lors, la perte admise de 1,500 mètres cubes par kilomètre et par an, donnera 300 millions de mètres cubes, c'est-à-dire 3 dixièmes de kilomètre cube. Ainsi, pendant que les eaux courantes enlèvent 10 kilomètres cubes et demi, la mer n'arrive pas même à la vingtième partie de ce chiffre. Qu'on admette que l'auteur ait donné trop peu de hauteur aux falaises et pas assez d'importance à l'ablation annuelle; qu'on triple, par exemple, les chiffres qui lui ont servi de base, on n'en arrivera pas moins à une fraction presque négligeable, comparativement à ce que produit l'action silencieuse des fleuves. On peut donc dire ici, comme en bien d'autres cas, que ce qui fait le plus de besogne n'est pas ce qui fait le plus de bruit.

Ce n'est pas tout; il importe encore de tenir compte de l'action dissolvante des eaux continentales. Les eaux dissolvent partiellement toutes les roches, aidées qu'elles sont dans cette action par l'acide carbonique. Elles arrivent à la mer chargées de matières dissoutes dans une proportion bien plus considérable qu'on ne pourrait le supposer au premier abord. D'après les travaux des commissions anglaises, américaines et internationales qui ont étudié spécialement la composition des eaux de rivières, particulièrement pour le Mississipi, le Danube et la Tamise, la quantité de matières enlevées en dissolution aux continents ne serait pas inférieure à 5 kilomètres cubes par an.

Ces deux chiffres ensemble nous donnent environ 15 kilomètres cubes et demi : pour tenir compte de l'action marine, mettons 16 kilomètres cubes. Voilà donc à peu près ce que perd la masse continentale.

Maintenant, qu'on se représente ce plateau supposé uniforme, qui domine le niveau de la mer de 700 mètres. Par suite des diverses circonstances dont il a été parlé, seize kilomètres cubes seront enlevés, chaque année, à cette masse. La superficie continentale étant de 146 millions de kilomètres carrés, il est aisé de calculer qu'une ablation de seize kilomètres cubes fait perdre chaque année une tranche dont l'épaisseur est de $11/100^e$ de millimètre. Mais les débris de cette tranche viennent se loger sur le fond de la mer, en affectant la forme des dépôts sédimentaires; ils prennent alors la place d'une certaine quantité d'eau, de sorte que la mer éprouve de ce chef une certaine surélévation.

Le rapport de la superficie continentale à celle des mers étant à peu près $100/252^e$, il en résulte, au total, que l'altitude du plateau subit chaque année une perte de 155 millièmes de millimètre.

Eh bien, autant de fois ces 155 millièmes de millimètre seront contenus dans 700 mètres, c'est-à-dire 700,000 millimètres, autant il faudra d'années pour amener la disparition totale de la terre ferme. Qu'on fasse le calcul et on trouvera que, à supposer la même intensité dans les phénomènes de destruction, quatre millions et demi d'années suffiraient pour raboter complètement la surface de la terre [1].

1. *Revue Scientifique* du 13 décembre 1890.

Comment tout ceci finira...

Admettant, pour des raisons empruntées aux lois du refroidissement des corps en feu, que la terre a mis à peu près 500,000 ans à passer de la phase où une nébuleuse en se condensant, commença à former la terre, à celle où une écorce solide s'est formée grâce à la solidification des parties extérieures refroidies; que 15 millions d'années environ se sont écoulées depuis le moment où la vie a fait son apparition sur le globe, et que dans 10 millions d'années le refroidissement rendra impossible toute continuation de la vie, l'auteur s'occupe des causes qui amèneront la fin de la terre en tant que planète distincte.

Le troisième et dernier stade de ce parcours aura pour point de départ la fin de l'illumination solaire, de la sédimentation et du monde vivant, et se terminera par une épouvantable catastrophe, la chute de la terre sur le globe éteint du soleil. Une ère nouvelle, celle des ténèbres, du froid, du silence et de la mort, s'ouvrira pour notre planète. Notre demeure ne sera plus qu'une tombe glacée, circulant sans bruit autour d'une autre tombe également glacée, le soleil éteint. Un événement extraordinaire, mais non imprévu, interrompra soudain la monotonie de ce parcours silencieux et rendra pour quelques instants la chaleur et la lumière à l'obscur globule. Je veux parler de l'effroyable cataclysme qu'amènera la chute de notre satellite. Ici, nous changeons de fil conducteur, et nous laissons de côté le refroidissement qui n'a plus rien à nous donner pour lui substituer un autre facteur de la mécanique céleste, la gravitation. Il y a longtemps qu'on a constaté l'accélération séculaire du mouvement lunaire, et les astronomes du dernier siècle se préoccupèrent à juste titre de cette redoutable éventualité.

Il résulte en effet de la troisième loi de Képler qu'un astre qui précipite sa marche rétrécit du même coup son orbite, de sorte qu'à la longue, il tombe fatalement sur le corps autour duquel il gravite. Tel est le cas de la lune par rapport à la terre.

Laplace rassura un instant ses contemporains, en démontrant par l'analyse mathématique que le mouvement de notre satellite est lié aux variations de l'excentricité de l'orbe terrestre et que l'accélération actuelle s'arrêtera un jour pour devenir rétrograde. Mais les calculs du grand géomètre ne rendent compte que de la moitié seulement de la valeur de ce mouvement. Une étude mieux approfondie de l'engrenage de la machine cosmique a révélé l'existence d'un nouvel agent inconnu du temps de Laplace, je veux parler des 140 ou 150 milliards de météorites qui traversent annuellement l'atmosphère et recouvrent la terre de leurs débris. Je passe sous silence ceux que capte la lune, bien que leur nombre ne soit pas à dédaigner. Quelque ténus qu'on suppose ces corpuscules, leur poussière retombant sans cesse sur le sol des deux astres finira dans le cours des âges par augmenter leur masse d'une manière sensible. On sait que, d'après la grande loi newtonienne, deux corps s'attirent en raison directe des masses et en raison inverse du carré des distances qui les séparent. La planète et le satellite iront donc à la rencontre l'un de l'autre jusqu'à ce qu'ils se rejoignent. Le plus petit des deux globes s'écrasera en se précipitant sur le plus gros, qui reviendra à l'incandescence par la transformation du mouvement perdu en chaleur, et les astronomes des planètes voisines verront une nouvelle étoile briller dans le ciel. L'éclat ne durera que quelques jours ou quelques semaines, et les ténèbres, reprenant leur empire, auront bientôt raison de l'illumination passagère. A partir de ce moment, le globe reprendra sa course silencieuse à travers l'espace, n'ayant gagné à la catastrophe qu'une augmentation insignifiante de masse et de volume.

Comment se terminera sa carrière? Ici encore, nous ferons appel à la mécanique céleste, et la loi de la gravitation nous donne le mot de l'énigme. La terre étant par rapport au soleil ce que la lune est par rapport à la terre, la marche de cette dernière se calque naturellement sur celle du satellite et aboutit au même dénouement. Si l'on compte par milliards les météorites qui tombent annuellement dans l'atmosphère terrestre, c'est par myriades de milliards qu'il faut nombrer celles qui s'engouffrent dans l'atmosphère solaire.

Les deux astres se rapprochent donc l'un de l'autre d'une manière insensible, il est vrai, puisqu'elle a échappé jusqu'ici à l'attention des astronomes, mais appréciable dans le cours des âges, la chute inces- sante de ces corpuscules augmentant leur masse et par suite leur force attractive. Dès lors, la rencontre est fatale.

La terre terminera sa carrière en s'écrasant comme un bolide sur la surface du soleil éteint que la violence du choc ramènera pendant quelques instants à l'incandescence. L'apparition au firmament d'une étoile temporaire, tel sera le dernier acte du parcours tellurien. Il serait puéril dans l'état actuel de nos connaissances de chercher à évaluer la durée du stade que je viens de décrire et qu'on peut définir, ainsi que je l'ai dit, l'âge des ténèbres ou de la nuit éternelle, du froid et de la mort. Ce calcul ne pourra être entrepris que le jour où l'on connaîtra d'une manière précise l'accélération séculaire du mouvement de la terre autour de son foyer d'attraction. Tout ce qu'il est permis d'avancer, c'est que, suivant toute probabilité, la durée de ce stade sera beaucoup plus longue que celle du précédent, et nous estimons qu'on peut l'évaluer au plus bas à une centaine de millions d'années, peut-être même davantage. Au résumé, l'âge actuel de la terre paraît être d'environ 16 millions d'années. Ce n'est là qu'une faible partie du parcours, et tout porte à croire que l'évolution totale de notre globule à travers l'immensité des espaces dépassera un million de siècles.

AD. D'ASSIER [1].

1. *L'Age de la Terre.* — *Revue Scientifique* du 28 juillet 1888, p. 110.

*

TABLE DES MATIÈRES

—

LIVRE I

LES PLANTES

LIVRE II

LES ANIMAUX

SECTION I. — LES ANIMAUX INFÉRIEURS.

SECTION II. — LES INSECTES.

SECTION III. — LES POISSONS.

SECTION IV. — Les amphibiens et les reptiles.

SECTION V. — Les oiseaux.

SECTION VI. — Les mammifères.

LIVRE III

L'HOMME ET L'ANIMAL EN GÉNÉRAL

LIVRE IV

LA TERRE ET LE MONDE

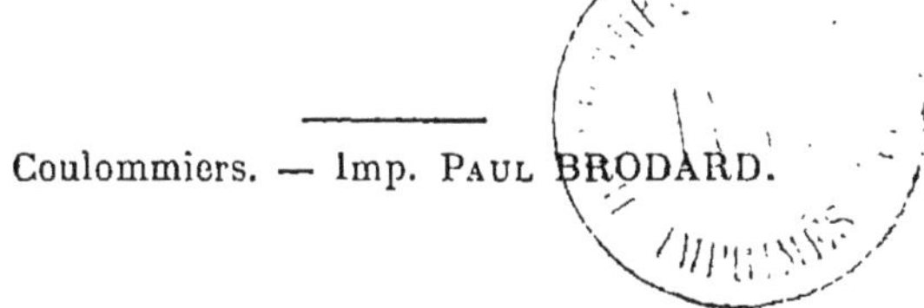

Coulommiers. — Imp. Paul BRODARD.

www.ingramcontent.com/pod-product-compliance
Ingram Content Group UK Ltd.
Pitfield, Milton Keynes, MK11 3LW, UK
UKHW022052120726
13694UKWH00001B/105